国家双高专业群建设配套教材

塑料挤出成型技术

(第二版)

何　亮　主编

徐百平　陈大华　李　美　副主编

王玫瑰　主审

中国轻工业出版社

图书在版编目（CIP）数据

塑料挤出成型技术/何亮主编. —2版. —北京：中国轻工业出版社，2024.3

ISBN 978-7-5184-4570-7

Ⅰ.①塑…　Ⅱ.①何…　Ⅲ.①塑料成型—挤出成型—高等职业教育—教材　Ⅳ.①TQ320.66

中国国家版本馆CIP数据核字（2023）第184899号

责任编辑：杜宇芳　　责任终审：滕炎福
文字编辑：王晓慧　　责任校对：吴大朋　　封面设计：锋尚设计
策划编辑：杜宇芳　　版式设计：霸　州　　责任监印：张　可

出版发行：中国轻工业出版社（北京鲁谷东街5号，邮编：100040）
印　　刷：三河市国英印务有限公司
经　　销：各地新华书店
版　　次：2024年3月第2版第1次印刷
开　　本：787×1092　1/16　印张：15.25
字　　数：360千字
书　　号：ISBN 978-7-5184-4570-7　定价：59.80元
邮购电话：010-85119873
发行电话：010-85119832　010-85119912
网　　址：http://www.chlip.com.cn
Email：club@chlip.com.cn

如发现图书残缺请与我社邮购联系调换
200088J2X201ZBW

前言

现代社会中经济、技术的发展对材料性能与质量提出了更高的要求，导致高分子材料加工技术不断向着节能降耗、绿色加工方向迈进。塑料挤出成型技术作为较早出现的技术，随着科技的进步也不断焕发出新生机，在高分子材料加工中占有重要的地位。高速化、高效化、精密化、智能化是这门技术的未来发展趋势。

"塑料挤出成型"是一门实践性较强的课程，为此，我们从塑料材料成型加工行业的实际情况出发，以典型产品为导向，将教材内容分为五个项目，每个项目开篇的"学习目标"有利于学生有的放矢地学习，设置的"查找、思考、分析、讨论、实操、总结、评价"等多种形式的学习活动有利于引导学生完成各项工作任务。本教材以塑料挤出成型的典型产品为主线进行编写，配合项目教学改革，主要讲述挤出机、挤出成型管材、吹塑薄膜、挤出异型材、挤出吹塑中空制品等几方面内容，具体包括挤出机结构及工作原理、挤出机使用场合及成型模具、设备的组成结构及工作原理、操作维护保养及生产中常见故障的处理方法等。同时，本教材兼顾知识的系统性、逻辑性、实用性和先进性。在内容表述方面，我们尽量做到通俗易懂，语言简练；在时效性方面，我们结合生产实际，及时更新技术内容，重新绘制了大量三维图和制作了众多微课和动画，以便于初学者理解与掌握。另外，本教材设计了延伸阅读能力拓展部分，可开阔学生视野，希望进一步培养学生分析问题和解决问题的能力。

本教材由广东轻工职业技术学院组织编写，在第一版的基础上进行改版更新，新版由何亮主编、王玫瑰主审，项目一由徐百平、陈大华编写，项目二和项目四由李美编写，项目三和项目五由何亮编写。在编写过程中，我们得到了广东仕诚塑料机械有限公司总经理张春华、深圳塑料协会秘书长王文广、广州市哈尔技术有限公司马祥暖、黎明职业大学汪扬涛、广东石油化工学院麦东东、五邑大学喻慧文、湖南科技职业技术学院刘西文、武汉职业技术学院王红春等一大批国家教学资源库建设的战友们的大力支持，他们提供了大量的素材和思路。广东轻工职业技术学院高分子教研室的其他教师也提出了许多宝贵的修改意见和建议，使本书的编写工作得以顺利完成，本教材参考了大量的公开出版发表的专著、教材、论文以及网络视频资源，在此一并表示衷心感谢！

塑料挤出成型技术近年来发展迅速，包含了大量工业实用技术，涉及面广，由于编者水平有限且时间仓促，书中难免出现错误，敬请各位专家、老师及读者提出宝贵意见。

本书是国家精品课程"塑料挤出成型"和国家教学资源库高分子材料智能制造技术专业（原高分子材料加工技术专业）课程"塑料挤出成型"的主讲教材，可访问高分子材料智能制造技术专业国家教学资源库和广东轻工职业技术学院国家示范性高职院校重点专业核心课程网：

https://www.icve.com.cn/portal/courseinfo?courseid=puoeahqkb4hpq0-uqfxdrg
查阅和下载所需多媒体教学资料。

编者

2023 年 10 月

目 录

项目一

挤　出　机

1.1 学习目标

塑料挤出成型（plastics extrusion molding）可以实现连续化生产，维护容易，生产效率高。大部分热塑性塑料都可以挤出成型，挤出成型制品总量约占国内塑料制品总量的1/3，挤出成型是重要的成型方法之一。主要的设备是螺杆挤出机（screw extruder），在配上合适的口模、冷却定型、牵引、切割、卷曲等辅助设备后，就可以实现正常生产。挤出机在塑料成型加工中非常重要，其中螺杆是挤出机的心脏，在塑化挤出过程中起着关键作用。成型过程中，挤出机的选择非常重要，单螺杆挤出机、异向啮合型双螺杆挤出机建压能力较强，主要用于成型制品，其中，单螺杆挤出机占绝对优势；而同向啮合自洁型双螺杆挤出机由于具有优异的混合性能和大产量操作特性，主要用于聚合物共混、填充改性及反应挤出等领域。

本项目学习的最终目标是了解螺杆挤出机的结构参数和工作原理，能根据产品选择合适的挤出机类型，能进行简单的螺杆结构设计，能根据物料设定加工参数及制定加工工艺，并能熟练操作挤出机完成造粒生产，如表1-1所示。

表1-1　　挤出机的学习目标

编号	类别	目　标
一	知识	①认识挤出机总体 ②理解挤出机结构及工作原理 ③掌握材料及加工工艺及参数设定 ④了解生产线开机调试步骤 ⑤学习挤出机开启和关闭的方法及应急处理 ⑥掌握生产线调节方法 ⑦认识和调节辅机系统
二	能力	①挤出机认识辨别能力 ②控制面板的识别能力 ③挤出机操作规程领悟能力 ④生产线开启、关闭及调节能力 ⑤应急处理能力 ⑥工艺参数设定能力 ⑦挤出选型能力及简单设计能力

续表

编号	类别	目　标
三	职业素质	①团队合作与沟通能力 ②自主学习、分析问题的能力 ③安全生产意识、质量与成本意识、规范的操作习惯和环境保护意识 ④创新意识

1.2 工作任务

本项目的工作任务如表1-2所示。

表1-2　挤出机的工作任务

编号	任务内容	要　求
1	认识单螺杆挤出机	①熟悉单螺杆挤出机生产线及工艺流程 ②测绘常规螺杆结构 ③了解挤出机工作原理，掌握熔体输送原理 ④掌握造粒机头拆装 ⑤熟悉造粒机头结构
2	单螺杆挤出机造粒生产	①选择确定造粒所用塑料材料 ②学习生产线开机及关机的操作及应急处理 ③查看、熟悉功能界面，熟悉机器上的按钮、开关 ④学习冷却、牵引等生产工艺调节参数方法 ⑤记录工艺参数与现象，取样 ⑥停机，进行挤出生产线的日常维护保养
3	认识双螺杆挤出机	①熟悉双螺杆挤出机生产线及工艺流程 ②测绘常规同向旋转自洁双螺杆结构，了解造型原理 ③了解同向、异向双螺杆挤出机工作原理，对比熔体输送原理 ④掌握造粒机头拆装 ⑤熟悉造粒机头结构
4	双螺杆挤出机造粒生产	①选择确定造粒所用塑料材料 ②学习生产线开机及关机的操作及应急处理 ③查看、熟悉功能界面，熟悉机器上的按钮、开关 ④学习冷却、牵引等生产工艺调节参数方法 ⑤记录工艺参数与现象，取样 ⑥停机，进行挤出生产线的日常维护保养
5	学习拓展	①学习停留时间分布物理意义及应用 ②熟悉固体床熔融模型数学表达等知识 ③了解多螺杆挤出技术及应用
6	工作任务总结	①测试挤出过程停留时间 ②整理、讨论、分析实操结果，写出报告

1.3　单螺杆挤出机

螺杆挤出技术（screw extrusion technology）起源于古希腊科学家阿基米德（Archimedes）时代。19世纪70年代开始，致力于工业化生产的专利大量涌现。1869年前后，分别出现了第一台啮合同向、反向旋转双螺杆挤出机。1901年9月，德国人Adolf Wunsche申请了自清洁同向旋转双螺杆挤出机专利。20世纪20年代，螺杆泵被用于输送黏稠的油。20世纪70年代起，挤出理论进入完善和成熟阶段，基于可视化实验技术及有限元、有限体积方法的计算机数值模拟技术被大量应用，挤出成型技术（extrusion molding technology）正向着高速化、高效化、精密化和智能化的方向发展，科学研究及企业实践都不断取得新进步。

单螺杆挤出机（single screw extruder）结构简单、成本低、操作维护容易，能够建立稳定的挤出压力，广泛应用于挤出成型领域。在不断改善结构设计的基础上，混合的能力也在不断提高，拓宽了应用范围。对于成品及半成品挤出生产而言，单螺杆挤出机几乎是唯一的选择。单螺杆挤出机的结构如图1-1所示，主要由料斗、料筒、螺杆、机头、加热冷却装置、传动装置及相应的控制系统等组成。

扫码观看

挤出机基本结构

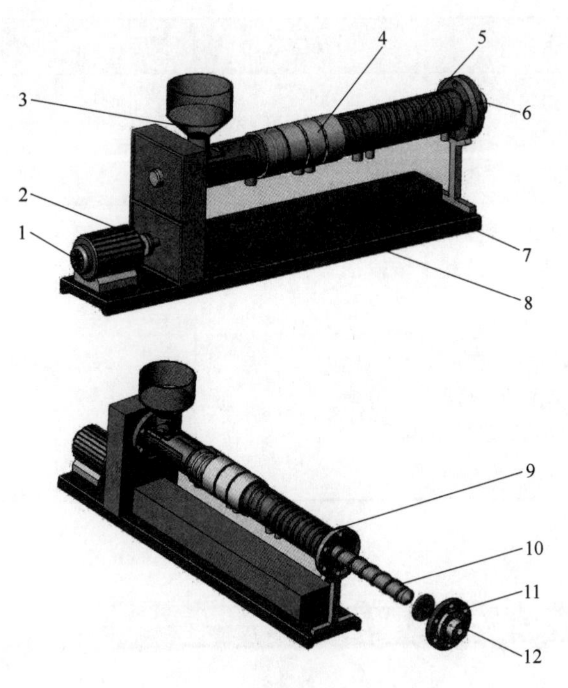

1—电机；2—减速箱；3—料斗；4—加热器；5—料筒；6—模头；7—冷却接管；8—机座；9—冷却介质流道；10—螺杆；11—多孔板；12—机头。

图1-1　单螺杆挤出机结构示意图

目前，挤出机直连减速器的结构应用比较广泛，能够使结构紧凑并实现较高的传输效率。电机一般采用变频调速来控制转速，电机的输出转速经过齿轮箱加速后带动挤出机螺杆旋转。

螺杆和料筒组成挤压系统，螺杆在料筒内旋转，将分散状物料从料斗推入挤出机，并沿着朝口模方向的路径移动，产生摩擦热，在加热冷却温度控制系统的作用下，从固态转变成黏流态，并逐步建立高压从机头挤出，进而获得一定的几何截面和尺寸，再进一步冷却成固态。

单螺杆挤出机分为卧式和立式挤出机，排气式和非排气式挤出机。其中，非排气卧式单螺杆挤出机应用最为广泛。挤出机的主要规格可以通过以下参数来表征：螺杆直径 D（mm），长径比 L/D，螺杆中心高 H（mm），长（mm）×宽（mm）×高（mm），驱动电机功率 P（kW），料筒加热功率 P（kW）及加热段数（B），产量 Q（kg/h），转速范围 $n_{min}\sim n_{max}$（r/min），n_{min} 表示最低转数，n_{max} 表示最高转数。我国采用汉语拼音首字母缩写及挤出机螺杆直径、长径比等参数对挤出机型号进行编号，例如，SJP—65×30 代表塑料（S）排气（P）挤出机（J），螺杆直径 65mm，螺杆长径比为 30。

1.3.1 单螺杆几何结构

常规的单螺杆的几何结构如图 1-2 所示，根据物料在螺槽中的运动及物理状态变化分为三段，如表 1-3 所示。

表 1-3 常规单螺杆三段划分

名称	实现功能	所在位置	长度/mm	螺槽深度/mm
加料段（固体输送段）	由料斗加入的物料靠此段向前输送，并开始被压实，物料中的气体反向从料斗排出	料斗到压缩段开始位置	L_1	h_1
压缩段（熔融段）	物料在此段继续被压实，并向熔融状态转化，实现熔融及简单的分散混合	螺杆中间位置，固体输送段与计量段之间	L_2	向口模方向减小
均化段（计量段、熔体输送段）	物料在此段呈黏流态，完成分布与分散混合，实现混合混炼、被螺杆连续地定压、定量、定温地挤出机头	螺杆靠近口模端	L_3	h_3

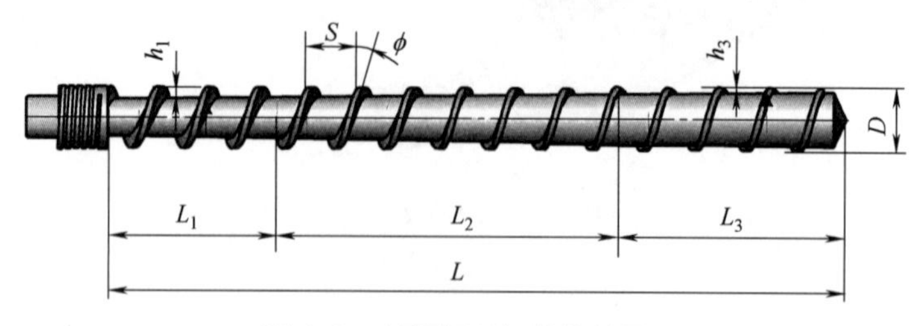

图 1-2 单螺杆几何结构简图

物料进入挤出机时存在着堆积间隙，经历了由固态到黏流态的变化，这要求螺杆螺槽空间从固体输送段到均化段存在空间容积的压缩，称为压缩比（compression ratio），是单螺杆设计过程的重要参数。一个螺距的螺槽容积如图 1-3 所示。

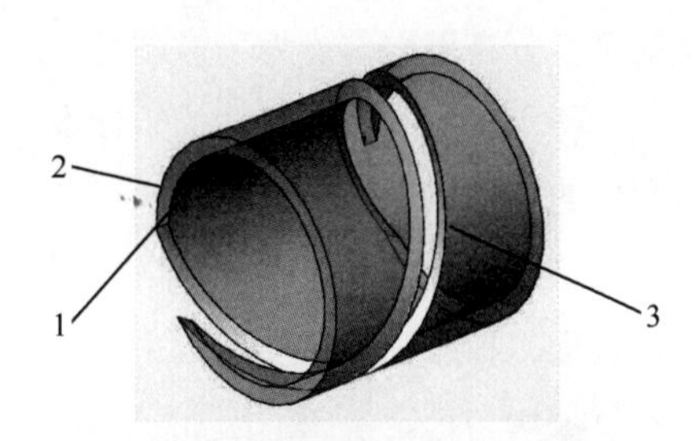

1—螺杆内径； 2—螺杆外径； 3—螺棱位置。

图 1-3　单螺杆一个螺距的螺槽容积示意图

压缩比一般以几何压缩比 ε 为代表，即加料段第一个螺槽的容积与计量段最后一个螺槽的容积之比，忽略螺棱的影响，可以定义为：

$$\varepsilon=\frac{(D-h_1)h_1}{(D-h_3)h_3} \tag{1-1}$$

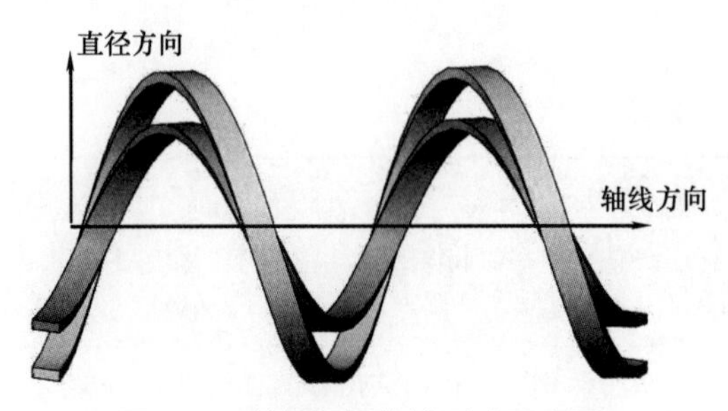

图 1-4　单螺杆螺旋线形成示意图

螺杆的螺旋造型一般以螺距 S 及螺旋升角 ϕ 来表示。螺距即螺杆转动一周前进的距离，为加工方便及便于输送物料，使螺距等于一个常数，一般取一个直径长度，如图 1-4 所示。

可见，不同直径位置的螺旋升角不同，以螺杆外径为标准的螺旋升角可以这样计算：

$$\phi=a\tan\left(\frac{D}{\pi D}\right)=a\tan\left(\frac{1}{\pi}\right)=17.657° \tag{1-2}$$

国家已经对挤出机主要参数标准化，如表 1-4 所示。

表 1-4　单螺杆挤出机的基本参数（JB/T 8061—1996）

螺杆直径 D/mm	长径比 L/D	螺杆最高转速/(r/min)	最高产量/(kg/h)	电机功率/kW	加热段数	加热功率/kW	螺杆中心高/mm
30	28～30	170	18.4	7.5	4	6	1000 500 350
45	28～30	150	46	18.5	4	4	
65	28～30	125	100	40	4	18	1000 500
90	28～30	108	154	60	5	30	
120	20～25 28～30	74 85	192 225	75 100	5 6	40 50	1100 1000 600
150	20～25 28～30	60 70	338 410	132 160	6 7	65 80	

1.3.2　单螺杆塑化挤出过程基本原理

塑料挤出成型是连续的生产过程，制品成型是在半封闭的空间内及较低的压力下完成的，使得塑化质量及塑化稳定性显著影响制品尺寸精度及挤出过程的稳定性。采用普通单螺杆挤出机生产的制品几何尺寸偏差一般在 8%～10%，有时甚至高达 20%左右。这种尺寸偏差可以发生在轴线方向，主要是由于挤出过程的不稳定；也可能发生在制品的横向方向，主要是由于成型模具的温度分布不均匀。为了控制挤出成型精度，常采用单螺杆挤出机串联齿轮泵的方法。为提高螺杆料筒构成的挤压系统的设计水平，以便实现均匀塑化和稳定挤出，必须了解物料在挤出过程中的基本原理。

单螺杆挤出机输送过程主要是依靠摩擦力实现的。物料在输送过程中经历了从固态到黏流态的物理过程，在适宜的温度、压力和机械能（螺杆驱动功率及加热功率之和）条件下，一定产量物料就被均匀稳定挤出，因此，单位产量的能耗是衡量挤出机性能的重要指标，称为比功率（kW·h/kg）。

（1）固态散粒体（granular solid）性能　加入挤出机料斗中的固体物料的形状及粒径不同，产量自然不同。按照尺寸不同分类，如表1-5所示。

表1-5　　固体塑料的分类

名称	尺寸及特征
粉料	尺寸小于0.1mm的称为粉料；尺寸在1～100μm的称为细粉料；尺寸在0.1～1.0μm的称为超粉料
粒料	尺寸在0.1～5.0mm的称为粒料；尺寸在0.1～1.0mm的称为颗料；尺寸在1.0～5.0mm的称为丸粒料，按形状不同可分为立方体、圆柱体、扁平体、球形、扁豆形等，丸粒形状不同影响固体料的堆积密度及物料间的内摩擦系数等
边角料及回收料	这类料通过破碎获得，尺寸大于5.0mm，形状分为片状、丝状及不规则状。堆积密度最小，产量最低

挤出机生产率还与固态散粒体的流动性有关，由静止角 α 来表征，它表示物料自由堆积时物料侧面与水平地面之间的夹角，如图1-5所示。当 $\alpha>45°$ 时，称为非自由流动材料；反之，称为自由流动材料。确切地说，静止角只能用来确定物料堆积的轮廓，而不是固体流动性的度量参数。

(a) 静止角测量

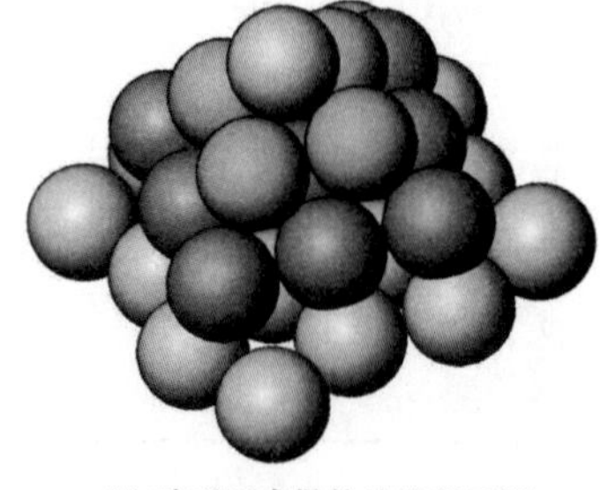
(b) 球形固态散粒体堆积局部

图1-5　固态散粒体物料堆积静止角

物料堆积存在空隙，导致松密度 ρ_b 下降。不同松密度的物料进入挤出机加料段，会得到不同的产量，表1-6是松密度及静止角对挤出产量的影响。

可见，球形散粒体的堆积松密度最大，产量较高。挤出过程的物料输送过程中还涉及塑料之间的内摩擦及塑料与金属壁面之间的外摩擦，它们对挤出机产量有重要影响。测试表明，内摩擦系数大约是外摩擦系数的5倍。

表 1-6　　不同松密度的低密度聚乙烯（LDPE）挤出产量

物料形状	松密度 ρ_b/(g/cm³)	静止角 α/(°)	产量 Q/(kg/h)
回收粒料	0.29～0.30	42	22.7
立方体	0.40～0.48	40	41.3
短圆柱	0.50～0.51	32.5	43.1
球形	0.54	22	45.4

(2)熔点　所谓熔点（melting point)是指熔解和结晶的热力学平衡点，用 T_m 表示。塑料分为无定形塑料和结晶塑料两类。对于无定形塑料来讲，随着温度升高，固态塑料逐渐软化，进而发生大分子滑移流动，在宏观上表现为塑料发生黏性流动，没有固定的熔点；对于结晶塑料来讲，由于结晶度不可能为 100%，也不存在单一的熔点，而是存在一个温度范围，一般将差示扫描量热仪（DSC）测试结果的峰值作为熔点 T_m（℃）。

(3)热导率与热扩散系数　塑料的传热性能对加工有着重要影响，其热导率 λ［W/(m·K)］比金属低 2～3 个数量级，强化传热一直是塑料加工过程的追求目标之一。实验测试发现，对于无定形塑料来讲，热导率对温度的变化不明显；而对于结晶塑料来讲，热导率对温度存在依赖性：熔点以下，热导率（thermal conductivity)随温度的增加呈下降规律，熔点以上，热导率基本上不随温度变化。塑料的热导率还存在各向异性，在取向方向及垂直于取向方向，热导率相差 1 倍［聚甲基丙烯酸甲酯（PMMA）］到 20 倍［高密度聚乙烯（HDPE）］不等。塑料加工过程属于非稳态导热过程，尤其温度控制过程中的升温及降温过程，需要用到热扩散系数（thermal diffusivity）α（m^2/s）来描述这样的加工过程，其代表导热能力与储热能力之比，定义如下：

$$\alpha=\frac{\lambda}{\rho c_p} \tag{1-3}$$

此处，λ 为热导率［W/(m·K)］，ρ 为密度（kg/m^3），c_p 为比定压热容［J/(kg/K)］。热扩散系数受压力及取向度的影响：压力变化范围在 30MPa 以内时，热扩散系数数值的变化范围仅为 1%～2%，故挤出加工过程可忽略压力对热扩散系数的影响；但取向度的影响非常大，在取向方向及垂直于取向方向的热扩散系数相差 20 倍左右，这是加工过程中需要重视的方面。结晶塑料比定压热容在熔点附近急剧增大，使其热扩散系数趋近于零。

(4)比焓　比焓 h（kJ/kg)代表单位质量的焓值，由热力学理论可知，焓代表内能和压力能之和，焓变 Δh 能直接反映热力学过程。从热力学第一定律可知，焓变可以用等压过程来测得，即

$$\Delta h=\int_{T_1}^{T_2} c_p(T)\,\mathrm{d}T \tag{1-4}$$

上式中，c_p 为比定压热容［J/(kg·K)］，T 为温度（K）。无定形塑料的比焓一般小于结晶塑料的，结晶塑料的比焓在熔点附近突然增大。对于结晶塑料来讲，除了比焓以外，还需要增加熔融潜热这一项，也叫相变潜热项，即温度不变时，需要输入热量来破坏结晶结构。以聚氯乙烯（PVC)和 LDPE 为例，当温度从 20℃上升到 150℃时，前者需要输入能量为 0.18×10^3kJ/kg，而后者需要 0.468×10^3kJ/kg 能量，后者为前者的 2.6 倍。

（5）聚合物物态变化　高聚物随着温度的升高，分别经历了玻璃态、高弹态、黏流态三种状态，对应的转变温度分别为玻璃化温度 T_g、黏流温度 T_f 及热分解温度 T_d，这三种状态在一定条件下会相互转化。这三种状态间存在着过渡区，但不存在低分子材料表现的气态，当温度升高到一定程度时，高聚物就会降解。如图 1-6 所示，对于无定形塑料来讲，这三种状态表现得非常明显。对于相对分子质量不大的半结晶高聚物，没有高弹态，只有熔点以下表现的类玻璃态的结晶态和熔点以上的类黏流态的熔融态。对于相对分子质量很大的半结晶聚合物，由于链段的数量巨大，当温度达到熔点时，虽然开始融化，但不足以发生高分子链的整体滑动，需要进一步升高温度才能到达黏流态。因此，在熔点以上才出现黏流温度，这时把熔点与黏流温度之间的物态看成是高弹态。黏流温度到分解温度的范围越大，成型过程的操作就越容易进行。

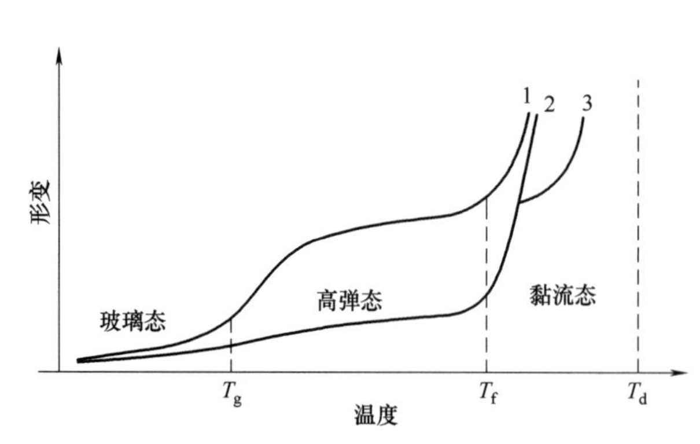

1—无定形塑料；　2—结晶塑料；　3—大相对分子质量结晶塑料。

图 1-6　恒压下塑料的温度与形变关系图

以聚乙烯（PE）为例，当相对分子质量在 10 万～15 万时，黏流温度与熔点重合，大约为 105～135℃；当相对分子质量大于 100 万时，其熔点与黏流温度明显分开，分别为 139℃和 190℃，且熔融后表现出高弹性，一般采用压制烧结的方法加工。近年来也出现了生产超高相对分子质量聚乙烯管材、板材的单螺杆挤出加工技术。表 1-7 对聚合物的三种状态进行了总结。

表 1-7　聚合物三态的力学性能和分子运动机理

状态	力学性能	微观运动特征
玻璃态	弹性模量大，约 10^3MPa； 断裂伸长率<1%； 形变可逆； 力学性能依赖于原子结构	原子的平均位置发生位移
高弹态	弹性模量小，约 1MPa； 断裂伸长率大，100%～1000%； 形变可逆； 力学性能依赖于链段的性质	链段发生位移
黏流态	弹性模量急剧降低； 形变量急剧增大； 形变不可逆； 力学性能依赖于整个分子链的性质	整个分子链发生位移

1.3.2.1 单螺杆挤出机固体输送

对于光滑料筒挤出机，产量由整个系统决定；对于料筒开槽挤出机，产量主要由凹槽料筒决定；而对于高速挤出过程而言，加料段不能完全充满，产量主要由料斗及加料段边界层决定。

固体输送（solid conveying）段产量采用固体塞模型来计算，如图 1-7 所示。为便于分析，假设螺杆不转，料筒反转，如图 1-7（b）所示，那么固体塞的运动速度如图 1-7（a）所示，图中 ϕ_1 为螺杆根部螺纹升角，ϕ 为螺杆外径螺纹升角。定义固体塞沿螺槽移动的速度为 v_p，对应的轴向速度分量为 v_a，料筒的线速度为 v_b，固体塞相对于料筒的运动速度为 v_{pb}，考虑螺棱曲率的影响，v_p 与 v_b 之间的夹角取 ϕ 与 ϕ_1 的平均值 $\overline{\phi}$。那么，由速度矢量合成法则，v_p、v_b 与 v_{pb} 组成封闭的矢量三角形。固体输送效率公式如下：

$$Q_s = \rho_b A v_a f \tag{1-5}$$

式中 Q_s——固体输送效率，m^3/min；

ρ_b——物料松密度，kg/m^3；

A——固体塞横截面积，m^2；

v_a——固体塞沿螺槽移动速度对应的轴向速度分量，m/s；

f——填充度。

对于 A，有如下计算公式：

$$A = \pi(D-H)H - \delta H/\sin\overline{\phi} \tag{1-6}$$

式中 D——螺杆外径，m；

H——螺槽深度，m；

δ——螺棱法向厚度，m；

$\overline{\phi}$——平均螺纹升角，rad。

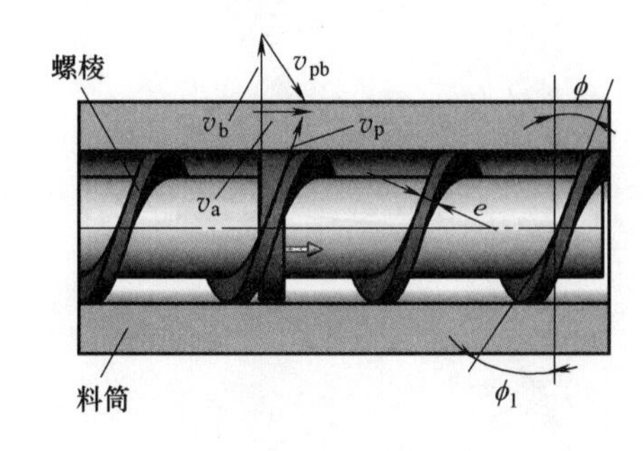

(a) 固体塞运动平面分析

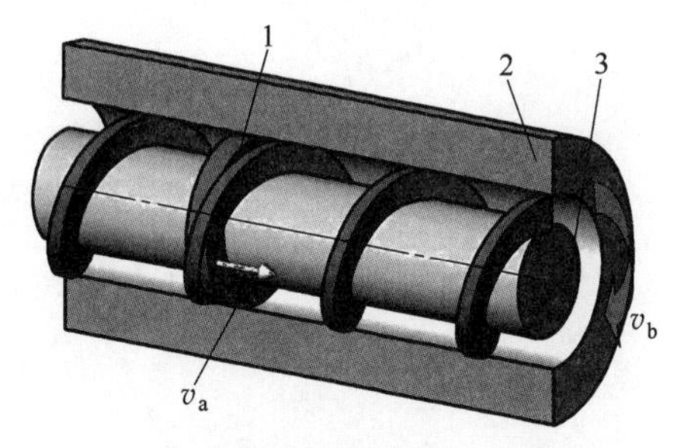

1—固体塞；2—料筒；3—螺杆。
(b) 固体塞运动立体展示

图 1-7 固体塞运动模型

固体输送分为三种情况确定 v_a 及 f：

① 强制输送 类似于螺栓螺母，固体塞只沿轴向移动，不发生转动，此时固体输送效率最高，轴向速度分量及填充度分别为：

$$v_a = v_b \tan\overline{\phi};\ f = 1 \tag{1-7}$$

② 阿基米德输送 此时物料没有完全充满螺槽，摩擦力的影响可以忽略，轴向速度分量

及填充度分别为：

$$v_a = v_b \tan\overline{\phi};\ f<1 \tag{1-8}$$

因为松密度ρ_b及填充度f都不能精确表达，所以很难按照阿基米德原理计算固体输送率。固体物料在挤出机内的阿基米德输送如图1-8所示。

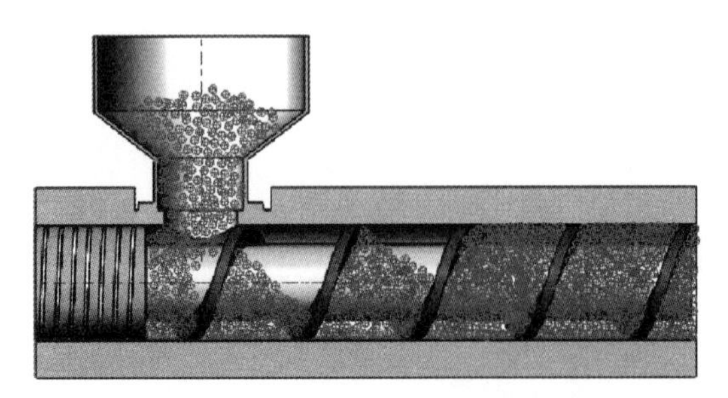

图1-8 进料段阿基米德输送示意图

③ 摩擦输送 此时物料完全充满螺槽，形成密实的固体塞，特性类似于连续的弹性体。固体塞在摩擦力的作用下沿螺槽向口模方向整体滑动，其速度矢量图参见图1-7，要得到料筒的线速度v_b与固体塞相对于料筒的运动速度v_{pb}的夹角，即固体输送角或牵引角θ，需要对固体塞进行力及力矩平衡分析。为此采用Darnell和Mol（1956）提出的固体塞沿螺槽滑动固体输送模型，Tadmor等人进行进一步研究。假设螺杆不动，料筒反转，如图1-9所示。

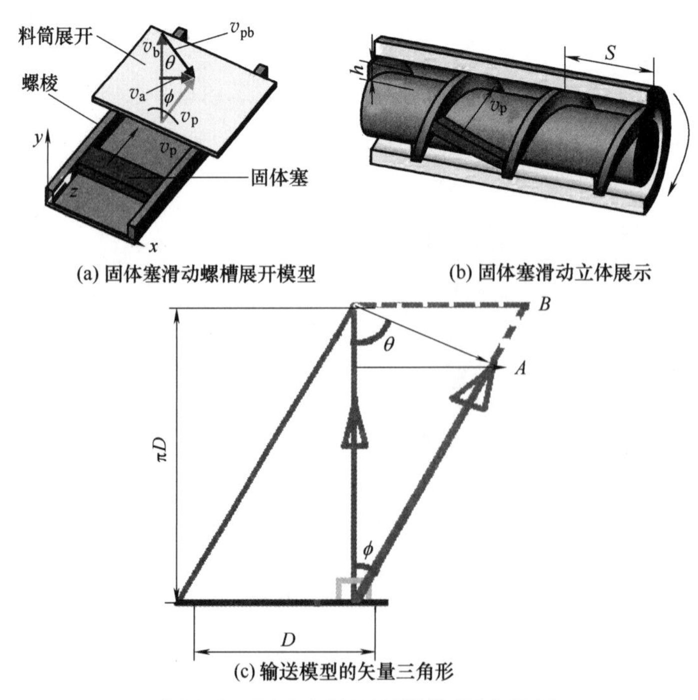

图1-9 固体塞滑动输送模型及矢量图

图1-9（a）为图1-9（b）的展开图，为求得固体塞滑动速度v_p，在图1-9（c）的矢量三角形中，利用正弦定理得到：

$$v_p = \frac{v_b \sin\theta}{\sin(\theta+\overline{\phi})} \tag{1-9}$$

从图 1-9 中可知，要增加固体输送效率，应尽量增大固体输送角 θ，那么可进一步得到：

$$v_a = v_p \sin\overline{\phi} = \frac{v_b \sin\theta \sin\overline{\phi}}{\sin(\theta+\overline{\phi})} \tag{1-10}$$

式（1-10）中，$\overline{\phi}$ 意义同前，只有固体输送角 θ 未知，固体塞滑动输送理论揭示了这样的观点，固体塞沿螺槽展开方向压力是逐渐增大的，可以根据螺槽内压力分布及摩擦平衡获得固体输送角。

实际生产中，常采用以下措施提高固体输送效率：①利用物料与钢摩擦系数随温度下降而增大的原理，冷却螺杆加料段；②机械加工要求：尽量降低螺杆粗糙度，增大料筒粗糙度；③选择合理的螺旋升角 Φ：$S=D$，$\Phi=17.65°$，粉料 30°，方料 15°；④加料段料筒内壁开一些纵向沟槽；⑤带有纵向沟槽、外冷却的锥形套。

Schneider（1969）首先考虑了应力分布的各向异性，Campbell（1998）对应力各向异性分布进行了进一步分析修正，认为固体塞施加在螺杆根部及料筒表面的压力系数相同，而固体塞施加在螺棱侧面的压力系数仅为前两者的一半左右，并且这些压力均小于螺槽展开方向的压力。另外，上述模型没有考虑固体输送过程的摩擦生热现象，这势必降低影响固体塞与料筒间的摩擦力，从而降低固体输送效率，所以单螺杆挤出机要在进料段对料筒进行强制冷却。固体输送过程中，松密度与压力及螺槽具体尺寸相关，国内外学者正在进行积极的探索研究。当粒子采用面心立方堆积时，如图 1-10 所示，螺槽尺寸对松密度的影响如下式所示：

$$\frac{\rho_b}{\rho_\infty} = \frac{1-(1-\sqrt{2}/2)\left(\frac{d}{h}+\frac{d}{W}\right)+(3/2-\sqrt{2})\frac{d^2}{hW}}{1+d/(hW)} \tag{1-11}$$

式中 ρ_b——经螺槽几何形状修正后的物料松密度，kg/m^3；

ρ_∞——无限体积物料堆积松密度，kg/m^3；

d——球体直径，m；

h——螺槽高度，m；

W——螺槽宽度，m。

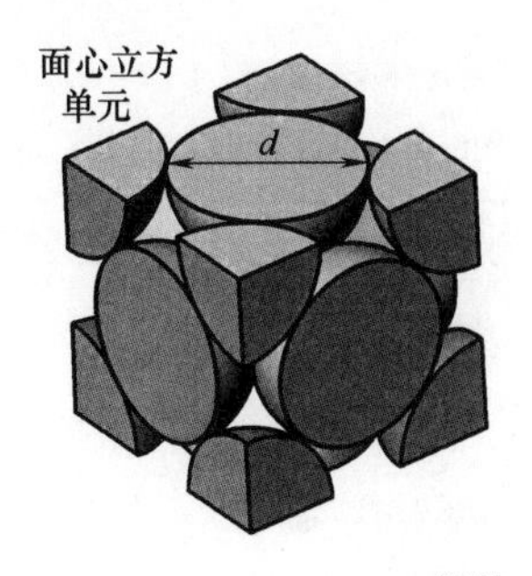

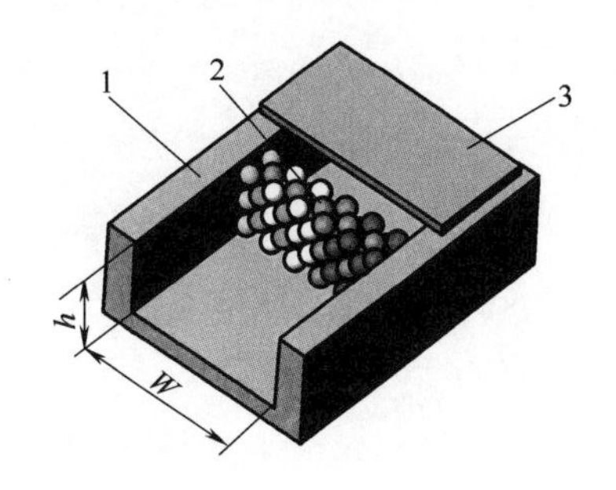

1—螺棱；2—固体塞；3—料筒。

图 1-10 螺槽中球体的堆积

学习活动

练习：

1. 查找散粒体理论的相关文献资料，描述散粒体性质的参数主要有哪些？对挤出性能有什么影响？

2. 为什么会出现散粒体理论？

1.3.2.2 单螺杆挤出机熔融机理

熔融塑化是挤出机的中心任务之一，熔融塑化能力是评价螺杆性能的重要参数，关系到螺杆是否能稳定挤出。这一过程发生在螺杆的压缩段，塑料固体塞将进一步被压缩、熔融，转变成黏流态。Maddock（1956）和 Street（1961）开创了可视化实验技术观察挤出机中的熔融过程：在挤出稳定过程中突然停机，然后急冷螺杆和料筒，使螺杆中塑料加工状态固化；从料筒中拉出螺杆，展开固化螺旋带，沿螺棱法向方向切片，获得沿螺槽展开方向不同位置的熔融物料图像。通常添加一些染色粒子，以便观察有关流场的信息。Tadmor（1966）最初完成了基本熔融理论分析，在假设固体无壁滑移发生，假设螺槽法向截面熔膜厚度不变，且温度呈线性分布的基础上，提出了经典的 Tadmor 固体床熔融模型，并给出了牛顿流体解析解，得到了熔融段长度的理论计算公式。图 1-11 是螺槽横截面熔融过程切片。

扫码观看微课
单螺杆挤出机
熔融机理
分析及应用

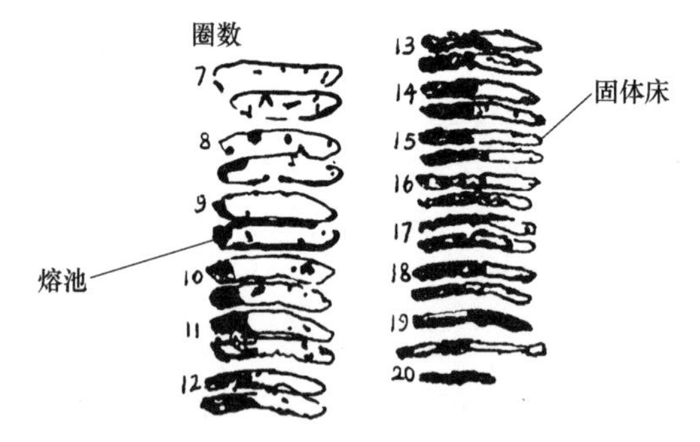

图 1-11 熔融过程可视化观察结果

随后，Klenk（1967）、Pearson（1976）及 Lindt（1984）等人通过实验发现了不同固体床熔融模型，并发现了壁滑移的存在，尤其是当螺杆直径增大后，螺棱料筒间隙扩大，比如直径 90mm 的单螺杆单面间隙可达 0.3mm，螺棱漏流冲击作用不能忽略，这样还可以提高能量效率。熔融理论关注压力分布及熔融速率等问题，典型的熔融模型如图 1-12 所示。

从上述模型可以看出，固体床熔融模型主要熔融机理是通过料筒与固体床之间的不到 1mm 厚的熔膜导热及黏性耗散热使固体床熔融，料筒与固体床相对运动使得熔体从固体表面脱离，熔体汇集成熔池，固体床宽度逐渐变窄，熔池逐渐扩大，这样完成熔融过程。固体床后期的行为非常复杂，Fenner（1980）和 Brucker（1989）针对压缩区固体床加速和固体床后期的破裂行为进行研究，朱复华教授等人（1989）发现螺杆加工转速越高，固体床破碎的块数越多，而且粉料更易产生固体床破碎现象，他们引入混沌的观点来解释上述现象。一般来讲，固体床破碎被认为是单螺杆挤出过程的一种缺陷，会导致温度、压力的波动，从而影响挤出过程

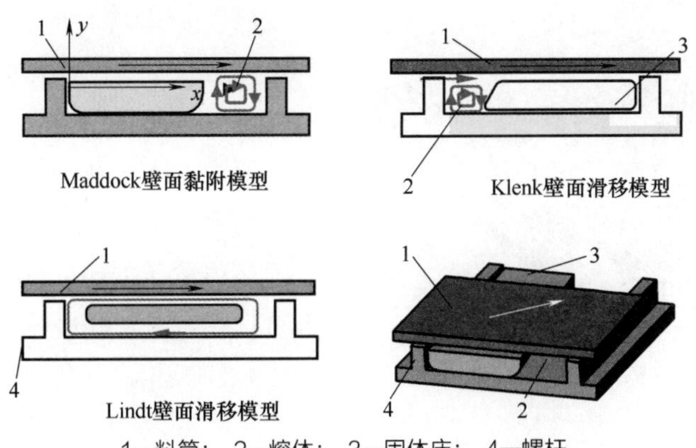

1—料筒；　2—熔体；　3—固体床；　4—螺杆。

图 1-12　熔融过程可视化观察结果

的稳定性，因此出现了冷却螺杆来推迟固体床破碎等方法。另外，有些螺杆设计故意使熔融过程固体床破裂，实现分散熔融，可以实现低温挤出。有关这方面的工程应用已经很多，但基础理论研究进展不大。

自 1987 年开始，Potente 等人结合前人的实验观察及理论研究成果，提出了熔融过程的解析模型，此模型同时考虑了预熔融、熔融及压缩区固体床加速作用，并较成功地预测了熔体区涡流的位置。朱复华教授带领的课题组通过可视化实验研究，提出了三段七区模型，在熔融区先后出现熔膜区、熔池区、环流区及固体破碎区，发现了熔融过程中出现的亚稳态相转变行为。综合以上研究结果，比较全面的熔融过程如图 1-13 所示。图中 X 为固体床的宽度变化参量。

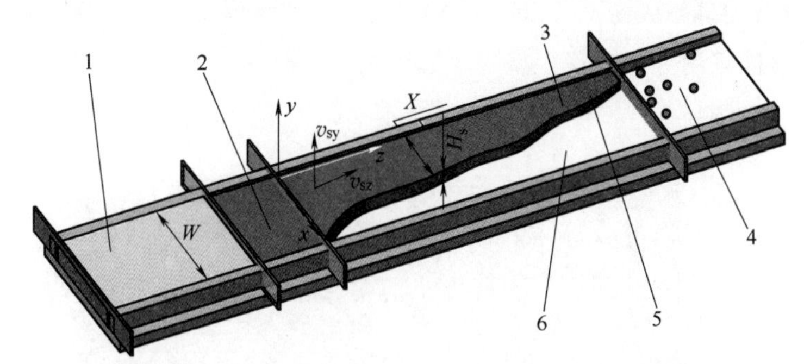

1—固体塞；　2—预熔融区；　3—固体床熔融区；　4—固体床破碎区；　5—固体床；　6—熔池。

图 1-13　熔融过程示意图

采用上面的物理模型，可以对熔融过程进行简单预测，以直径 45mm 单螺杆挤出机为例，考虑到压缩效应，当生产率 $Q=12.5$kg/h 时，螺杆转速为 $n=60$r/min，料筒温度 $T_b=150$℃，物料熔点 $T_m=110$℃，液相热导率 $\lambda=0.1821$W/(m · K)，计算得到：最大溶膜厚度 $\delta_{max}=0.226$mm；熔膜内剪切速率 $\dot{\gamma}=1147.8\text{s}^{-1}$；熔融段总体长度约等于 9.37 个螺距。

1.3.2.3　单螺杆挤出机熔体输送机理

熔体输送（melt conveying）机理目前研究较为成熟，采用的方法是连续介质流体力学方法。这一过程主要发生在螺杆的均化段，此时螺槽的结构保持不变，将从压缩段送来的熔体进一步均匀、塑化、恒温、恒压、定量挤出到机头，故又称熔体输送段、均化段、计量段。熔体

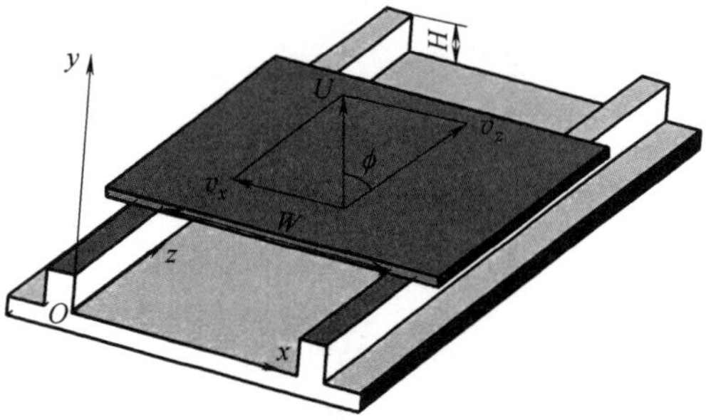

图 1-14　熔体输送过程物理模型

输送段作用相当于一个泵，其作用机理是摩擦力的拖曳作用。图 1-14 是多年来一直采用的熔体输送模型，该模型采用螺槽展开模型，假设螺杆不动，料筒反向旋转。这样的模型为理解熔体输送提供了方便。

熔体输送的研究最早可以追溯到 1929 年，以牛顿流体等温假设为基础，Rowell 和 Carley 推导出 z 方向速度的解析解。1951 年，Morgan 发现了螺槽内法向截面（即螺槽横截面 xOy 平面内）环流的存在。1953 年，Maddock 分析了计量段螺杆所需的推动功率。1955 年，Masket 推导出牛顿流体压力流及拖曳流的计算公式。1959 年，Maddock 分析了料筒螺杆间隙对拖曳流的影响，认为当间隙量超过螺槽深度 15%时，螺杆将无法使用。从 1970 年开始，有限元理论开始在挤出理论中应用：1990 年，Gupta 采用三维有限元模型分析了螺槽内的速度和压力分布；1993 年，Joo 采用三维有限元分析了挤出过程的停留时间分布问题。1995 年，Chiruvella 考虑了挤出机和口模的匹配问题。 2005 年，Khalifeh 采用有限体积方法对单螺杆挤出机内三维非等温流动进行了数值模拟，发现当料筒与螺杆的温度差在 30℃的范围内时，温度对流动的影响可以忽略，等温假设在一定的范围内是合理的。以下是几种熔体输送模型相关结果，对全面理解挤出机内熔体输送，尤其是压力建立原理具有重要意义。

（1）非牛顿流体熔体输送模型　以图 1-14 物理模型为背景，笔者采用有限体积方法，对螺槽内的非牛顿流体采用等温假设，得到了螺槽内速度分布。图 1-15 为螺槽横截面内流线分布。

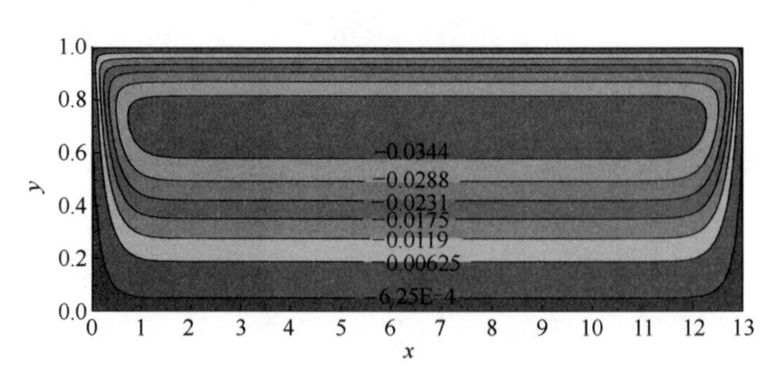

图 1-15　螺槽横截面内流线分布

螺槽纵向速度分布等值线如图 1-16 所示。可以发现，由于螺槽的长宽比较大，z 方向速度沿螺槽宽度方向在很大范围内保持不变，只与 y 坐标有关。z 方向速度决定了螺杆泵送能力大小，显然与料筒拖曳速度及机头产生的背压有关。

图 1-17 则为不同无因次压力梯度 c 作用下螺槽横截面中垂线速度分布计算结果对比，图 1-17（a）为 x 方向速度分布，图 1-17（b）为 z 方向速度分布。随着 c 增大，x 方向速度分布将发生变化，螺槽横截面内环流中心点上移，螺槽下部反向速度减小，而 z 方向速度后凹趋

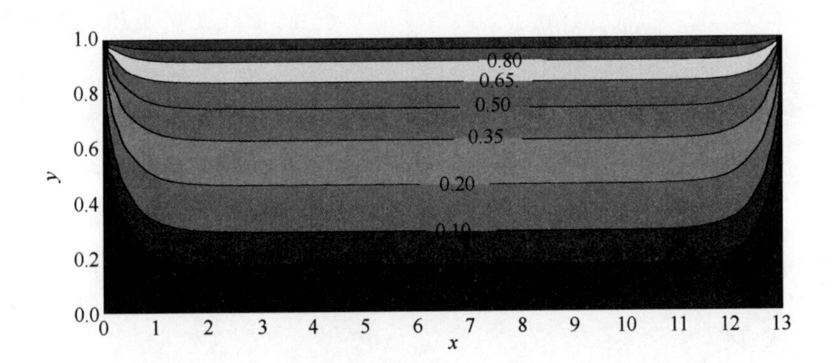

图 1-16　螺槽横截面内 z 方向速度分布

势增大。此处，无因次压力梯度表达式如下：

$$c = \mathrm{d}\left(\frac{p}{\Lambda}\right) \bigg/ \mathrm{d}\left(\frac{z}{H}\right) \tag{1-12}$$

$$\Lambda = K(U\cos\phi / H)^{n} \tag{1-13}$$

$$U = \pi DN \tag{1-14}$$

式中　Λ——特征应力；

H——螺槽高度，m；

K——稠度系数，Pa·s^n；

n——幂律指数；

ϕ——螺旋升角，rad；

U——螺杆外径线速度，m/s；

D——螺杆外径，m；

N——螺杆转速，1/s；

p——计量段熔体压力。

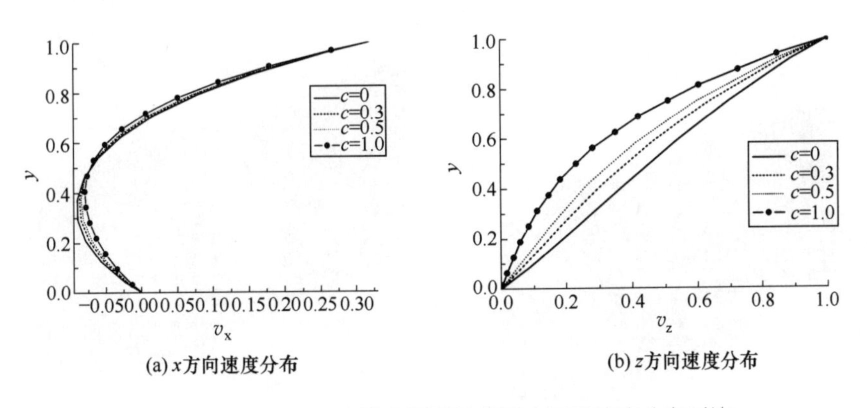

图 1-17　无因次压力梯度螺槽横截面中垂线速度分布对比

给定初始点位于 p_1（6.5，0.15，0）、p_2（6.5，0.5，0）、p_3（6.5，0.68，0）三点，对流体质点运动进行数值积分追踪，则可获得流体质点在螺槽内运动轨迹，如图 1-18 所示，图中也给出了运动轨迹在螺槽横截面内的投影，标志着螺槽横截面内环流的存在。可见，流体

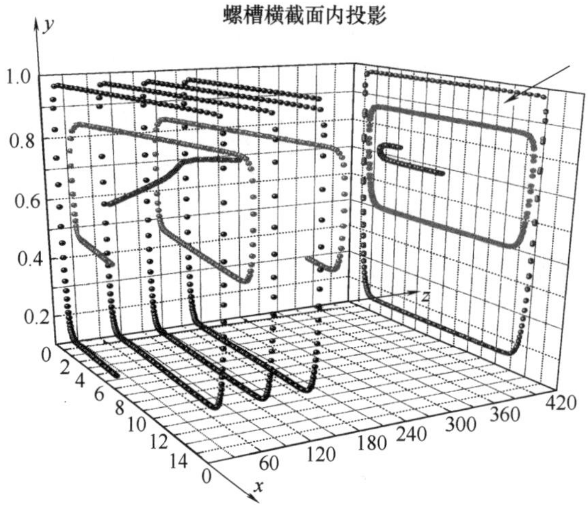

质点在挤出机展开模型中呈现类螺旋运动，越接近环流中心，流体质点沿 z 轴运动得越快，对比 p_1 点，p_3 点要经过多次螺旋运动才能完成同样的 z 向距离，这意味着停留时间要多得多。

图 1-18　流体质点在挤出机内的三维运动轨迹

（2）非等温非牛顿流体熔体输送模型　对直径为 30mm 螺杆的均化段圆柱带口模建立全三维物理模型，同样假设螺杆不动，则料筒反转，进出口区采用压力边界条件，并假设料筒与螺杆存在 10℃ 温差，如图 1-19 所示。

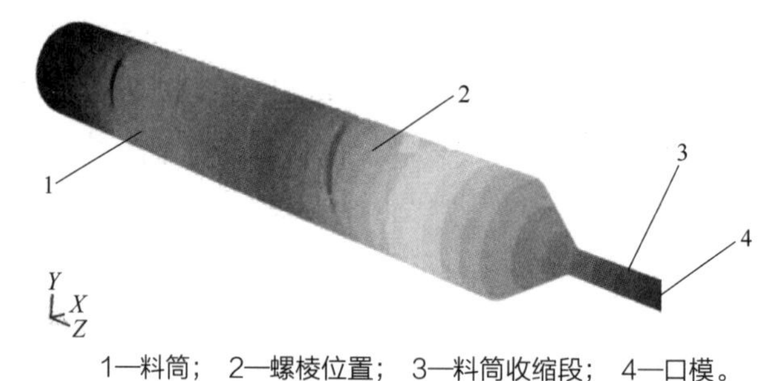

1—料筒；2—螺棱位置；3—料筒收缩段；4—口模。

图 1-19　带口模的螺杆挤出机熔体输送段物理模型

假设聚合物熔体符合 Carreau 本构关系，采用有限体积数值模拟方法模拟在不同压力梯度及螺杆转速作用下挤出机内流场、压力场及温度场分布，主要螺槽段采用六面体网格，如图 1-20 所示。

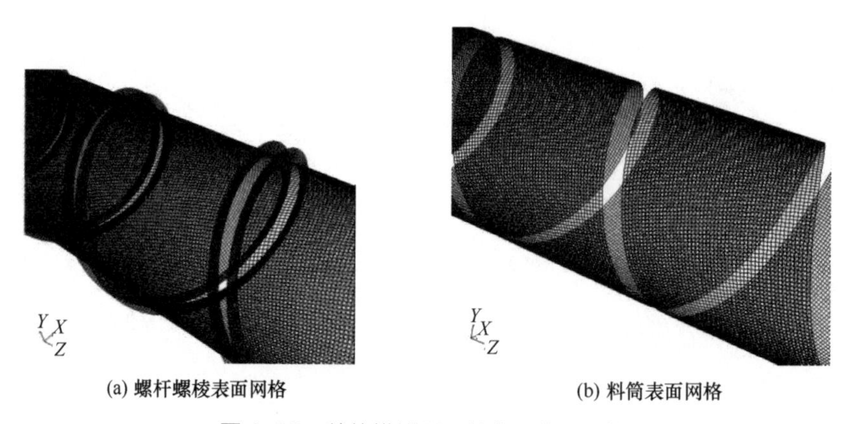

(a) 螺杆螺棱表面网格　(b) 料筒表面网格

图 1-20　数值模拟所用的有限体积网格

图 1-21 是挤出机内的螺槽横截面内速度场、温度场及压力场分布。可以看到，螺槽横截面内存在着逆时针方向旋转的环流；压力建立与挤出方向相反，螺槽推力面压力最大，螺槽拖

曳面压力最小，压力分布呈现线性关系，压力沿螺槽径向基本保持不变，可见基本满足二维假设；观察螺槽横截面内温度场分布发现，螺槽内靠近螺槽推力面位置的熔体温度高于靠近螺槽拖曳面位置的熔体温度，温差同样达到接近 10℃。可见，螺槽内温度分布非常不均匀，表明单螺杆挤出机混炼能力需要提高。

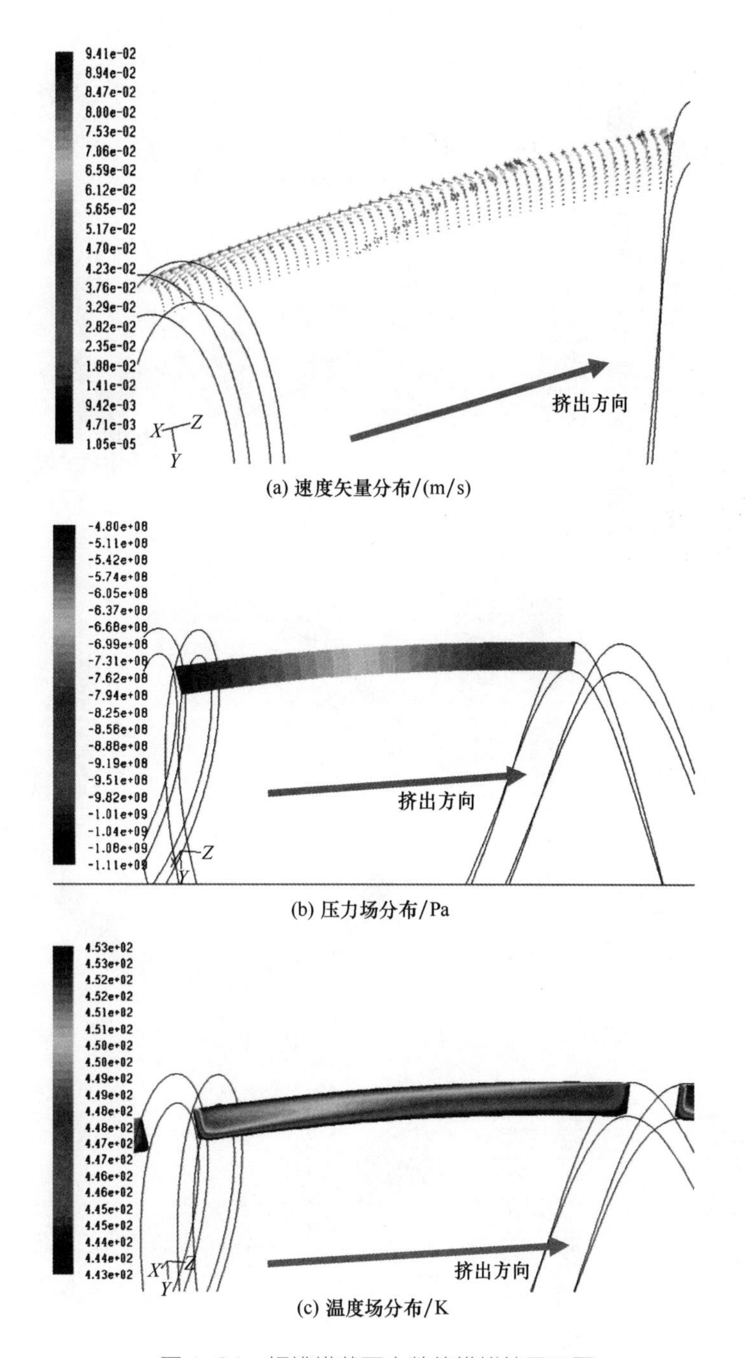

(a) 速度矢量分布/(m/s)

(b) 压力场分布/Pa

(c) 温度场分布/K

图 1-21　螺槽横截面内数值模拟结果云图

同样也可以观察螺杆轴线所在平面内的速度、压力及温度场分布情况，如图 1-22 所示。

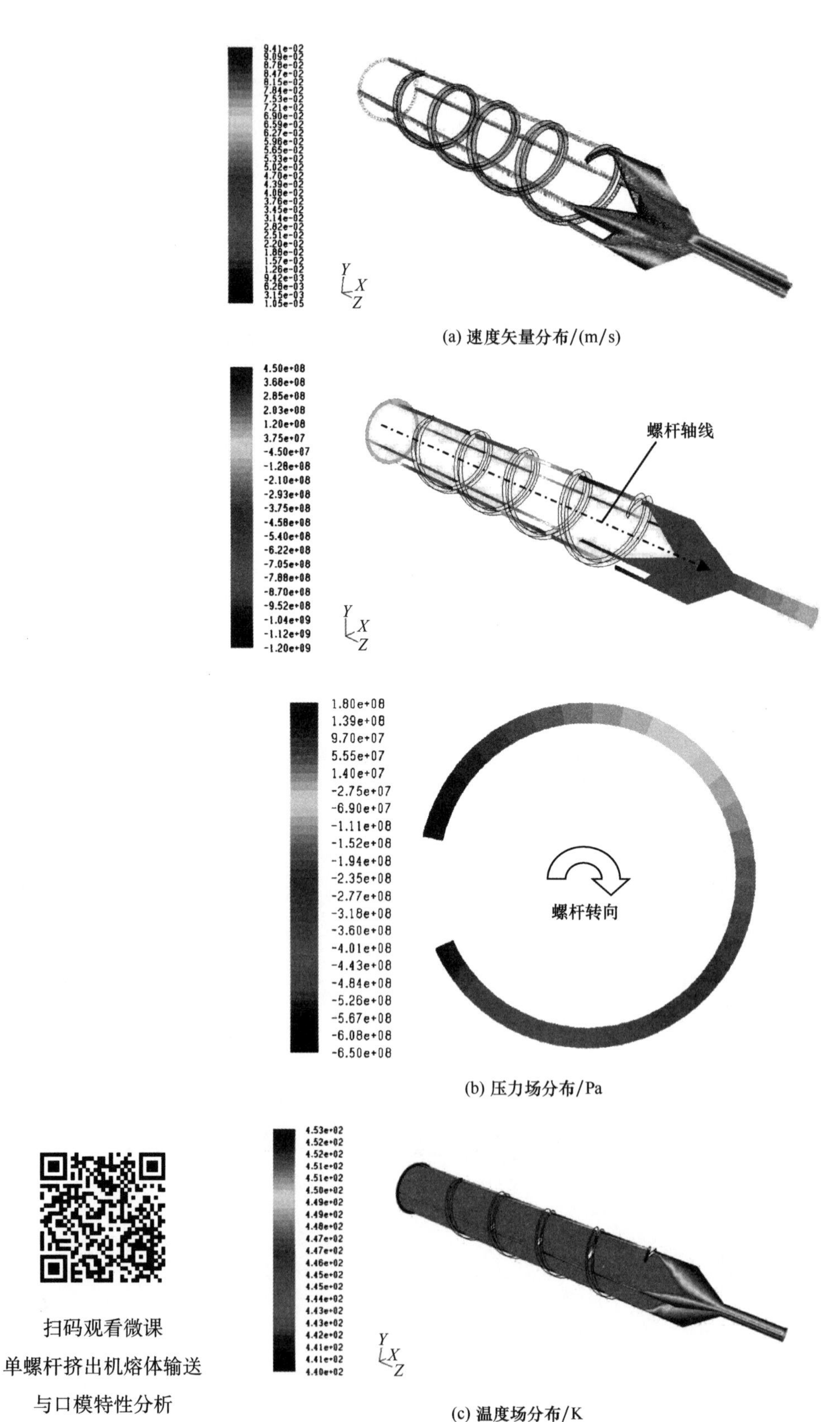

(a) 速度矢量分布/(m/s)

(b) 压力场分布/Pa

(c) 温度场分布/K

扫码观看微课
单螺杆挤出机熔体输送
与口模特性分析

图 1-22 螺杆轴线所在平面内数值模拟结果云图

可以发现，单螺杆挤出机熔体输送机理是料筒拖曳流体沿着螺槽向口模方向前进，当熔体接近出口时速度分布非常不均匀，螺杆头部形状及料筒结构设计非常重要。从 z 方向观察，螺槽内压力在螺槽内下降，然后沿着螺棱跳跃升高，呈现“之”字形升高规律；而沿着螺旋展开方向观察，结合图 1-22，螺槽内压力逐渐升高。从温度分布来看，熔体在出口处的温度不均匀性依然存在，口模中心处的温度最低，本模型假设情况下温差接近 6℃。挤出机螺槽内压力分布如图 1-23 所示。

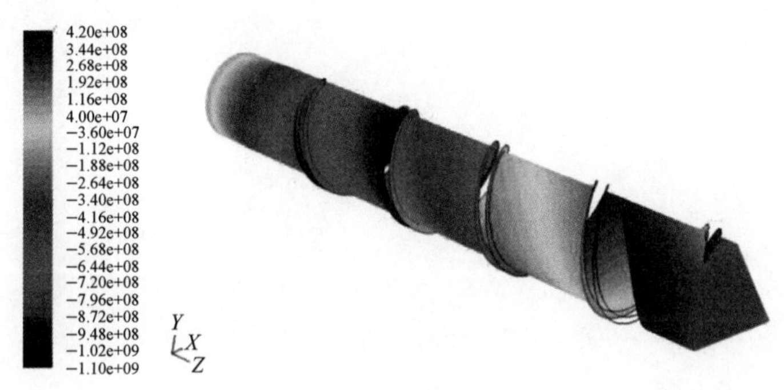

图 1-23 螺杆表面压力分布云图/Pa

(3)经典熔体输送模型 由于单螺杆计量段螺槽深度与宽度比值 H/W 大于或等于 10，通常以牛顿流体无限平行平板拖动模型比拟单螺杆挤出机熔体输送，表述建立螺杆挤出压力与产量的关系，即挤出特性。同样假设螺杆不转，料筒反转，这样假设简化了分析过程，能够获得物理意义清晰的解析表达式，将产量理解为拖曳流 Q_d，压力流 Q_p 及筒螺杆漏流 Q_l 的代数运算。拖曳流速度分布示意图如图 1-24 所示，速度呈直线分布，料筒处最大，为 v_z，在螺杆根部最小，速度为零。拖曳流 Q_d 是流体输送的动力项，表示在螺槽 z 方向没有压力增加情况下，即 z 方向压力梯度为零时可输送的最大流量，经过换算，可得到 Q_d 为拖曳流量（m^3/s）的表达式：

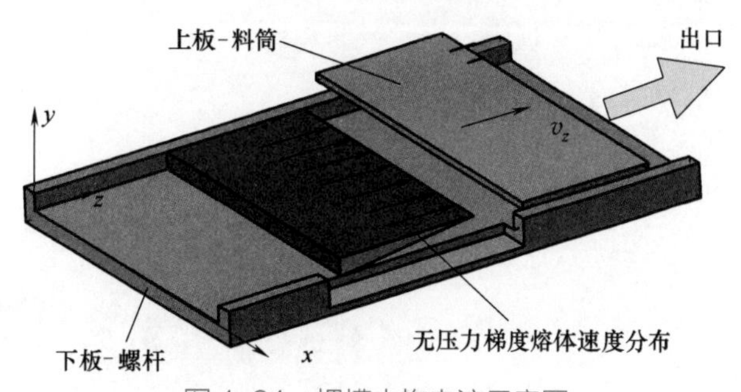

图 1-24 螺槽内拖曳流示意图

$$Q_d = \frac{1}{2} W h_3 v_z = \frac{\pi^2 D^2 N h_3 \sin 2\phi}{4} \tag{1-15}$$

式中 Q_d——拖曳流量，m^3/s；

W——螺槽法向宽度，m；

h_3——螺槽计量段深度，m；

v_z——料筒在螺槽展开方向的分速度，m/s；

D——螺杆外径，m；

N——螺杆转速，1/s；

ϕ——螺旋升角，rad 或°。

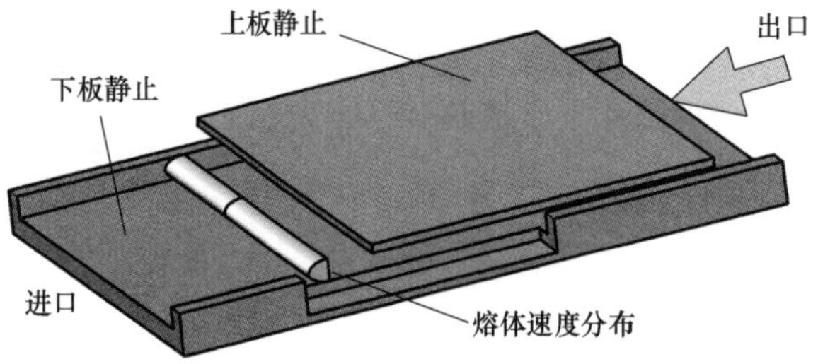

图 1-25　螺槽内压力反流示意图

由于出口处的压力高于进口，熔体将沿着 z 轴反向产生压力反流。压力流 Q_p 是由机头、分流板、滤网等对熔体的反压引起的流动，此时相当于上板拖动速度为 0，对于牛顿流体，可以通过流体力学计算得到速度解析解，是抛物线分布，如图 1-25 所示。

此时，可以求得 Q_p 为压力反流流量（m^3/s）的表达式为：

$$Q_p=\frac{Wh_3^3}{12\mu_1}\cdot\frac{p_2-p_1}{L_3/\sin\phi}=\frac{\pi Dh_3^3\sin^2\phi}{12\mu_1}\cdot\frac{p_2-p_1}{L_3} \tag{1-16}$$

式中　Q_p——压力反流流量，m^3/s；

W——螺槽法向宽度，m；

h_3——螺槽计量段深度，m；

D——螺杆外径，m；

L_3——均化段螺杆长度，m；

ϕ——螺旋升角，rad 或°；

μ_1——螺槽中塑料熔体的黏度，Pa·s；

p_1、p_2——均化段开始端及末端熔体压力，Pa。

实际工作过程中，由于料筒螺杆间的磨损间隙逐渐变大，熔体跨越螺棱产生沿螺杆轴向漏流 Q_l（m^3/s），如图 1-26 所示。

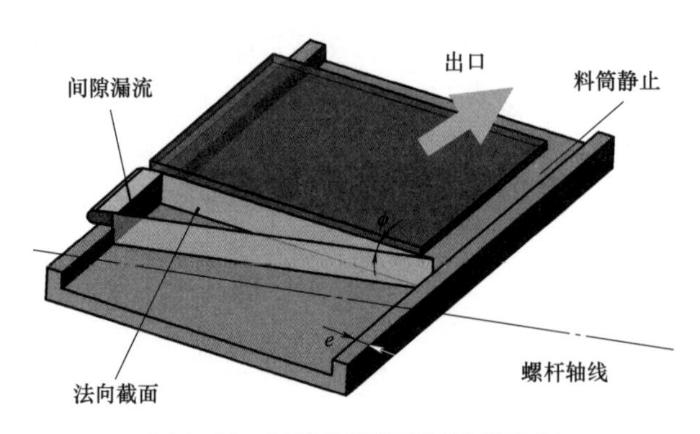

图 1-26　料筒螺杆间隙漏流示意图

从图 1-26 可以求得料筒螺杆间隙漏流 Q_l 的表达式如下：

$$Q_l=\frac{W\sin\phi\delta^3}{12\mu_2}\cdot\frac{p_2-p_1}{L_3}\cdot\frac{W}{e}=\frac{\pi^2D^2\delta^3\sin^3\phi}{12\mu_2 e}\cdot\frac{p_2-p_1}{L_3} \tag{1-17}$$

式中　Q_l——螺杆间隙漏流，m^3/s；

W——螺槽法向宽度，m；

δ——螺杆料筒间隙，m；

D——螺杆外径，m；

L_3——均化段螺杆长度，m；

e——螺棱法向厚度，m；

ϕ——螺旋升角，rad 或°；

μ_2——间隙 δ 处塑料熔体的黏度，Pa·s；

p_1、p_2——均化段开始端及末端熔体压力，Pa。

这样可以进一步得到挤出机的输送能力 Q（m^3/s）公式：

$$Q=Q_d-Q_p-Q_l=\frac{\pi^2D^2Nh_3\sin2\phi}{4}-\frac{\pi Dh_3^3\sin^2\phi}{12\mu_1}\cdot\frac{p_2-p_1}{L_3}-\frac{\pi^2D^2\delta^3\sin^3\phi}{12\mu_2e}\cdot\frac{p_2-p_1}{L_3} \tag{1-18}$$

从式（1-17）可以看出，螺杆几何尺寸及工艺参数都会对挤出产量产生影响，具体表现为：

① 挤出产量 Q 近似与螺杆的外径 D 的平方成正比，螺杆转速越高，挤出产量越大；

② 均化段螺杆长度 L_3 越大，压力反流 Q_p 和漏流 Q_l 均减小，螺杆混合效果提高，产量 Q 提高，但 L_3 受整个螺杆分配长度的控制；

③ 漏流（leakage）与间隙（clearance）δ 的三次方成正比，当间隙大于 1mm 时，漏流将对挤出产量产生较大的影响；

④ 黏度（viscosity）与材料的性质及加工温度（temperature）有关。降低加工温度，熔体的黏度 μ_1、μ_2 增加，挤出产量增大。

从式（1-18）可以得到挤出产量与挤出压力之间的关系，即螺杆挤出特性曲线，如图 1-27 所示。

这里，$\Delta p=p_2-p_1$，代表螺杆计量段出口与进口压力差（MPa），一般假设计量段开始时压力为 0，则压力差即为挤出压力。

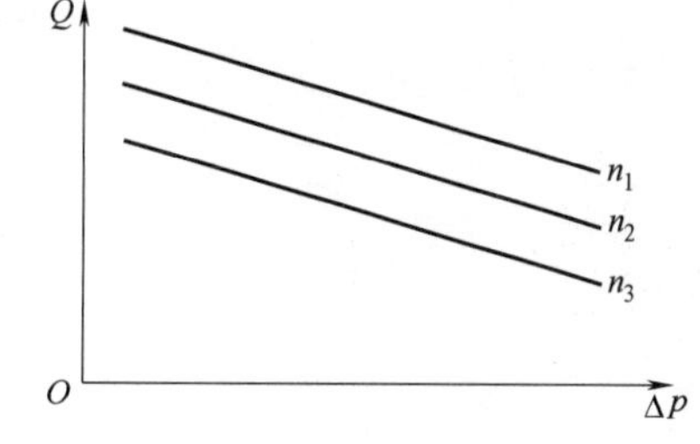

图 1-27　螺杆特性线

1.3.3　单螺杆挤出机综合工作点

机头是以螺杆为主的挤压系统的一个后续部件，也称挤出模具，口模是机头的最后一个零件。机头的基本功能是成型，即保证制品得到所需要的形状和尺寸。口模是实现成型的关键零件，设计过程中要保证易于装拆和清理，满足机械强度、刚度要求和一定的耐磨损及抗腐蚀性；尺寸要尽量对称和等厚度，流道要尽可能光滑，呈流线型，定型段要尽量长些；成型过程中要对熔体实现一定的压缩比，以保证制品的致密性及消除熔接痕等缺陷；口模壁厚均匀程度通过调节螺栓或热膨胀螺栓自动控制来实现；温度控制要保证小于 1℃的温度控制精度；口模设计过程同时还要兼顾流变学性能，如剪切变稀、入口效应、离模膨胀及熔体破裂等行为，这些将直接影响产品质量和产量。

常采用口模特性来表征经过口模的产量 Q 与压力差 Δp 的关系：

$$Q=\frac{K}{\mu}\Delta p \tag{1-19}$$

式中 Q——通过口模的体积流率，m^3/s；

K——口模形状系数（仅与口模尺寸有关，计算方法见表 1-8），m^3；

Δp——熔体通过口模时的压力降，MPa；

μ——口模中物料的黏度，Pa · s。

表 1-8　常见口模形状系数计算

流道形状	口模示意图	K 值计算公式/m^3
圆柱形		$\frac{\pi D^4}{128L}$
平面缝隙		$\frac{Wh^3}{12L}$
环形缝隙		$\frac{\pi Dh^3}{12L}$
两倾斜面		$\frac{Wh_1^2h_2^2}{6L(h_1+h_2)}$
圆锥形		$\frac{3\pi D^3d^3}{128L(D^2+d^2+Dd)}$

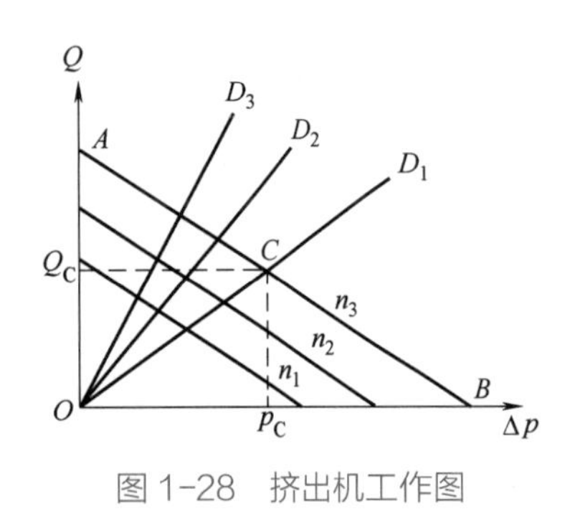

图 1-28　挤出机工作图

可见，挤出产量与口模两端压力差成正比。实际的生产过程中，挤出机是动力部分，口模是阻力部分，两者是一个系统，共同决定挤出机的生产能力。挤出机工作图如图 1-28 所示。

图中 OD_1、OD_2 及 OD_3 称为口模特性线，对比可知，OD_1 比 OD_2 口模阻力大，依此类推。图中也给出了挤出机螺杆转速为 n_3 时，选用 OD_1 口模时挤出机的工作点 C 的求解方法，也就是说，此时的挤出压力差为 p_C，产量为 Q_C。

为确定挤出机有效工作区，要保证挤出机实现良好的塑化质量、有效的熔体温度范围控制以及最小经济产量等各方面的要求，需要根据挤出机的工作性能来调节操作工艺条件。有效工作区如图 1-29 中阴影区域所示。

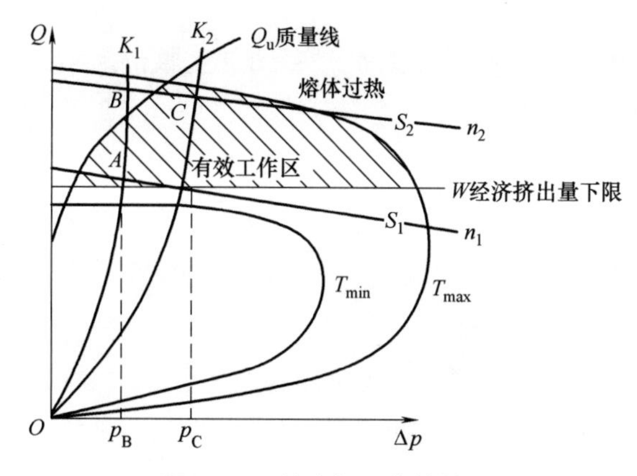

图 1-29　挤出机工作特性图

从上图可以看出，工作点 A 在有效工作区的左下方，稍微在 W 之上，对应着较低的产量。当将螺杆转数由 n_1 提高到 n_2 之后，口模特性 K_1 与螺杆特性线 S_2 交于工作点 B，此时虽然产量提高了，但已超出有效工作区，并在质量线 Q_u 的左方，故塑化不充分。图中的 C 点是比较理想的工作点。螺杆转速 N 的高低还要顾及螺杆直径的大小，受物料承受剪切强度及挤出稳定性等多方面因素控制。图 1-30 给出了实际生产过程中挤出机螺杆转速的选择范围，Ⅰ表示转速的上限范围，Ⅱ表示转速的下限范围，阴影线部分为我国挤出机系列所推荐的转速范围。

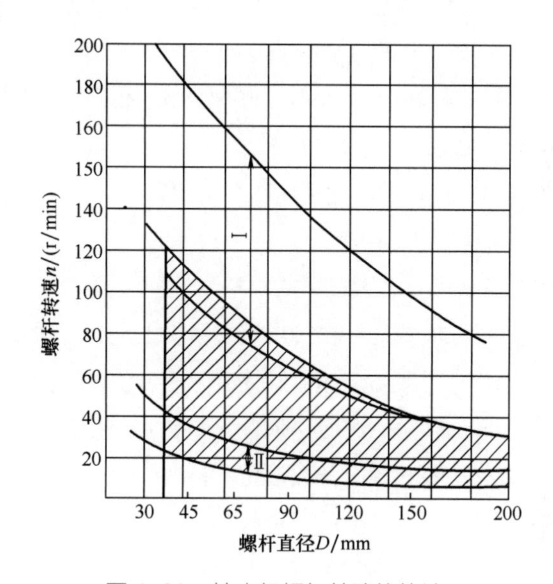

图 1-30　挤出机螺杆转速的统计

1.3.4　螺杆结构简单设计

1.3.4.1　评价螺杆的标准

(1)塑化质量　塑化质量指生产符合质量要求的制品，达到规定的物理、化学、力学及电性能等，具有良好的表观质量，达到用户对气泡、晶点、染色分散均匀性的要求。低温挤出是目前的发展趋势。

(2)产量　所谓产量是指在保证塑化质量的前提下，通过给定机头的产量或挤出量。

(3)单耗　指每挤出 1kg 塑料所消耗的能量。一般用 P/Q 表示，其中 P 为功率（kW），Q 为产量（kg/h）。

(4)适应性　所谓螺杆的适应性是指螺杆对加工不同塑料、匹配不同机头和不同制品的适应能力。

(5)制造的难易　一根好的螺杆还必须易于加工制造，性价比高。

1.3.4.2　螺杆设计考虑的因素

(1)物料特性及初始几何形状、尺寸及温度状况　比如PVC与聚烯烃材料加工性能相差很大，前者为无定形塑料，黏度大，对温度及剪切力敏感，没有明显的熔点；后者为结晶性塑料，黏度低，有明显的熔点。另外，即使是同一种塑料，生产厂家不同、批号不同，性能也存在差异。

(2)口模的几何形状及机头阻力特性　均化段螺槽深度要与口模特性匹配才能使挤出机正常工作，参见图1-24、图1-25，对于高阻力口模，均化螺槽要浅些，均化段的长度要长些。

(3)加热冷却情况及固体输送机理　由固体输送理论可知，当在料筒内壁加工成锥形并开设纵向槽后，对进料段进行强制冷却，能够提高固体输送效率。必须考虑强化压缩段及均化段功能，使熔融过程及熔体输送过程与进料相一致。

(4)螺杆转速　螺杆转速主要控制加工过程的剪切速率，因此，螺杆外径的线速度应该满足一定的条件，参见图1-29，加工物料不同，螺杆转速也不一样。

(5)挤出机的具体用途　必须明确挤出机是用来成型制品还是用于配混造粒、喂料，用途不同，设计要求不同。

1.3.4.3　普通三段式螺杆设计

普通三段式螺杆在挤出机发展史上起到过重要的作用，有的理念仍然沿用至今。这样的设计理念将进料段与熔体输送关联起来，使得熔融过程成为评价螺杆设计的关键，需要对挤出过程有深入的理解，同时也依赖大量的实践经验。为了提高挤出机产量，一般采用提高螺杆转速的方式来实现，但会导致塑化不良或者熔体过热，使得挤出过程波动加剧，这是普通螺杆的弊病。探索和研制新型螺杆是解决此问题的必由之路，比如直径90mm螺杆挤出机成型PP时，生产能力已经提高了4倍，可达600kg/h。普通的三段式螺杆以单头螺纹为代表，其设计主要包括以下几个方面：

(1)螺杆直径D的确定　螺杆直径代表了挤出机生产能力，国家颁布了挤出机标准直径系列，大横截面制品要选择大直径的挤出机，反之亦然。表1-9列出了制品尺寸与挤出机直径的经验统计关系，供选择螺杆直径时参考。

表1-9　螺杆直径与制品尺寸之间的统计关系　单位：mm

螺杆直径	30	45	65	90	120	150	200
硬管直径	3~30	10~45	20~65	30~120	50~180	80~300	120~400
吹膜直径	50~300	100~500	400~900	700~1200	1200~2000	2000~3000	3000~4000
挤板宽度	—	—	400~800	700~1200	1000~1400	1200~2500	—

(2)螺杆长径比L/D的确定　长径比是螺杆的重要参数，在一定意义上代表了螺杆的塑化能力和塑化质量，参见图1-2。长径比有不断增大的趋势，延长了物料在挤出机内的停留时

间，提高了塑化质量，但也导致物料在挤出机内停留时间一致性下降，加工装配困难，螺杆摆动加剧、磨损加剧等。因此，长径比的选择应力求在最小的长径比情况下获得制品的高质量和高产量。目前，单螺杆挤出机最大的长径比已达 60，大多数都在 25~35，螺杆长径比的变化趋势如表 1-10 所示。

表 1-10　　螺杆长径比的变化趋势

年份	1940—1950	1950—1960	1960—1980	1980—2000
L/D	15~20	18~25	20~35	25~45

(3) 螺杆各段长度的分配　螺杆各段长度的分配与具体的材料特性有关，比如对于熔融过程来讲，当料筒内压力大约为 4MPa 时，测试结果表明，PP 要经过大约 8 个螺距才开始熔融， HDPE 要 4.5 个螺距，而 PS 则只需要 2.5 左右的螺距。目前螺杆各段长度的设定主要依据经验，如表 1-11 所示。

表 1-11　　螺杆三段长度的分配

塑料类型	加料段 L_1	压缩段 L_2	计量段 L_3
无定形塑料	20%~30%	45%~50%	25%~30%
结晶性塑料	40%~60%	$(3\sim5)D$	30%~45%

(4) 螺槽深度与压缩比确定　螺槽深度设计的逻辑起点是均化段螺槽深度 h_3，确定了 h_3 后再根据物料熔融的要求确定 h_1。理论实验都表明，采用浅的均化段螺槽深度对于熔体建压能力及输送稳定性、混炼效果有益，但太浅的螺槽深度会导致输送能力下降，剪切过热甚至超过塑料的剪切承受能力，导致过热分解甚至烧焦（剪切生热近似与螺槽深度成反比)，尤其在加工木塑合金材料等场合非常突出。此外，由于新型螺杆结构不断出现和运用，近年来均化段螺槽深度有加大的趋势。从物料的稳定性来讲，PVC 最差，PA、PE 则较好。根据经验：

$$h_3=(0.02\sim0.07)D \tag{1-20}$$

上式中，D 为螺杆外径。螺杆直径较小时，h_3 取大值，反之取小值；对于比较稳定的物料，h_3 取小值，反之取大值。物料从固态堆积状态到熔融密实状态要受到压缩，几何压缩比 ε 因物料不同而不同。为了保证加工过程实现，不同压缩比见表 1-12，这样，可以根据式 (1-1) 求得固体输送段螺槽深度 h_1。

(5) 螺纹横断面及螺杆头设计　螺纹横断面一种是矩形，另一种是锯齿形（图 1-31)。若用 R_1 表示螺纹推进面的螺纹根部的圆角半径，用 R_2 表示螺纹拖曳面根部圆角半径，根据经验，它们分别为：

$$R_1=(1/2\sim2/3)h_3 \tag{1-21}$$

$$R_2=(2\sim3)R_1 \tag{1-22}$$

螺棱宽度一般取为：

$$e=0.1D \tag{1-23}$$

表 1-12　　螺杆长径比的变化趋势

塑　料	几何压缩比 ε	塑　料	几何压缩比 ε
RPVC(粒料)	2.5(2~3)	ABS	1.8(1.6~2.5)
RPVC(粉料)	3~4(2~5)	POM	4(2.8~4)
SPVC(粒料)	3.2~3.5(3~4)	PPO	2(2~3.5)
SPVC(粉料)	3~5	PC	2.5~3
PE	3~4	PSF(片)	2.8~3
PP	3.7~4(2.5~4)	PSF(膜)	3.7~4
PS	2~2.5(2~4)	PSF(管、型材)	3.3~3.6
CA	1.7~2	PA6	3.5
PMMA	3	PA66	3.7
PET	3.5~3.7	PA11	2.8(2.6~4.7)
PCTFE	2.5~3.3(2~4)	PA1010	3

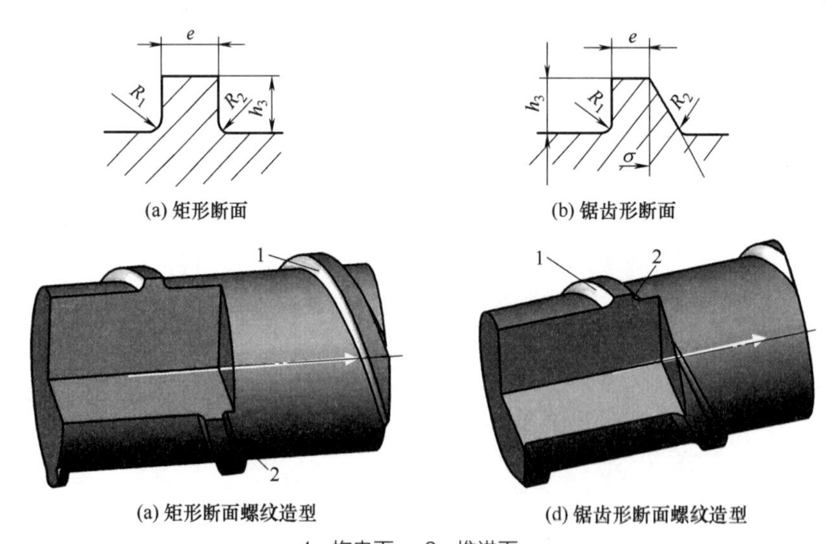

1—拖曳面；　2—推进面。

图 1-31　螺纹横断面形状

熔体在螺槽中的螺旋运动在接近口模时要转变为直线运动，合理选择头部形状，目的是使料流平稳地进入口模，从而避免产生滞留和防止物料局部过热分解，常见的螺杆头部有球体、锥体（锥角 90°~140°，对于流动性好的 PA，锥角可取 140°；对于 PVC，锥角取 90°~120°）、扇形、带螺纹的锥体（用于挤出电缆）及非对称的歪头体（防止物料滞留分解）等，如图 1-32 所示。

（6）螺杆与料筒间隙确定　螺杆属于悬臂支撑，其与料筒之间为间隙配合。间隙的大小对于挤出机生产能力及能耗具有非常大的影响，间隙太大，生产能力将大大下降。根据我国现有技术水平，国家推荐了不同直径螺杆料筒间隙值，如表 1-13 所示。

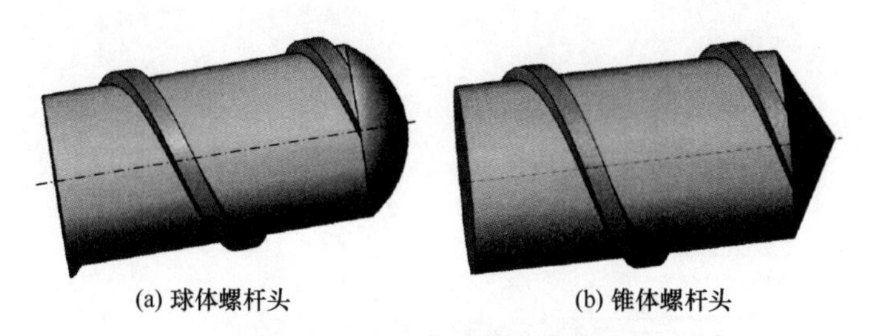

图 1-32　常用的螺杆头部形式

表 1-13　　螺杆与料筒之间的径向间隙值　　单位：mm

螺杆直径	25	30	40	45	55	60	70	90
最大间隙	0. 20	0. 22	0. 27	0. 30	0. 32	0. 32	0. 35	0. 40
最小间隙	0. 09	0. 10	0. 13	0. 15	0. 16	0. 16	0. 18	0. 22

1. 3. 5　料筒结构及其他零部件

料筒与螺杆组成了挤压系统。料筒要承受高温、高压、严重的磨损及一定的腐蚀性。工作过程中，还要有良好的导热性能以便各段的温度控制。料筒上要开设加料口，端部要连接成型口模，料筒内部各段的表面粗糙度及内壁加工的沟槽等对挤出过程影响很大，合理设计料筒结构非常重要。料筒的主要结构有整体式、衬套式和组合分段式几种，如图 1-33 所示。

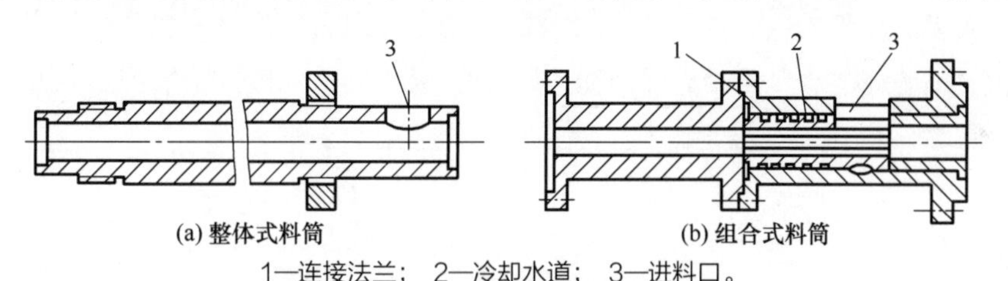

1—连接法兰；　2—冷却水道；　3—进料口。

图 1-33　整体式料筒与组合式料筒结构

整体料筒具有较高的制造精度和装配精度，便于加热冷却系统的拆装，受热均匀，单料筒磨损后不易修复；分段式料筒将料筒分为若干组合段，之间采用法兰螺栓连接。加工相对容易，可以适应不同长径比的螺杆，但装配相对困难，各段料筒的同轴度难以保证。由于法兰的存在影响了加热器的布置，温度控制均匀性下降；衬套式料筒将高级的耐腐蚀、耐磨损材料内衬于料筒内壁，提高了料筒的使用寿命。目前国外常用美国、比利时研制的 Xaloy 合金材料作为料筒衬里，据报道其在 482℃情况下硬度仍无明显下降，耐蚀能力比渗氮钢高 12 倍。

(1)加料段内表面加工出锥度并开纵向沟槽的结构　料筒开槽结构源于 1970 年前后联邦德国亚琛工业大学塑料加工研究所（IKV）G. Menges 教授带领的研究团队的杰出工作，这种结构使得固体输送效率从 0. 3~0. 5 上升到 0. 6~0. 85，而且螺杆挤出特性变硬。此时加料区可到达 80~150MPa 的高压，必须强制冷却，冷却水带走大量的热量，相当于电机功率的 14%。因此，当螺杆直径大于 120mm 时，一般不推荐使用这类结构来提高挤出机产量。代表性的

IKV 料筒结构如图 1-34 所示。

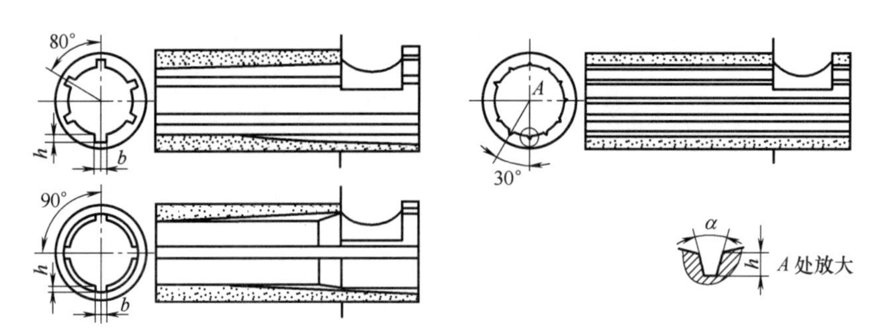

图 1-34 料筒内壁开槽强化进料量结构

对于图 1-34 中的结构，主要参数这样确定：

开槽长度：粒料为（3~5）*D*，粉料为（6~10）*D*；

锥度：一般为 3°~5°；

开槽数：约为 0.1*D*；

槽横截面形状：矩形，三角形。

(2)加料口结构形式　加料口的结构决定了物料被引入螺槽的位置和方式。加料口设置于挤出机螺杆开始的几个螺棱位置，目前进料段料筒采用单独的待冷却水套的结构，与料筒其他结构连接在一起，这样可以防止聚合物过早的温升，从而防止物料“架桥”而导致无法进料，同时也防止物料与料筒产生熔膜，防止物料随螺杆共转不产生轴向位移而无法实现固体输送作用。进料口俯视图一般采用矩形、正方形或圆形，矩形长边平行于料筒轴线，长度为螺杆直径的 1.5~2.0 倍；圆形主要用于带有强制搅拌加料的场合。加料口的截面形状如图 1-35 所示。

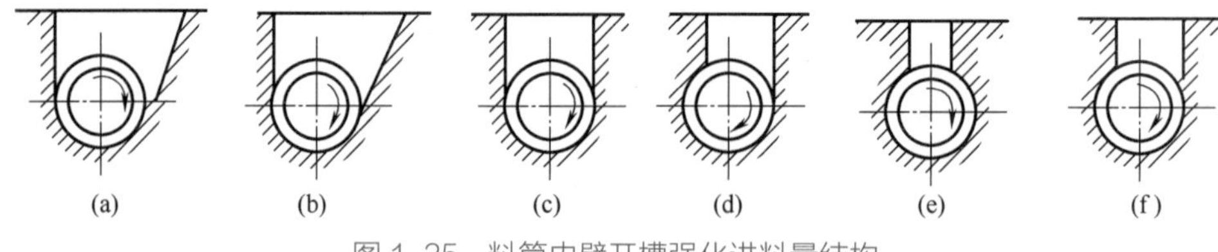

图 1-35 料筒内壁开槽强化进料量结构

图 1-35（a)主要用于早年挤出机，适用于带状物料，不适合粉料或粒料；图 1-35（b)主要用于熔体喂料挤出机；图 1-35（c)、图 1-35（d)、图 1-35（e)是普通加料口；图 1-35（f)用得最成功，其一壁垂直地与料筒圆柱面相交，另一壁下方倾斜 45°，加料口的中心线与螺杆轴线错开 1/4 料筒直径。

(3)分流板与过滤网　分流板（多孔板)与过滤网（filter)一起是阻力元件，起到将螺旋运动转变成直线运动的作用，还能起到均布挤出压力、阻隔未完全熔融的物料及过滤杂质的作用，使得挤出物料轴向速度沿径向分布更加均匀。分流板以平板式结构应用最为普遍，板厚为料筒内径的 1/3~1/5，孔径 2~7mm，孔径进料端要倒角以尽量减小流动死区，排列方式采用同心圆或六角形排列，开孔面积 30%~70%，材料多采用不锈钢，如图 1-36 所示。

分流板至螺杆头部距离以 0.1*D* 为宜，既能保证料流稳定，又能防止物料积存分解。分流板能起到支撑过滤网的作用。过滤网应放置在螺杆头与分流板之间，并紧贴分流板，过滤网在生产电缆、单丝、透明制品、薄膜等制品时起到非常重要的作用。粗的过滤网由不锈钢编织而成，细的过滤网由铜丝编织而成，网的细度为 20~120 目，一般采用 1~5 层，粗的放两侧，细的夹中间。过滤网使用一段时间后需要更换去除杂质，为提高换网效率，采用自动换网装置，关键是控制换网过程中密封性。图 1-37 为连续换网装置，由液压驱动装置和换网器两部分组成。其工作原理如图 1-38 所示。当分流板周围渗出熔体时，熔料被加热器冷却到塑料黏流温度以下，固化成 0.05~0.13mm 的薄片，从而达到自密封的效果。这种滤网器能够连续操作，密封性好，不影响流料，应用非常广泛。

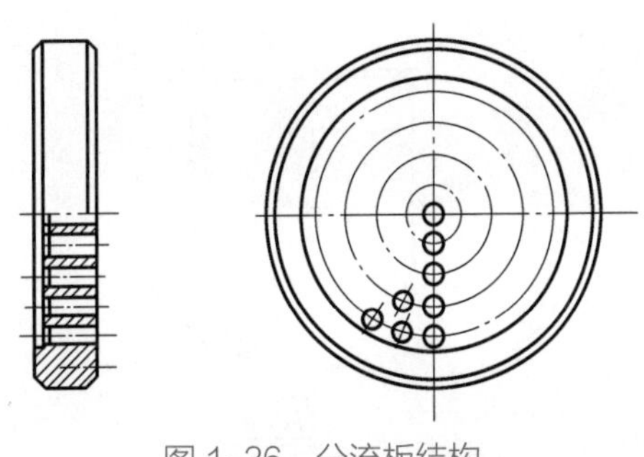

图 1-36 分流板结构

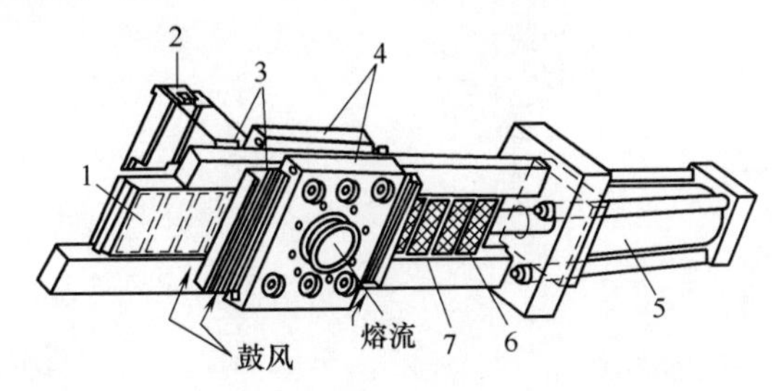

1—固化材料； 2—风挡（温度控制）； 3—热交换器； 4—换网器本体； 5—外部动力源； 6—滤网； 7—滤板。

图 1-37 连续换网装置

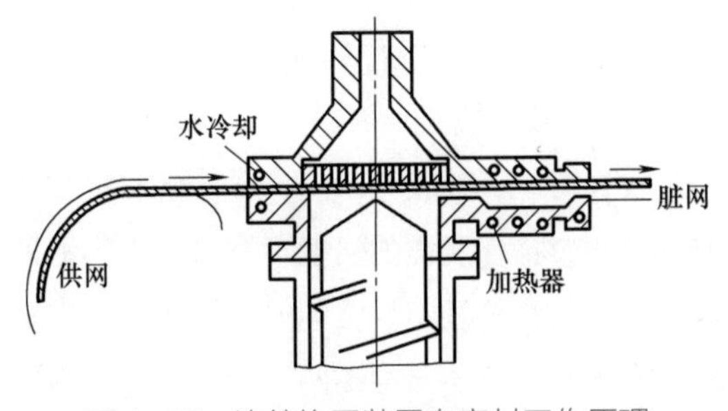

图 1-38 连续换网装置自密封工作原理

（4）加料装置 加料装置的作用是给挤出机供料，由料斗部分和上料部分组成。加料装置有圆锥形、圆柱形、圆柱-圆锥形等。料斗的侧面开有视窗以观察料位；料斗的底部有开合门，以停止和调节加料量；料斗的上方可以加盖，防止灰尘、湿气及其他杂物进入；料斗最好用轻便、耐腐蚀、易加工的材料做成，多用铝板和不锈钢板。一般情况下，料斗的容积约为挤出机 1~1.5h 的挤出量。热风干燥料斗采用鼓风机从下部鼓入热风，从料斗上部排出，干燥物料的同时提高料温，加快物料的熔融速率，提高塑化质量。普通料斗及热风干燥料斗如图 1-39 所示。

上料是指物料加入到料斗的方式。上料方式分为鼓风上料、弹簧上料、真空上料、运输带传送及人工上料等。小型挤出机有的还采用人工上料，但大型挤出机多采用自动上料，如鼓风上料和弹簧上料等。图 1-40（a）是利用风力将料吹入输料管，再经过旋风分离器进入料斗，这种上料方法适于输送粒料。弹簧上料器由电动机、弹簧、进料口、橡皮管等组成，如图 1-40（b）所示，缺点是弹簧选用不当易坏，软管易磨损，弹簧露出部分安放不当易烧坏电动机。

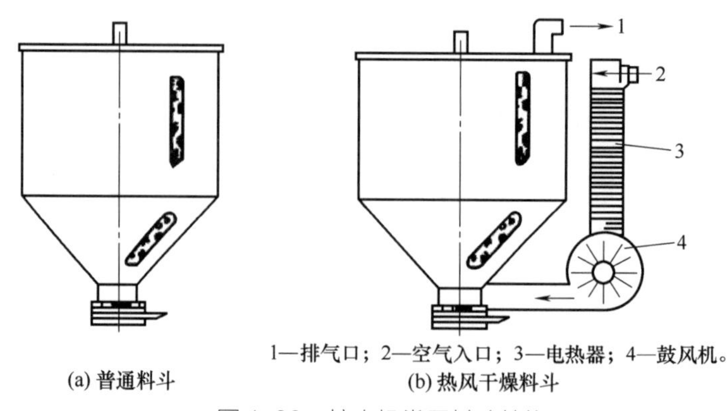

1—排气口；2—空气入口；3—电热器；4—鼓风机。

(a) 普通料斗　　(b) 热风干燥料斗

图 1-39　挤出机常用料斗结构

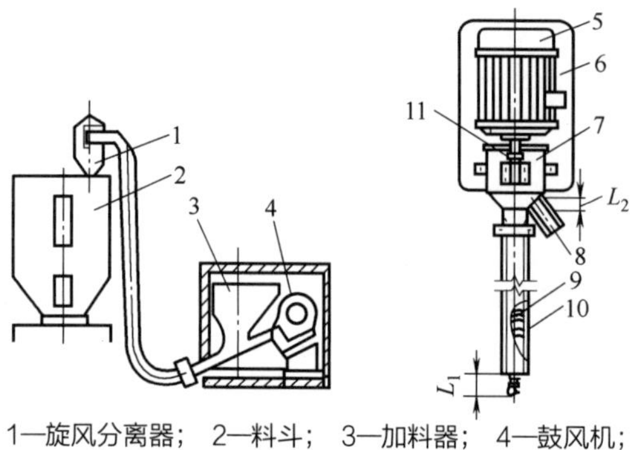

1—旋风分离器；2—料斗；3—加料器；4—鼓风机；5—电动机；6—支撑板；7—铅皮筒；8—出料口；9—橡皮管；10—弹簧；11—联轴器。

(a) 鼓风上料器　　(b) 弹簧上料器

图 1-40　自动上料装置结构简图

1.3.6　加热冷却装置及温控

稳定、精确的温度控制是实现挤出成型的前提，精确的测温元件和先进的控制系统的有机结合是减小挤出过程中温度波动的重要手段。加热冷却使挤出机保证各段实现精确的温度控制，利用热电阻或热电偶温度传感器来测量温度，采用具有比例积分微分（PID）调节的数字温控仪表或可编程逻辑控制器（PLC）温度控制模块，可将温度波动范围控制在 ±1℃；采用更先进的模糊（FUZZY）温度控制方法，温控精度则可达 ±0.1℃。德国 Krauss Maffei 已经采用了多点熔体温度传感器，用于实现熔体温度分布控制。目前常用的测温元件有铜-康铜、镍铬-考铜热电偶温度传感器，较先进的方法是采用深浅孔相结合的测温方式。

加热使挤出机达到正常启动所需的温度，并保持正常操作所需的温度。挤出机内热量来源有两个：一个是外加热；另外一个是塑料与料筒、塑料与螺杆及塑料之间的剪切摩擦热。机械能提供的能量占总能量的 70%~80%，加热器提供的能量占总能量的 20%~30%，这两部分热量所占比例的大小与挤出过程的不同阶段、螺杆与料筒的结构形式、工艺条件及被加工物料的性质有关。固体输送段剪切摩擦热相对较小，均化段由于螺槽较浅，剪切摩擦热较大，有时非但不需要加热，还要进行冷却来控制温升。

1.3.6.1　电加热方式

电加热器易清洁，便于维护，成本低，效率高，应用比较普遍。电加热器沿挤出机料筒分段布置。小型挤出机为 3~4 段，大型挤出机可达 5~10 段，每段单独控制，使得温度分布适合物料加工的要求。电加热分为电阻加热和电感应加热两种主要方式。

（1）电阻加热　电阻加热器分为带状加热器、陶瓷加热器和铸造式加热器等。

带状加热器如图 1-41（a）所示，体积小，尺寸紧凑，调整简单，拆装方便，韧性好，价格也便宜，但易受损害。陶瓷加热器如图 1-41（b)所示，它比用云母片绝缘的带状加热器要牢固些，寿命也较长，可用 4~5 年，结构也较简单。铸铝加热器如图 1-41（c)所示，体积小，装拆方便，省去云母片而节省了贵重材料；因电阻丝被氧化镁粉铁管所保护，故可防氧化、防潮、防震、防爆、寿命长。传热效率也很高，缺点是温度波动较大，制作较困难。铸铜加热器如图 1-41（d)所示，加热功率更高，具有加热寿命长、保温性能好、力学性能强、耐腐蚀、抗磁等优点。

(a) 带状加热器

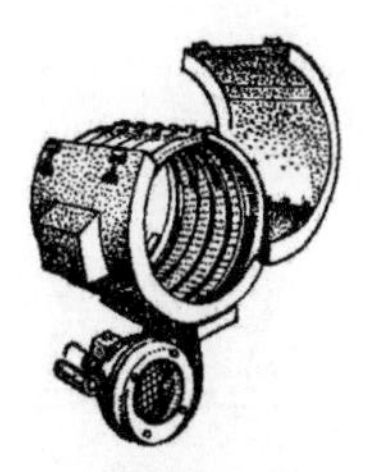
(b) 陶瓷加热器

(c) 铸铝加热器

(d) 铸铜加热器

图 1-41 电阻加热器结构简图

以上几种加热器的加热功率及最高操作温度如表 1-14 所示。

表 1-14 几种常见加热器的性能

加热器种类	最大功率/（kW/m^2）	最高温度/℃	加热器种类	最大功率/（kW/m^2）	最高温度/℃
普通云母	50	500	铸铝	55	400
新型云母	165	500	铸铜	80	400
陶瓷	160	750			

(2)感应加热　感应加热器如图 1-42 所示，其特点是加热均匀，温度梯度小，使用寿命长，加热时间短。以直径 65mm 挤出机为例，电阻加热需 45min，而电感应加热仅需 7min。感应加热器可实现精密的温度控制，加热效率高，热损失小，故虽然感应加热功率因数低于电阻加热的，但总的动力消耗小了，大约比电阻加热节省 20%的电能。

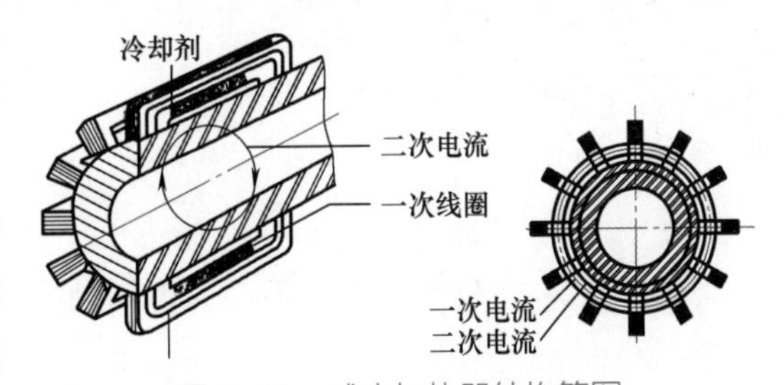

图 1-42 感应加热器结构简图

加热温度受感应线包绝缘性能限制，径向尺寸大。感应加热器需要大量贵重的硅钢片和铜，成本较高，拆装不方便，其中一段坏了，要将其他段一起拆下维修，在机头上装置不方便，因而当机头不得不用电阻加热时，料筒用电感应加热时加热快的优点就显不出来了。上述诸多问题使电感应加热方法的应用受到限制。

1.3.6.2 冷却方式

用冷却来降低温度，属于能量损失，因此，挤出过程应尽量减少冷却。如果挤出机工作过程中需要大量的冷却，则说明螺杆结构或操作参数设置不当。当挤出过程中机械能转换的热能正好与塑料塑化所需的热能及环境散热相等时，就可以形成“自热式”挤出，但同样需要加热、冷却装置。除了料斗座总要采用强制水冷却之外，料筒其他部分的冷却方式有风冷却、油冷却和水冷却等几种方式。

(1)风冷却　风冷却如图1-43所示，风冷却比较柔和、均匀、干净，在国内外生产的挤出机上应用较多。但风机占的空间体积大，风机如果质量不好，易有噪声，一般认为风冷却用于中小型挤出机较为合适。为了增强散热效果，在铸铝加热器上连接铜翅片以加大散热面积，但要耗费昂贵的铜。目前市场中已有直径为70mm，采用铜翅片来强化风冷却系统的商用挤出机。

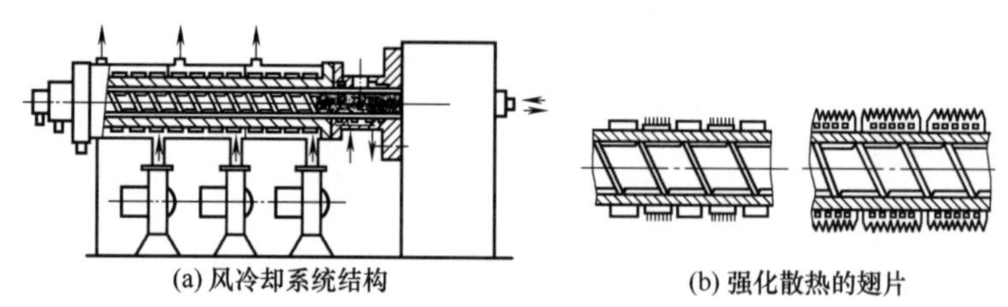

图1-43　风冷却系统简图及强化传热措施

(2)水冷却　水冷却如图1-44所示，水冷却速度快，体积小，成本低，但易造成急冷却，从而扰乱塑料的稳定流动，如果密封不好，会有跑、冒、滴、漏现象。用水管绕在料筒上的冷却系统，容易生成水垢而堵塞管道，也易腐蚀。水冷却系统所用的水不是自来水，而是经过化学处理的去离子水。研究表明，不能用蒸馏水，因为它含有一定量的溶解氧，易加速腐蚀。一般认为水冷却用于大型挤出机为好。

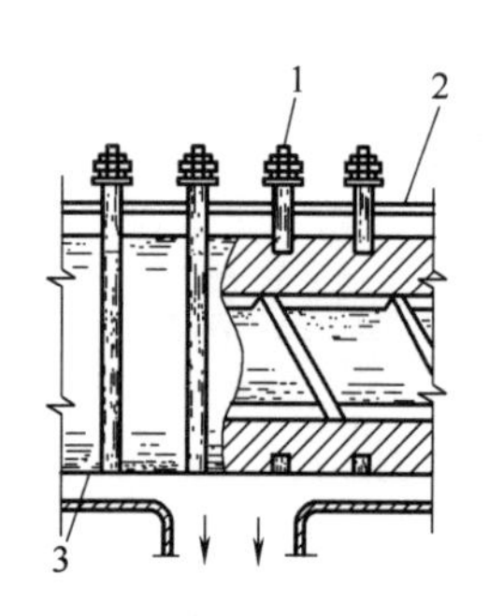

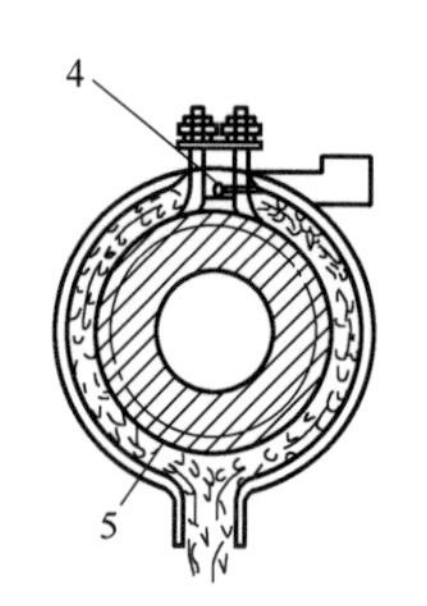

1—电阻加热器；2—冷却夹套；
3—料筒；4—喷水口；5—水。

图1-44　水冷却系统简图及强化传热措施

(3)螺杆冷却　大型挤出机以及追求高塑化质量和生产效率的挤出机中的螺杆应该单独控温。螺杆冷却在芯部进行，如图1-45所示，冷却介质水或油通过螺杆芯部装入的铜管流入到螺杆前端部，然后从铜管与螺杆芯孔之间的环形空间流出到螺杆尾部，从出口排出。这种做法的最大冷却位置在铜管前端，可以通过调节其在螺杆的轴向位置来控制最大冷却位置。另外一种技术是采用热管技术，无须进出口管路，但无法实现外部温度调节控制。

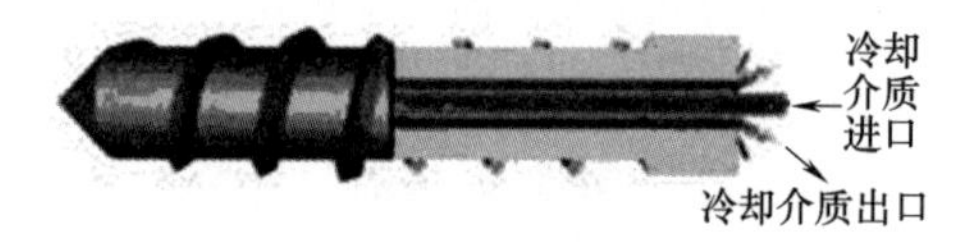

图1-45　螺杆内部冷却示意图

1.3.7　单螺杆挤出机造粒生产温度设定

单螺杆挤出机典型的控制面板包括了启动按钮、紧急停车按钮、调速开关按钮、温度设定按钮等，如图1-46所示。

设定挤出机各段温度时，按仪表“SET”键进入温度设定模式，按“<”键调整设定温度的位数，按“∨”键降低设定值，按“∧”键升高设定值。设定完成后，再按“SET”键，完成设置并回到 PV/SV 显示模式。温度设置面板如图 1-47 所示。

图 1-46　单螺杆挤出机控制面板

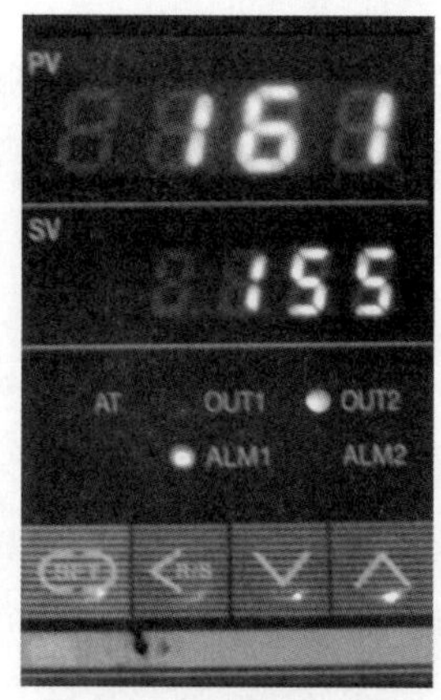

图 1-47　温度设定面板

单螺杆挤出机 PE 造粒温度的设定如表 1-15 所示。

表 1-15　PE 造粒生产料筒温度设定　　单位：℃

料筒部位	1	2	3	4	机头
HDPE	180~190	200~210	210~220	220~230	210~220
LDPE	150~160	160~170	170~180	180~190	170~180

1.4　双螺杆挤出机

虽然双螺杆挤出技术早在 1900 年前后就已经出现在一些专利中，但真正用于聚合物加工的双螺杆挤出机却是 30 年后在意大利首先研制成功的。R. Colombo 首先研制成功同向旋转双螺杆挤出机，20 世纪 60 年代，开发出了适合双螺杆挤出机的专用推力轴承组，使得双螺杆机械的可靠性大幅提升。1978 年，杜邦公司的 Booy 第一个研究了同向自扫型双螺杆挤出机螺纹结构几何学。现代的双螺杆挤出技术是随着 RPVC 制品的发展及在聚合物改性的推动下发展起来的。前者以异向锥形双螺杆挤出机为代表，适合加工热敏、剪敏材料，能够实现共混、排气、化学反应等，停留时间短且控制均匀。此类机器的转速范围为 3~60r/min，长径比已达 24~26。当然，异向双螺杆也在不断改进结构的基础上追求高转速。后者以同向旋转自洁型双螺杆挤出机为典型代表，由于采用积木式组合结构，在啮合区存在局部高剪切及界面更新作用，还可以应用捏合块及反向螺纹元件等结构控制挤出过程，此类机械被认为是优异的混合器。由于啮合区不存在压延效应，螺杆转速可以大幅度提高，新一代大扭矩同向双螺杆挤出机的螺杆转速高达 600~1500r/min，长径比也越来越大，目前可达 48~70。这类机器广泛应用于聚合物填充、改性、共混及反应挤出领域。如今，双螺杆挤出机以其优异的性能与单螺杆挤出机竞相发展，在塑料加工中占有越来越重要的地位。

与单螺杆挤出机相比，双螺杆挤出机主要有以下特点：

① 定量加料方式　这是由于双螺杆挤出机存在正位移输送物料能力，在单螺杆挤出机上难以加入的具有很高或很低黏度以及与金属表面之间有很宽范围摩擦因数的物料，如带状料、糊状料、粉料及玻璃纤维等皆可加入。玻璃纤维还可在不同部位加入。双螺杆挤出机特别适合加工聚氯乙烯粉料，可由粉状聚氯乙烯直接挤出管材。目前，双螺杆挤出机主要采用计量加料的方式。

② 物料在双螺杆中停留时间分布较窄　由于双螺杆挤出机具有正位移输送能力和自清洁能力，保证物料在挤出机内经过的热历程、剪切力场作用历程相似，停留时间分布比较窄，更接近塞流特征，适合那些对停留时间要求苛刻或敏感的材料加工，也适合一旦停留时间过长就会固化或凝聚的物料的着色和混料，例如，适合用于热固性粉末涂层材料的挤出。

③ 优异的排气性能　双螺杆挤出机啮合部分的有效混合，排气部分的自清洁功能以及强剪切力场效应，使得物料在排气段能够获得完全的表面更新，从而具有优异的排气性能。

④ 优异的混合、塑化效果　这是由于两根螺杆互相啮合，物料在挤出过程中进行了远比单螺杆挤出机中更复杂的运动，双螺杆之间的动边界运动带来界面再取向作用及拉伸力场效应，使物料经受着纵横向的剪切混合。

⑤ 更低的比功率消耗　据介绍，若用相同产量的单双螺杆挤出机进行比较，双螺杆挤出机的能耗要少 50%。这是因为双螺杆挤出机以外加热为主，混炼塑化能力强，在加工过程引入了复杂流场，同向双螺杆还存在着部分混沌混合能力，强化了加工过程的传质、传热过程，提高了能量的有效利用率。

⑥ 双螺杆挤出机的容积效率非常高，其螺杆特性线比较硬　流率对口模压力的变化不敏感，用来挤出大截面的制品比较有效，特别是在挤出难以加工的材料时更是如此。

双螺杆挤出机将两根并排安放的螺杆置于一个“∞”形截面的料筒中，各部件的作用与单螺杆挤出机基本相同，其结构示意图如图 1-48 所示，主要由料斗、计量加料装置、料筒、双螺杆、机头、加热冷却装置、传动装置（包括减速箱及止推轴承等）、机座及相应的控制系统等组成。同向双螺杆多采用积木式组合结构，图 1-49 为同向双螺杆挤出机料筒结构简图。

塑化系统同样由螺杆料筒构成，啮合类型不同，两根螺杆的相对转向不同，螺纹元件的组合方式不同，双螺杆的工作机理不同。双螺杆挤出过程中，物料将经历固体输送、熔融、排气、混炼及挤出等过程。

1.4.1 双螺杆几何结构

双螺杆挤出机分类方法很多，归纳起来，通常有以下方法：

(1) 啮合型与非啮合型　根据两根螺杆的轴线距离相对位置，可分为啮合型与非啮合型，如图 1-50 所示。啮合型按其啮合程度又分为全啮合型和部分啮合型。全啮合型也称紧密啮合

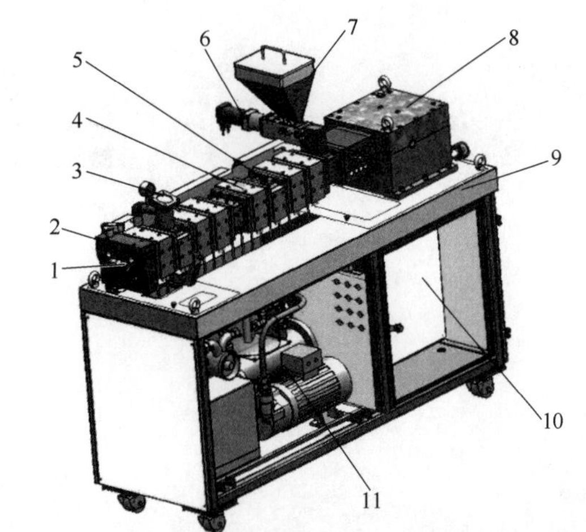

1—口模；2—机头；3—真空排气口；4—加热器；5—料筒；
6—计量加料器；7—料斗；8—传动系统；9—机架；
10—控制柜；11—冷却介质循环系统。
(a) 小型实验室用挤出机

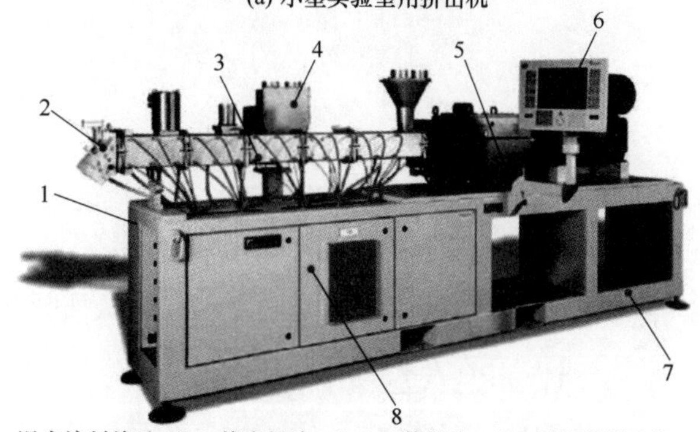

1—温度控制单元；2—挤出机头；3—工艺部分；4—侧向喂料系统；
5—驱动系统；6—操纵屏幕；7—底座；8—电气系统。
(b) 带侧向进料的工业用挤出机

图 1-48　双螺杆挤出机结构示意图

型，两螺杆中心距 $A=r+R$，如图 1-50 (a)、图 1-50 (d) 所示；部分啮合型也称不完全啮合型，两螺杆中心距 $2R>A>r+R$，如图 1-50 (b)、图 1-50 (e) 所示；非啮合型也称外径接触式或相切式，两双螺杆的中心距 $A>2R$，如图 1-50 (c)、图 1-50 (f) 所示。这里，r 为螺杆根半径，R 为螺杆顶半径，A 为两根螺杆中心距。

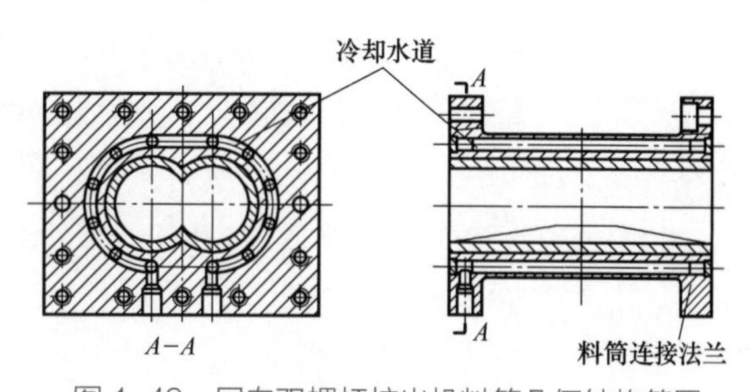

图 1-49　同向双螺杆挤出机料筒几何结构简图

在描述啮合型双螺杆时，还有共轭与非共轭两个概念。所谓共轭是指一根螺杆的螺棱和另一根螺杆的螺槽具有相似的几何形状，两者紧密相配，只留很小的（制造装配）间隙。而非共轭是指一根螺杆的螺棱可很松地配到另一根螺杆的螺槽中，四周留有很大间隙（几何上有意留的）。共轭与啮合是有区别的。部分啮合也可看作是非共轭，但全啮合不等于共轭。

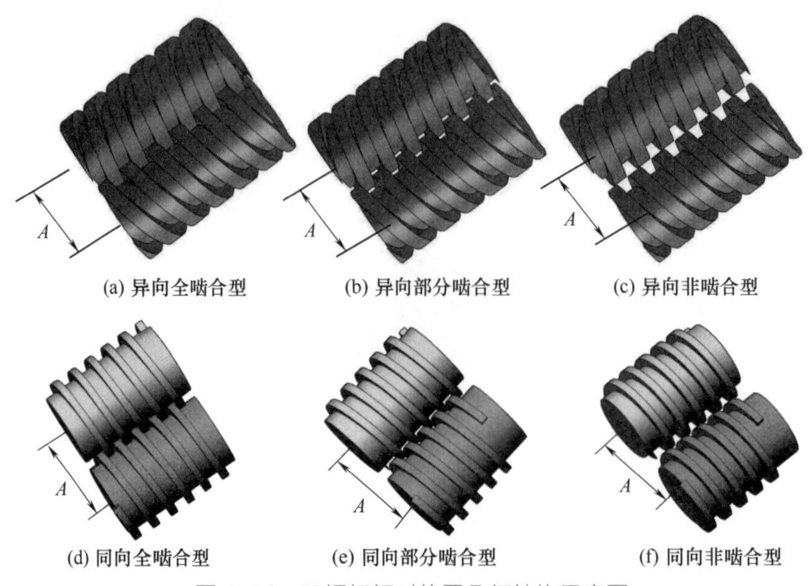

(a) 异向全啮合型　(b) 异向部分啮合型　(c) 异向非啮合型

(d) 同向全啮合型　(e) 同向部分啮合型　(f) 同向非啮合型

图 1-50　双螺杆相对位置几何结构示意图

(2) 开放型与封闭型　开放与封闭是指在啮合区的螺槽中，物料是否有沿螺槽或横过螺槽的可能通道（不包括制造装配间隙）。由此，还可分为纵向开放或封闭、横向开放或封闭，如图 1-51 所示。

(a) 纵向横向开放型　(b) 纵向横向封闭型

图 1-51　双螺杆挤出机封闭形式示意图

若物料从加料区到螺杆末端有输送通道，物料可从一根螺杆流到另一根螺杆（沿螺槽有流动），则称为纵向开放型，如图 1-51（a）所示。否则称为纵向封闭型，纵向封闭型的两根螺杆各自形成若干个互不相通的腔室，两根螺杆间没有物料交换，如图 1-51（b）所示。在两根螺杆的啮合区，若横过螺棱有通道，即物料可从同一根螺杆的一个螺槽流向相邻的另一螺槽，或一根螺杆一个螺槽中的物料可以流到另一螺杆的相邻两个螺槽中，则称为横向开放型，如图 1-51（a）所示。反之称为横向封闭型，如图 1-51（b）所示。

(3) 两根螺杆相对转向　双螺杆挤出机按螺杆旋转方向不同，可分为同向旋转与异向旋转两大类。其中异向旋转双螺杆挤出机分为向内旋转和向外旋转两种，如图 1-52 所示。在异向双螺杆中，图 1-52（c）这种应用较多。

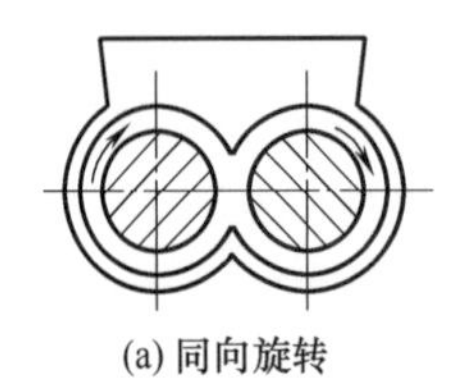

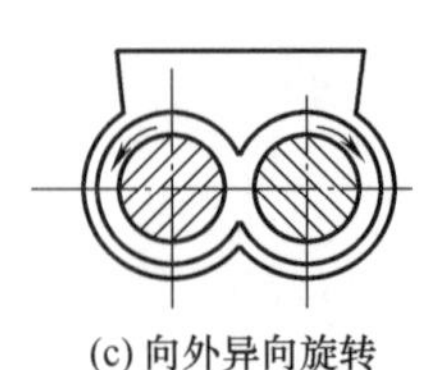

(a) 同向旋转　(b) 向内异向旋转　(c) 向外异向旋转

图 1-52　双螺杆旋转方向示意图

(4) 圆柱形双螺杆与锥形双螺杆　若两螺杆轴线平行，称为平行双螺杆，也称为圆柱形双螺杆［图 1-53（a）］。若两螺杆轴线相交，称为锥形双螺杆［图 1-53（b）］。

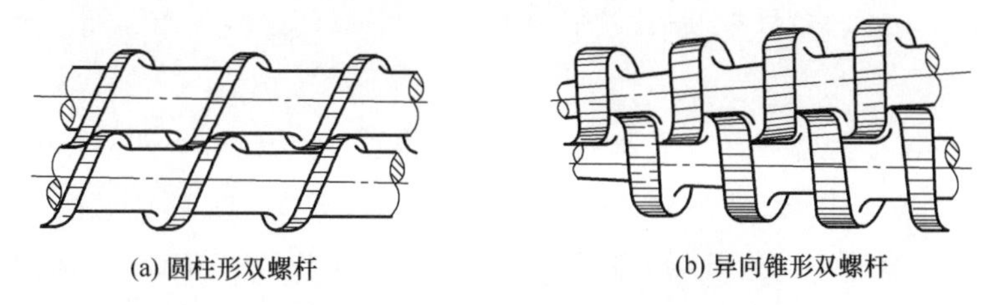

图 1-53　双螺杆旋转方向示意图

1.4.1.1　异向双螺杆几何结构

异向双螺杆两根螺杆的运动关系类似于一对啮合齿轮那样相互滚过，在满足螺杆传动不变并且相互自扫的条件下，异向啮合双螺杆螺纹侧面曲线有无数条，因此，异向啮合双螺杆造型有更大的选择空间。从啮合原理上来讲，不论其端面螺纹为何种形状，都能啮合而不发生干涉。另外，异向啮合双螺杆造型不像同向啮合双螺杆受中心距的限制，即在中心距不变的情况下可以选择单头螺纹、双头螺纹或者三头螺纹，而且螺槽深度可以比较大，一般为螺杆外径的15%~21%，因此，相应的输送能力高。异向旋转双螺杆螺纹方向相反，啮合区两根螺杆螺棱彼此嵌入且平行，其结构如图 1-54 所示。

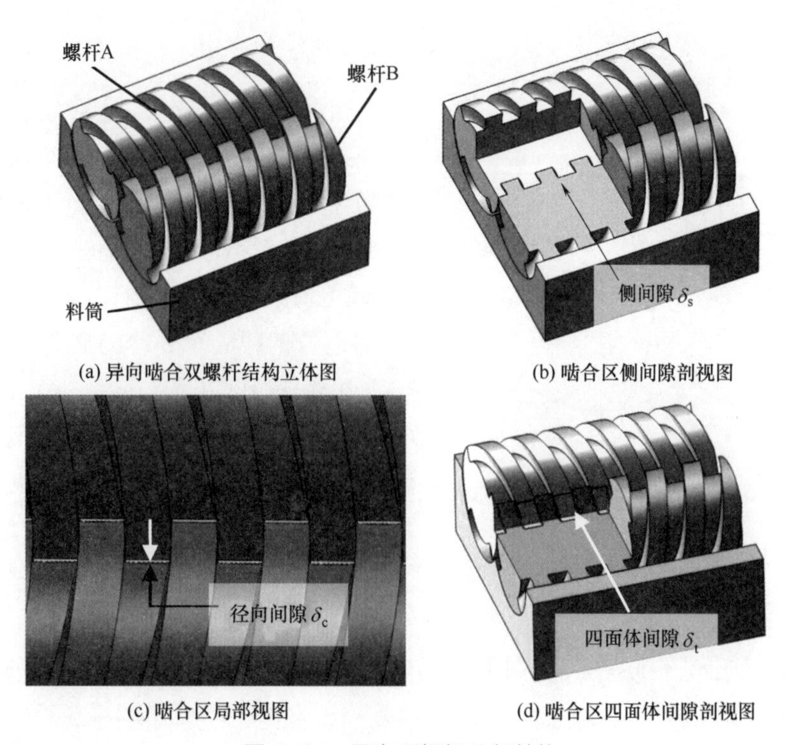

图 1-54　异向双螺杆几何结构

如图 1-54 所示，除了料筒内壁与螺杆螺棱顶部间隙 δ_f 外，异向啮合双螺杆啮合到一起后，将形成三个间隙，这几个间隙决定了加工过程熔体输送的漏流，非常重要。

① 径向间隙 δ_c，此间隙是一根螺杆螺纹顶面与另外一根螺杆螺槽底部之间的间隙，类似

于压延机辊筒之间的间隙，故也称压延间隙，如图 1-54（c）所示。

② 侧间隙 δ_s，在两根螺杆轴线形成的平面内，两根螺杆螺棱侧面间隙，如图 1-54（b）所示。

③ 四面体间隙 δ_t，当螺棱侧壁不垂直于螺槽底面时，形成近似为四面体的间隙，它位于两根螺杆螺棱的侧壁之间，如图 1-54（d）所示。如果是矩形螺纹，两根螺杆啮合在一起则只有侧间隙，不存在四面体间隙。比较两种间隙，螺棱侧间隙只位于两根螺杆轴线平面内，而四面体间隙则代表了两根螺杆相邻侧面的之间的较大区域。

1.4.1.2 同向双螺杆几何结构

同向双螺杆中，以具有自清洁作用双螺杆挤出机应用最为广泛，当两根螺杆的转速相同时，每根螺杆相对于另外一根螺杆作平动运动，两根螺杆结构可以相同，如图 1-55 所示。

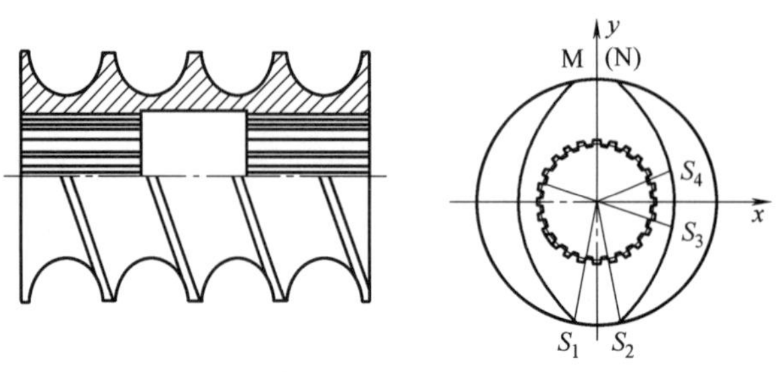

图 1-55 同向自洁型双头双螺杆几何结构

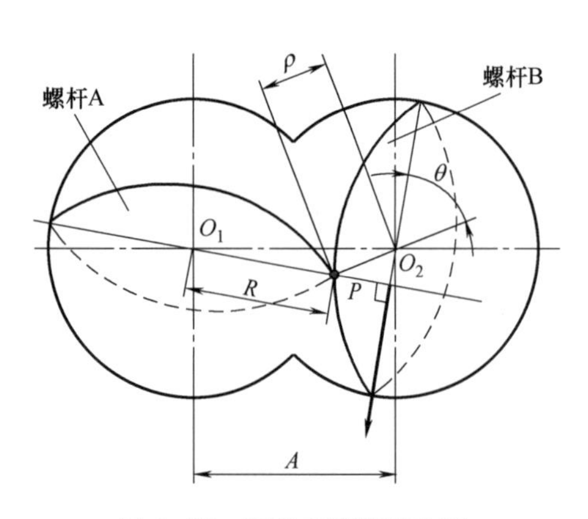

图 1-56 同向自洁型双头双螺杆端面几何结构示意图

上图中从螺杆端面来看，螺纹的端面曲线由多段圆弧组成，当采用双头螺纹结构时，代表性的圆弧分为三段，即 S_1S_2、S_2S_3 及 S_3S_4，分别代表了螺纹顶部圆弧、螺纹侧面圆弧及螺纹底部圆弧。其中圆弧 S_1S_2 对应的中心角 α 称为顶角，圆弧 S_3S_4 对应的中心角 β 称为底角。由于等速旋转，一根螺杆的顶圆对应于另一根螺杆的底圆，故 $\alpha=\beta$。其结构关于 x、y 轴对称，而且关于坐标原点中心对称。啮合工作过程中，两根螺杆长轴始终相互垂直，当螺杆顶角为 0 时，如图 1-56 所示。

这里料筒半径为 R，两根螺杆中心距为 A，对于螺杆 B 来讲，建立长轴起点的极坐标系如图 1-56 所示，啮合点 P 对应的极角为 θ，极径为 ρ。这样 $\angle O_1PO_2=\pi/2+\theta$，那么在三角形 O_1PO_2 中，采用余弦定理有：

$$R^2+\rho^2-2R\rho\cos\angle O_1PO_2=A^2 \tag{1-24}$$

即，

$$R^2+\rho^2-2R\rho\cos(\pi/2+\theta)=A^2 \tag{1-25}$$

当 $0\leqslant\theta\leqslant\pi/2$ 时，从上式可以求得此时的极径 ρ：

$$\rho=\sqrt{A^2-R^2\cos^2\theta}-R\sin\theta \tag{1-26}$$

由于转速相同，当两根螺杆顺时针旋转时，其相对运动的关系如图 1-57 所示。

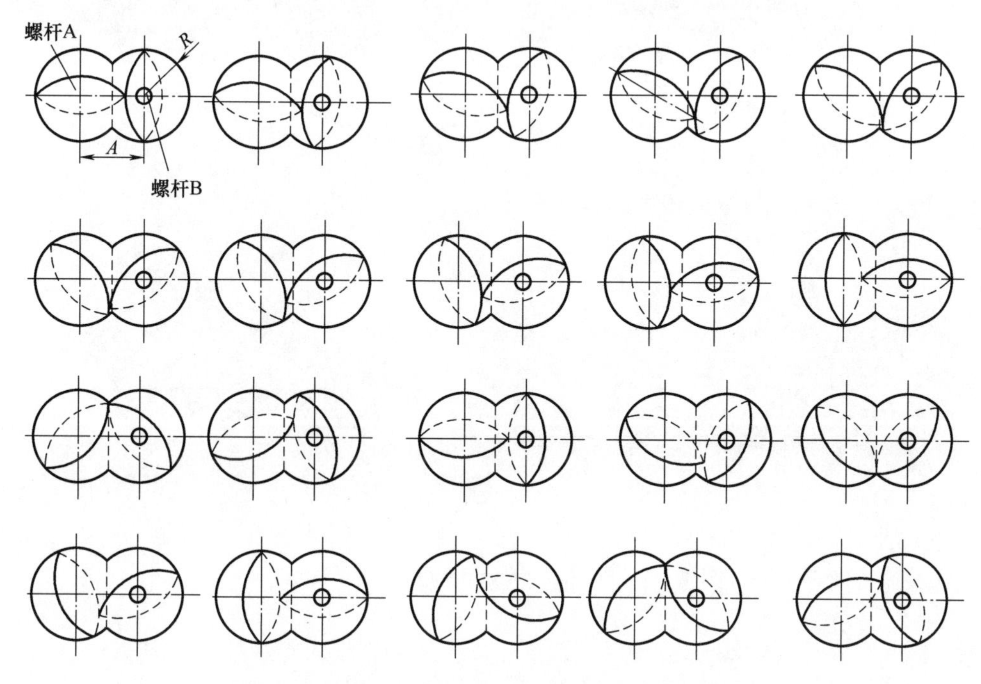

图 1-57　同向自洁型双头双螺杆运动的几何关系

从图 1-57 可以看到，当两根螺杆的长轴指向两个圆柱料筒的交点时，可以计算螺杆半径 R 与螺杆中心距 A 之间的关系：

$$A=2R\cos(\pi/4) \tag{1-27}$$

更进一步，当螺纹顶角 α 不等于 0 时，如图 1-58 所示。

由图 1-58 可知，此时的螺杆中心距将变为：

$$A=2R\cos\left(\frac{\pi}{4}-\frac{\alpha}{2}\right) \tag{1-28}$$

进一步推广，可以得到：

$$A=2R\cos\left(\frac{\pi}{2n}-\frac{\alpha}{2}\right) \tag{1-29}$$

扫码观看动画
同向双螺杆
运动关系

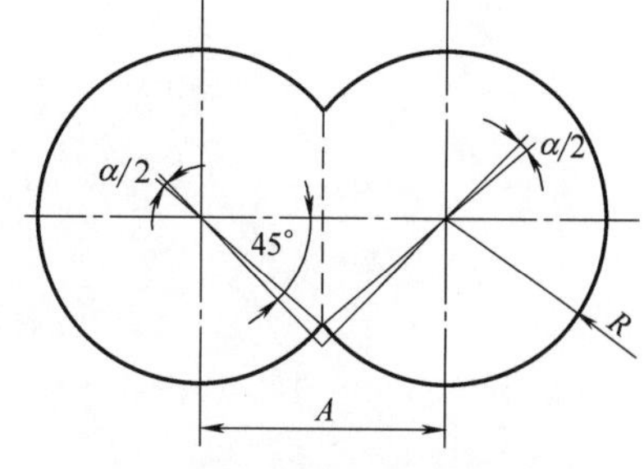

图 1-58　同向自洁型双头双螺杆运动的几何关系

这里 n 代表螺纹头数，因此，同向自洁型（自扫型）双螺杆挤出机螺杆间中心距与螺纹头数有关，头数越多，中心距越大；还与顶角 α 有关，顶角 α 越大，中心距越大。这意味着螺槽深度变浅，输送容积变小；螺纹头数越多，混合能力越好，综合考虑，目前双头螺纹应用最多，一般螺槽深度为外径的 9%，较先进的技术螺槽深度可达到螺杆外径的 17%左右。图 1-59 为不同观察角度同向双螺杆啮合立体图及啮合区情况。

从图 1-59 可以发现，虽然从图 1-59（c）看起来像两根螺杆紧密结合，但从啮合区的剖切

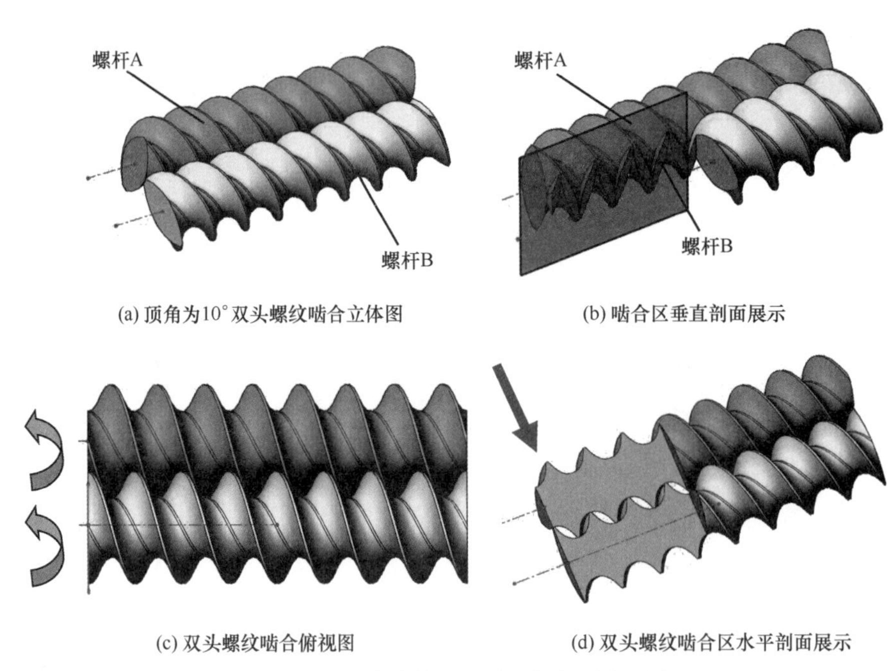

(a) 顶角为10°双头螺纹啮合立体图 (b) 啮合区垂直剖面展示

(c) 双头螺纹啮合俯视图 (d) 双头螺纹啮合区水平剖面展示

图 1-59 同向自洁型双头双螺杆啮合观察

图来看，同向啮合时两根螺杆在啮合区螺纹呈“之”字形相互接触，如图 1-59（b）所示。自洁型双螺杆不同轴向截面只是点接触，其在水平剖面的啮合情况如图 1-59（d）所示，可见两根螺杆之间存在相互通道，物料将在两个螺杆间交换物料。

图 1-60 为相同螺杆外径、不同螺纹顶角的同向双螺杆啮合的端面及立体图，顶角越大，螺纹横截面越宽厚，螺槽越浅，导致螺杆中心距越大，其关系符合式（1-28）。物料沿螺槽前

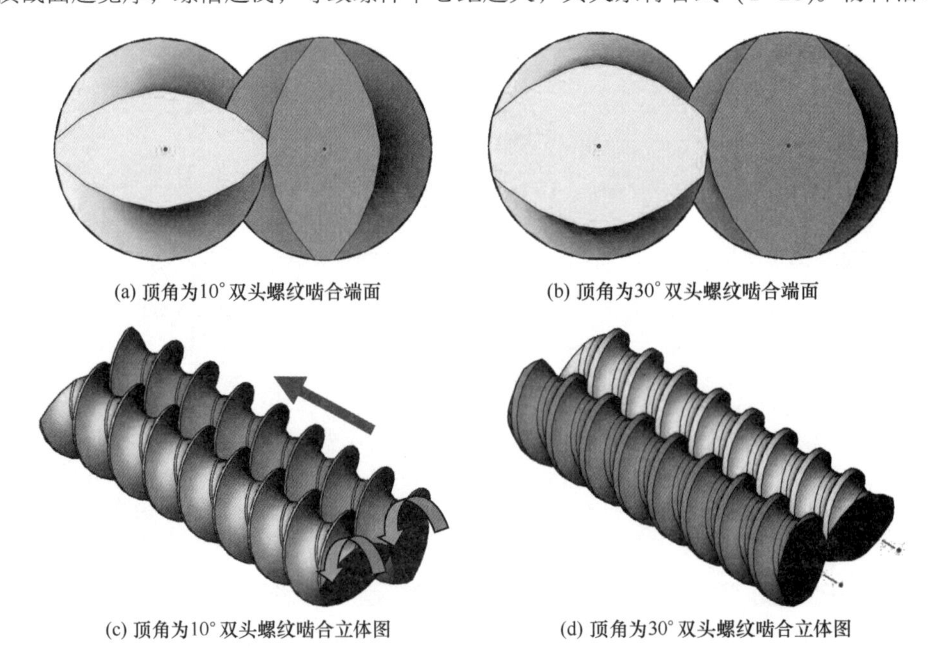

(a) 顶角为10°双头螺纹啮合端面 (b) 顶角为30°双头螺纹啮合端面

(c) 顶角为10°双头螺纹啮合立体图 (d) 顶角为30°双头螺纹啮合立体图

图 1-60 同向自洁型双头双螺杆不同顶角啮合情况展示

行过程中受到对面螺杆螺棱的阻碍作用，顶角越大，阻碍作用越明显，使得同向双螺杆挤出机输送机理与单螺杆挤出机的又有不同。

同向双螺杆挤出机常采用积木式组合结构，图 1-61 为常见的螺纹组合示意图。

图 1-61 中,“36/36”代表螺纹元件导程为 36mm（左边第一个 36），螺纹元件长度为 36mm（右边的 36），未注旋项代表右旋螺纹；而“45°/5/48 左”代表 5 块左旋布置捏合块，每两块相差 45°，总长度为 48mm。

扫码观看对称浅螺槽同向双螺杆运转动画

可以看出，前面的螺杆结构影响熔体流道的一致性，加工过程中缺少空间转换，研究表明这样的螺杆结构混合混炼能力有限，还有很大的提升空间。为进一步强化混合混炼及排气能力，笔者经过数值模拟研究，引入非对称流道，开发出同向自洁型双螺杆非对称造型，并申请了发明专利，如图 1-62 所示。

此时，螺杆 A、B 的转速相同，但螺杆结构不同，物料沿着螺杆向前输送时，在不同的运动空间内转换。当转速不同时，同样可以实现非对称流道设计，其中一种螺杆造型如图 1-63 所示，此时螺杆 B 的转速为螺杆 A 的 2 倍。

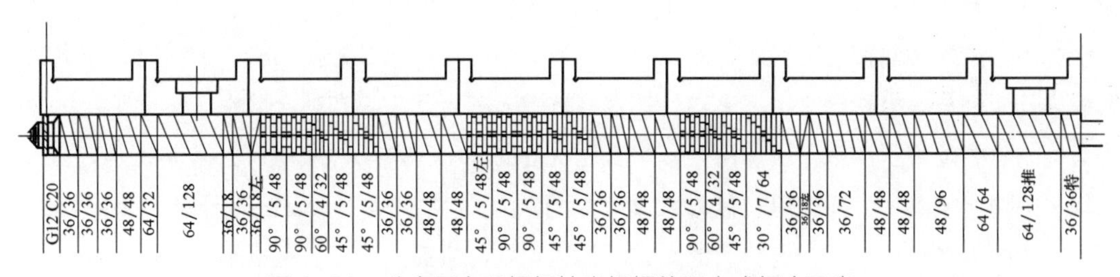

图 1-61　啮合同向双螺杆挤出机螺纹积木式组合示意

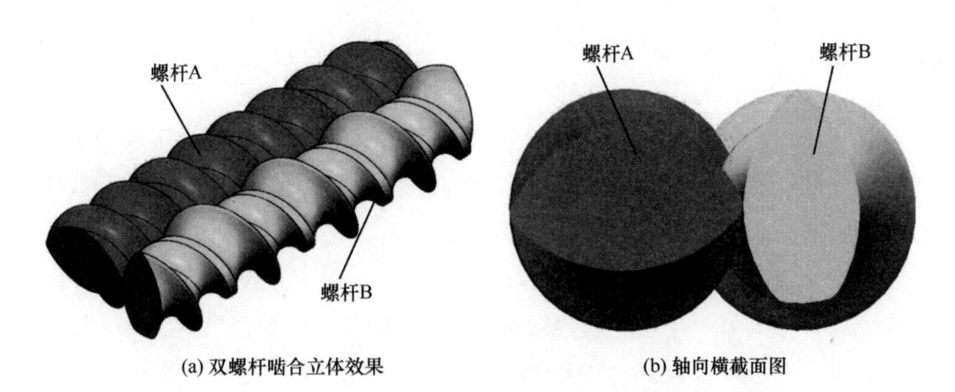

图 1-62　同转速同向非一致自洁型双螺杆非对称几何结构

1.4.2　双螺杆工作原理

双螺杆挤出机挤出过程同样涉及固体输送、熔融混炼、计量输送及压力建立等过程。与单螺杆挤出机不同，双螺杆挤出机一般都采用定量加料，而且挤出过程还要涉及排气设计问题。一般认为，与单螺杆挤出机相比，双螺杆挤出机停留时间分布更窄。这是由于双螺杆挤出机具

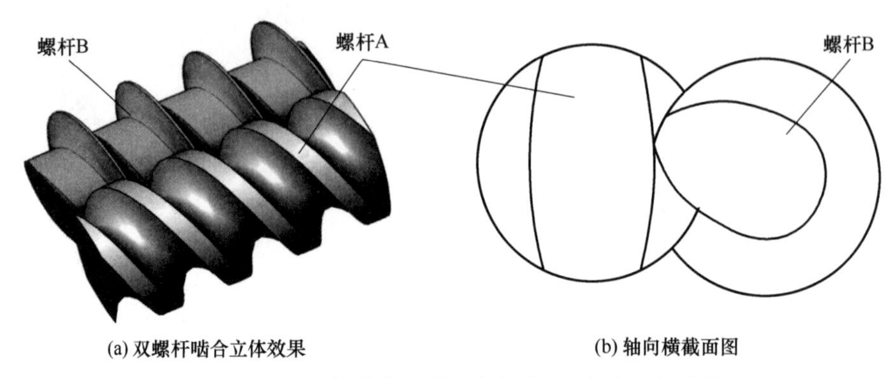

图 1-63 不同转速非一致同向自洁型双螺杆几何结构

有自清洁能力，而且具有一定的正位移输送能力，这点与单螺杆纯粹靠摩擦输送不同。由于双螺杆工作时，大多数螺槽处于非充满状态，其固体输送、熔融机理也与单螺杆不同。

1.4.2.1 异向双螺杆工作机理

异向双螺杆挤出机可以实现横纵向都封闭的功能，是非常优秀的正位移泵。物料被封闭在彼此隔开的若干个 C 型室中，如图 1-64 所示，当螺杆转动一圈后，C 型室就向口模方向移动一个螺距，进而实现输送物料的目的。对于向外反向旋转的双螺杆挤出机，加料时，在重力、摩擦力及螺棱与螺槽啮合作用下，物料较容易被带入啮合间隙。在啮合区中，物料受到螺棱与螺槽间的研磨及滚压作用，该作用类似于压延机上的滚压，所以称双螺杆具有“压延效应”。当较厚的物料挤满啮合间隙时，就形成使两螺杆轴线分离的反压，以至螺杆产生轴向弯曲变形。变形的增加将减小螺杆与料筒的间隙而加速螺杆与料筒的磨损，其磨损程度对螺杆转速变化及超载程度变化极为敏感。过大的变形还将使螺杆刮研料筒,使螺杆与料筒表面在短期内受到严重损伤。所以，向内反向旋转的双螺杆仅能在低速下工作，其转速一般在 8~50r/min。近年来，随着设计水平的不断提高，异向双螺杆挤出机也在追求高转速、高产量和高效率。

Janssen（1978）对异向双螺杆挤出机熔体输送机理的研究，国内耿孝正教授从 1987 年开始，他带领的课题组采用有限元方法对双螺杆挤出过程进行了大量深入细致的研究，极大地丰富了正位移泵输送理论。异向双螺杆挤出产量如下式：

$$Q=2NV-2Q_f-2Q_c-2Q_s-Q_t \tag{1-30}$$

上式中，Q_f、Q_c、Q_s、Q_t 分别代表料筒螺杆间隙漏流、压延间隙漏流、侧间隙漏流及四面体漏流，参见图 1-24~图 1-26，N 代表螺杆转速（1/s），V 代表 C 型室容积，可以简单地采用下式计算：

$$V=\pi DHW/\cos\phi \tag{1-31}$$

式中 D 为螺杆外径，H 为螺槽深度，W 为螺槽宽度，ϕ 为螺旋升角。

异向双螺杆的压力建立是在接近口模端物料才充满螺槽建立压力的，由于其正位移输送机理，挤出过程存在压力脉动特性，可以采用多头螺纹缓解。在正常的加工条件下，螺槽充满的个数与口模的阻力相适应，口模阻力越大，螺槽充满的长度越大，压力沿轴线的梯度不变；当加料量不变时，只提高螺杆转速，发现螺槽充满长度下降，螺杆的轴向压力梯度增大，但口模

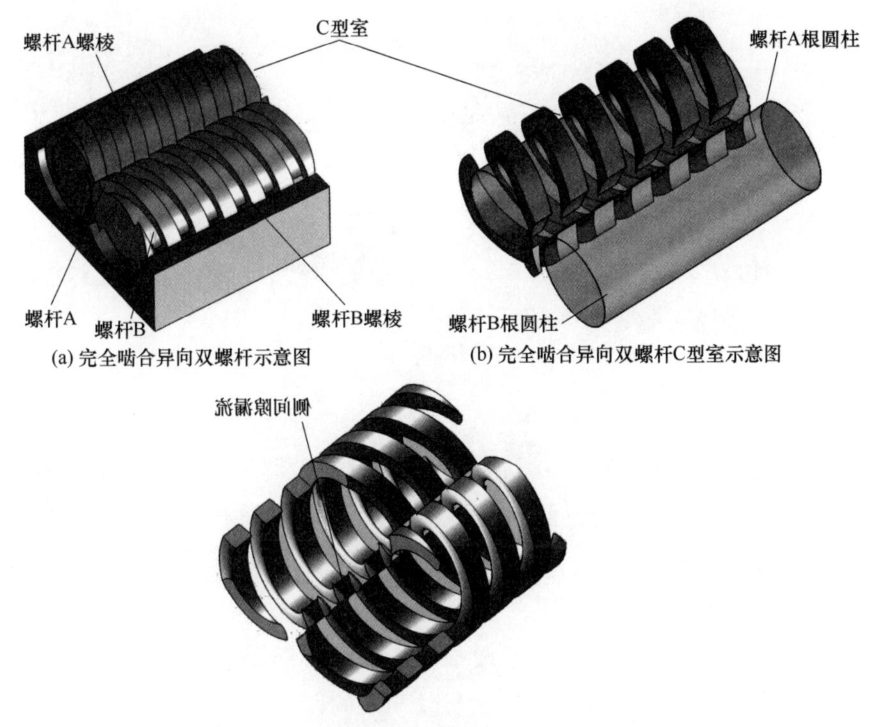

(a) 完全啮合异向双螺杆示意图　(b) 完全啮合异向双螺杆C型室示意图

(c) 螺棱宽度小于螺槽宽度的异向双螺杆联合C型室示意图

图 1-64　异向双螺杆挤出机输送单元 C 型室示意图

压力不变。

异向啮合双螺杆挤出机熔融过程与单螺杆挤出机的不同。将螺杆轴线所在平面的下部螺槽空间称为下啮合区，上部空间为上啮合区，实验发现，熔融区间随着螺杆转速提高向挤出方向下游移动。常规螺纹和捏合块组合造型熔融过程有所区别，下啮合区被物料完全充满，与料筒内表面接触的物料首先熔融形成熔膜，熔融后期将形成以熔体为连续相、残留固体粒子悬浮其中的“海-岛”结构，残留固相主要集中在推进螺棱附近。异向啮合双螺杆挤出机的熔融机理取决于螺纹元件结构形式及输送机理，在螺纹元件中，上下啮合区的差异很大，熔融主要发生在下啮合区，主要能量来源是料筒的热传导；在齿形盘熔融过程中，上下啮合区熔融过程基本相同，主要热量来源是料筒导热及黏性耗散（viscous dissipation）热。侧间隙及压延间隙漏流在熔融过程中扮演了非常重要的角色，促进了物料的交换与熔融过程的进行。“海-岛”熔融效率比单螺杆挤出机固体床模型熔融效率更高。

1.4.2.2　同向双螺杆工作原理

从整体来看，同向啮合双螺杆挤出机类似于单螺杆挤出机，但其操作变量很多：加料是独立变量；双螺杆的构型也非常复杂，有可变的螺纹元件组合，螺杆构型也是独立变量；双螺杆中存在啮合区及间隙区，使得物料的运动规律复杂得多，因而，不同构型的双螺杆挤出过程也不相同。从啮合原理来讲，同向啮合双螺杆挤出机横向、纵向全封闭是不可能的，必须将螺槽宽度设计成大于螺棱宽度，目前广泛采用的自洁型同向啮合双螺杆挤出机螺棱较窄，螺槽较宽，两根螺杆间有一个螺旋形“∞”字通道，在啮合区呈现树叶状结构，如图 1-65 所示。

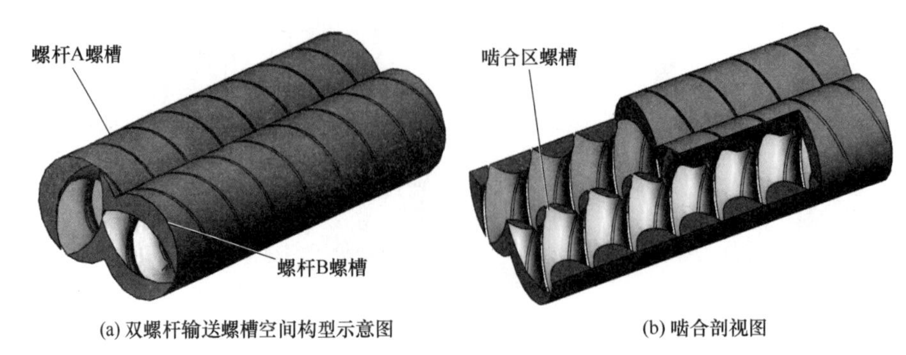

(a) 双螺杆输送螺槽空间构型示意图　　(b) 啮合剖视图

图 1-65　同向双螺杆挤出机输送空间示意图

从输送机理上来讲，同向双螺杆既有正位移输送，又存在摩擦拖曳输送，螺棱宽度越大，正位移输送作用越明显，参见图 1-60。图 1-60（d）的正位移输送能力比图 1-60（c）的大。近年来，基于可视化实验技术，对固体输送和熔融过程研究取得了一定的进展，加深了人们对同向双螺杆挤出过程的总体认识。

参见图 1-24~图 1-26，北京化工大学耿孝正教授的课题组对固体输送研究表明，粒料、粉料的固体输送机理存在差异：粒料输送过程正位移输送占主导地位，只有少数粒子沿螺槽方向移动，采用偏置加料时，螺槽底部均充满，但两根螺杆的输送能力不同，例如，对于右螺杆偏置加料，左螺杆的输送能力更大；进行粉料定量加料输送时，左螺杆的充满度高于右螺杆，小加料量时，左螺杆下方充满而右螺杆未充满，当加料量增大到两根螺杆均充满时，出现沿两根螺杆螺槽的“8”字形流动。溢流加料输送表明，此时螺纹被物料完全充满，小导程的正向螺纹元件物料的松密度较高，进料能力更强。进行溢流加料螺杆造型设计时，应该使物料的压缩程度与输送能力相适应，否则会导致堵塞。

熔融过程是同向双螺杆挤出机挤出过程非常重要的阶段，也是耗能最多的阶段。由于螺杆构型千变万化，定量化研究非常困难。20 世纪 90 年代关于这方面的研究逐渐增多，Todd（1993）、Curry（1995）、White（1995）、Potent（1996）等人都做了非常有意义的工作。耿孝正教授带领的课题组在前人的研究基础上提出了熔融子区的新思路，不同的熔融子区获得能量的方式不同，有的以对流传热为主，有的以摩擦生热为主。现对于双螺杆常用的熔融区构型总结如下：

① 反向捏合块组合熔融　此时熔融段由正向螺纹元件及下游的反向捏合块组合而成，物料将经历聚合物颗粒的自由输送与预热—完全充满或部分充满固体塞—颗粒摩擦、塑性耗散及密集的“海-岛”熔融过程—固相稀疏的海岛熔融等几个熔融子区—熔融结束的过程。

② 变螺距螺纹元件及变错列角螺杆构型熔融　此时熔融段由正向螺纹元件及下游的反向捏合块组合而成，物料的熔融过程与上面有相似之处，表现为：物料将经历聚合物颗粒的自由输送与预热—部分充满固体塞熔融—完全充满固体塞熔融—颗粒摩擦、塑性耗散及密集的“海-岛”熔融过程—固相稀疏的“海-岛”熔融等几个熔融子区—熔融结束。

同向双螺杆熔体输送机理的研究目前借助基于有限元、有限体积方法数值模拟技术，得到了较充分的认识。对于横向封闭纵向开放的具有自洁能力的同向啮合双螺杆挤出机，正位移输送能力与纵向开放程度相关，开放程度越小，正位移输送能力越强，参见图 1-60。对于目前常用的自洁型窄螺棱的双螺杆挤出机，熔体输送以沿着图 1-56 所示的“∞”字形螺旋通道的拖曳流动为主，熔体运动方向如图 1-60（c）所示，完全充满时螺槽内速度矢量图如图 1-66 所示，螺槽内压力分布如图 1-67 所示。

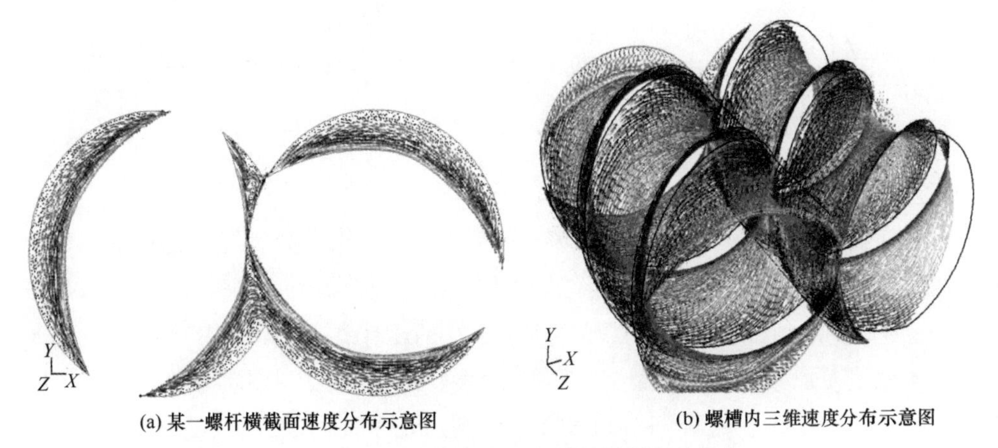

(a) 某一螺杆横截面速度分布示意图　(b) 螺槽内三维速度分布示意图

图 1-66　同向双螺杆挤出机熔体输送速度分布

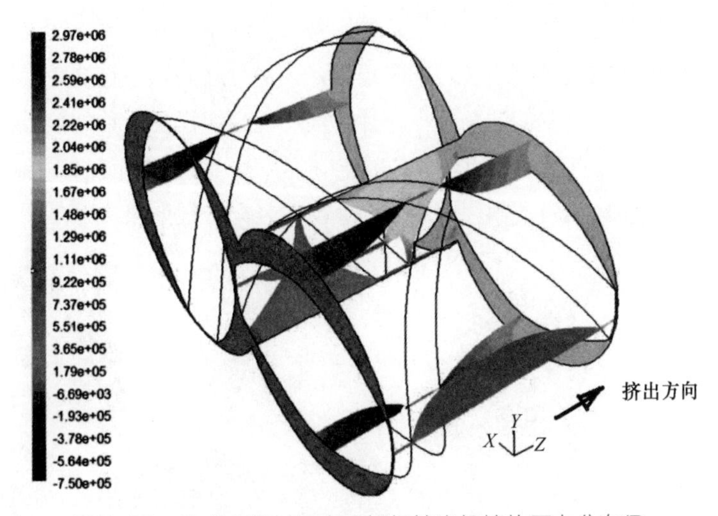

图 1-67　完全充满时同向双螺杆挤出机熔体压力分布/Pa

1.4.3　双螺杆挤出机其他零部件

双螺杆挤出机各部件与单螺杆挤出机的功能基本相同，但因其工作原理不同，其结构有所不同，螺杆、料筒及轴承的布置比较复杂。

（1）双螺杆独立加料装置　双螺杆挤出机要求均匀定量加料，一般采用螺杆式加料装置（图 1-68）和定量加料装置（图 1-69）。目前，定量装置应用较多。定量加料装置由直流电机、减速箱及送料螺杆组成，当改变双螺杆速度时，进料速度能在仪器上显示出来并可以跟踪调节，以保证供料与挤出量的平衡。

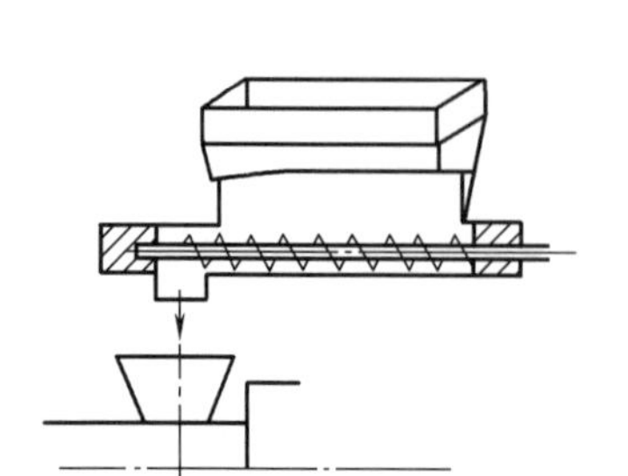

图 1-68 螺杆式加料装置

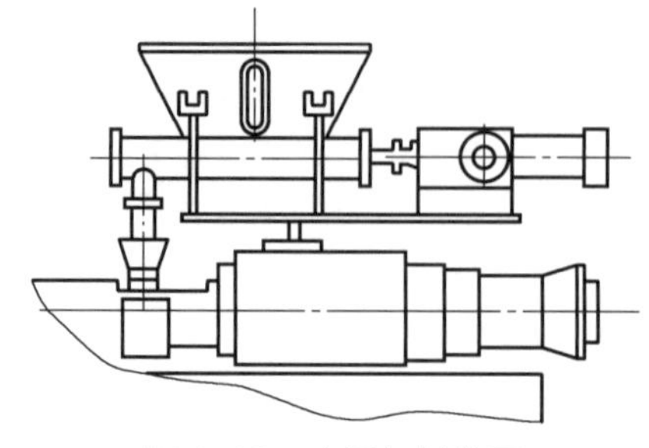

图 1-69 定量加料装置

(2)混炼元件

① 齿形混合盘 如图 1-70 所示，主要起搅乱料流的作用，是以混合为主的混炼元件，使物料加速均化，能使物料与浓度很低的添加剂混合均匀。齿形混合盘的齿数、齿形根据加工对象选用，齿数越多，混合作用越强。以同样原理工作的还有销钉段等结构单元。

② 捏合块 双螺杆挤出机的混炼元件类型很多，捏合块是其中采用较多的一种。捏合块的类型如图 1-71 所示。在两螺杆同向旋转时，由输送元件送来的物料被挤拉入捏合块和料筒内壁之间的空腔，空腔容积由大到小变化：适应不同加工要求的不同形状（如菱形或三角形）的捏合块，将剪切力和正应力强制传给物料，使物料不仅环绕螺杆轴形成环流，还在两螺杆之间形成交换流。每个捏合块里还可组装若干个捏合片，每片之间以一定的角度偏转卡紧，在每个捏合块内都有多级捏合。改变偏转角、捏合片厚度和捏合块里捏合片的数目，可以使高聚物物料彻底而均匀地塑化，从而获得多种剪切与混合的效果，原理如图 1-72 所示。特别以不同的偏转角串联的捏合块能形成料流中强烈的轴向分散和径向分散效果。

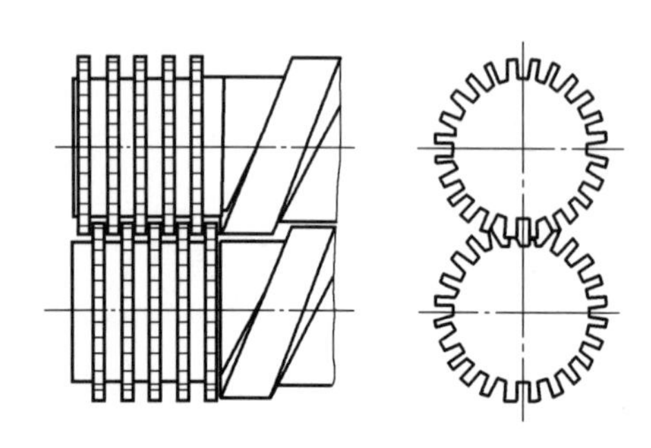

图 1-70 齿形盘混炼段

图 1-71 捏合块捏合盘

(a) 双头捏合块工作示意图

(b) 三头捏合块工作示意图

图 1-72 捏合块混炼原理图

(3)双螺杆传动系统 在单螺杆挤出机中，传动系统的设计比较简单，因为螺杆尺寸增大，承载能力增大，轴承及齿轮尺寸的增大都有足够的空间来配置。而对于双螺杆挤出机的传动系统，因两根螺杆径向尺寸的约束，双螺杆挤出机的传动系统中的推力轴承组件及配比齿轮强度设计时比单螺杆挤出机考虑的问题要更多。

经过大量的研究，目前已有了多种传动方案使双螺杆的传动承载能力提高。提高齿轮的承载能力也可从多方面考虑：①采用优质材料制造齿轮；②适当增加齿轮宽度 B，设计 $B=1.2A$（A 为双螺杆中心距)；③采用内啮合齿轮以增加齿轮的重合度系数，但这一方案结构较复杂。

双螺杆挤出机的传动系统和轴承的布置方案一般有两种。

① 把轴承座放在减速箱之后，如图 1-73（a)所示。这种方案使止推轴承远离主机台的加热装置，便于维修保养及拆卸，且减速箱主轴紧连螺杆，实现短轴传动。

② 把轴承座放在螺杆与减速箱之间，如图 1-73（b)所示。这种方案使减速箱的震动对螺杆影响减少，使螺杆运转平稳。

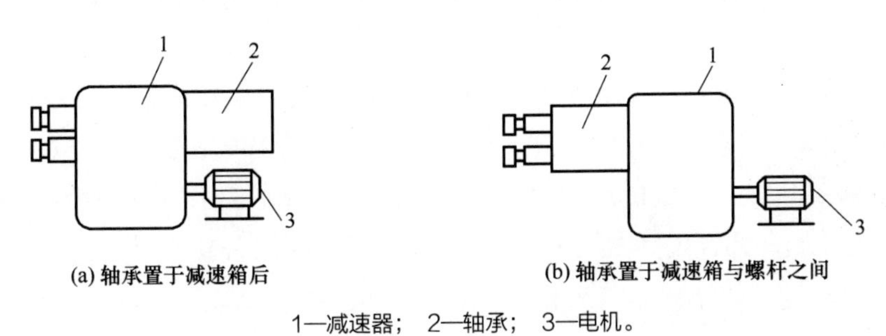

1—减速器； 2—轴承； 3—电机。

图 1-73 双螺杆挤出机两根螺杆轴承布置方式

(4)双螺杆挤出机的温度控制系统 因双螺杆加工物料的范围较广，其所需热量主要由外部加热供给，但物料温度也随螺杆的转速增加而增加，为得到加工所需热量并避免过热，对各种物料的温度控制十分重要。对物料的温度控制除通过改变螺杆转速之外，主要还是通过料筒与螺杆的温度控制系统来调节。

对于挤出量较小的双螺杆挤出机，螺杆的温度控制可采用密闭循环系统，其温度控制系统是在螺杆内孔中密封冷却介质，利用冷却介质的蒸发与冷凝进行温度控制。

对于大多数双螺杆挤出机，螺杆与料筒的温度控制采用强制循环温控系统，它由一系列管道、阀、泵组成，其结构复杂，温控效果好，温度稳定。

1.4.4 双螺杆应用性能比较

双螺杆挤出机的使用要与其技术性能相适应。双螺杆挤出机主要技术参数通过以下指标来表征。

(1)螺杆直径与长径比 双螺杆挤出机直径的确定与挤出产量、加工物料种类、制品规格及挤出机的用途等多方面因素有关。随着双螺杆挤出机的设计水平、制造水平、尤其是止推轴承组性能的提升，可以生产小至20mm、大至500mm的双螺杆挤出机。目前，双螺杆挤出机的直径已经标准化、系列化，同向双螺杆挤出机直径的系列化数据如表1-16所示。

表1-16 同向双螺杆挤出机直径的系列化 单位：mm

德国W.P公司	25,30,40,53,57,58,70,83,90,92,120,130,133,160,170,177,220,240,280,300,380
中国	30,34,53,57,60,68,72,83

一般来讲，直径40mm以下的同向双螺杆挤出机主要用于实验室，进行聚合物改性实验研究；而直径在150mm以上的多用于石油化工厂进行聚合物造粒；40~150mm的同向双螺杆挤出机应用最多，用于中小规模的配混料生产线。

异向啮合平行双螺杆挤出机螺杆直径大都在45~160mm，其中，型材挤出多采用直径45~90mm的挤出机；管材及板材挤出多采用直径偏大的螺杆，多为65~160mm；用于造粒生产的直径一般大于80mm。我国异向平行双螺杆挤出机的直径已经系列化，分别为65，80，85，110，140mm。

异向啮合锥形双螺杆挤出机有两个直径：大端和小端直径。其名义直径一般用小端直径来表示，也可以采用大小端直径一起来表示，如奥地利Cincinati Milacro公司上产的锥形双螺杆直径系列为45/90，55/110，65/120，80/143，90/178，该系列主要用于生产型材。我国锥形双螺杆的直径系列为：25，35，45，50，65，80，90（单位：mm）。

对于同向双螺杆挤出机，配混料一般推荐长径比为21~33，而对于反应挤出场合采用的长径比可达48以上，已经有长径比为70的商用挤出机出现；相比之下，异向双螺杆挤出长径比要短得多，一般为16~26；二锥形双螺杆的采用螺杆长度L与大小端直径平均值D_m的比来表示，该长径比更短，只有12~16。

（2）中心距　双螺杆挤出机两根螺杆间中心距是一个重要的参量，在挤出机的总体方案及具体结构设计中都起到决定性作用。对于啮合型双螺杆挤出机来说，螺杆的中心距A与螺杆外径D及螺槽深度h之间存在如下关系：

$$A=D-h \tag{1-32}$$

同向双螺杆挤出机的螺杆中心距、螺杆外径和根径、螺槽深度、最大理论输送量及螺杆承受的扭矩相互制约，也决定着双螺杆挤出机的未来发展。W.P公司提出了表征双螺杆挤出机设计及制造水平的指标：螺纹头数Z、螺杆外径与根径之比D/D_0、扭矩与中心距三次方比值M/A^3。该公司生产的几代ZSK型啮合同向双螺杆挤出机性能指标如表1-17所示。

表1-17 ZSK型双螺杆挤出机主要指标比较

ZSK	Z	D/D_0	M/A^3
第一代　ZSK标准型	3	1.22	3.7~3.9
第二代　ZSK可变型	3	1.22	4.7~5.5
第四代　ZSK紧凑型	2或3	1.22或1.44	7.2~8.0
第六代　特大混合机	2	1.55	11.3

表1-17也表明，D/D_0越大，螺槽越深，螺槽的自由体积越大，挤出产量越大，平均剪切强度降低。M/A^3是比扭矩，其值越大，意味着扭矩大或中心距小。当中心距保持不变时，以上两个指标是相互制约的，设计过程是在最大自由体积和最大扭矩之间寻找平衡点。表1-18给出了当双螺杆转速为300r/min时，三种规格的ZSK双螺杆挤出机D/D_0比值对自由横截面积和平均剪切速率的影响，高速挤出情况下，柔和的剪切也是追求的目标之一。

表1-18 D/D_0比值对自由横截面积和平均剪切速率的影响

螺杆型号	D/D_0	自由横截面积/cm^2	平均剪切速率/s^{-1}
ZSK-53	1.26	10.1	180
ZSK-57	1.50	16.7	110
ZSK-58MC	1.55	18.3	100

(3)双螺杆转速范围 双螺杆转速代表着挤出机的挤出能力和混炼能力，不同类型的双螺杆挤出机转速范围不同。采用异向双螺杆挤出机加工热敏性PVC时，一方面，要求剪切应力小于6~8Pa，另一方面，由于前面所述的啮合区存在压延效应，转速不能太高。故异向啮合型双螺杆挤出机的转速范围为2~60r/min，螺杆直径越大，转速越低；锥形双螺杆的转速范围与异向平行双螺杆基本相同，转速也较低，一般为3~40r/min；相比之下，同向啮合双螺杆挤出机不存在压延效应，可以在高转速下工作，一般在600r/min下工作，国外可高达1500r/min。必须指出，螺杆转速越高，工艺操作的窗口越小，物料在挤出机内的停留时间越短。为了在短的停留时间下实现物料的熔融、塑化、混炼挤出，实现高产量、低温挤出，需要开发高效螺纹元件并优化其组合方式。

(4)功耗与产量 确定双螺杆挤出机的驱动功率是比较困难的问题，目前主要采用类比法设计。可以通过统计现有近似规格、近似用途的双螺杆挤出机的驱动功率进行对比分析，也可以在近似规格的挤出机上进行不同物料的挤出实验作为设计参考。确定挤出机产量要看加料方式是定量加料、溢流加料还是强制加料。采用定量加料时，产量就是加料量。同样的物料，同样的操作条件下，挤出造粒的产量比型材挤出要大。

(5)双螺杆轴向推力 双螺杆挤出机设计中的一个重要而困难的问题就是止推轴承的组合设计。由于螺杆中心距限制了大径向尺寸轴承的使用，目前广泛采用轴承串来平衡螺杆的轴向推力。螺杆的轴向推力由螺杆前端的静压力和螺棱所受到的附加动压力之和决定。一般来说，保持加料量和口模结构不变，物料的黏度越大，口模压力越高。例如，采用同向双螺杆对聚烯烃进行挤出造粒时，机头压力只有十分之几兆帕；而挤出以PVC为基料的清洗料时，机头压力可高达16MPa。采用异向双螺杆挤出机造粒时，机头压力较低；挤出型材时，机头压力可高达25MPa。表1-19给出了国外双螺杆机头压力的允许值。

表1-19 Bandera公司生产的挤出机设计机头压力

螺杆直径/mm	57	85	105	135
异向双螺杆机头压力/MPa	40	40	40	36
同向双螺杆机头压力/MPa	30	30	30	25

与国外相比，国内一些厂家的双螺杆挤出机机头压力偏低，有的仅为18MPa，总体水平还要低些，需要进一步提升。设计选择轴承串时，国外一般要求寿命达60000~100000h，国内目前轴承串寿命水平为10000h，这与轴承元件寿命、弹性元件设计、材质和热处理水平及轴承串总体组合方式及润滑状态有关。

1.4.4.1 同向双螺杆挤出机应用

同向啮合双螺杆挤出机以其积木式结构带来的多变性和适应性以及优异的混合混炼能力在化学工业、食品加工、造纸业及火药制造业获得了广泛应用。以聚乙烯造粒生产线为例，其过程包括固体输送、熔融、熔体输送和混合，最后由口模造粒。挤出过程的总能量包括电机输入和外加热能量。随着转速增加，用于克服机头阻力的能量比例逐渐加大，一般采用二阶挤出或挤出机串齿轮泵的方法来解决这一问题。W. P 公司进行的 HDPE 造粒实验表明，采用同向双螺杆挤出机直接挤出，螺杆末端压力达20MPa，温度达250℃；若采用挤出机串联熔体泵的挤出方法，熔体压力不到5MPa，温度约为200℃，总体节能21%以上。图1-74是积木式双螺杆挤出机一种螺纹造型示意图。

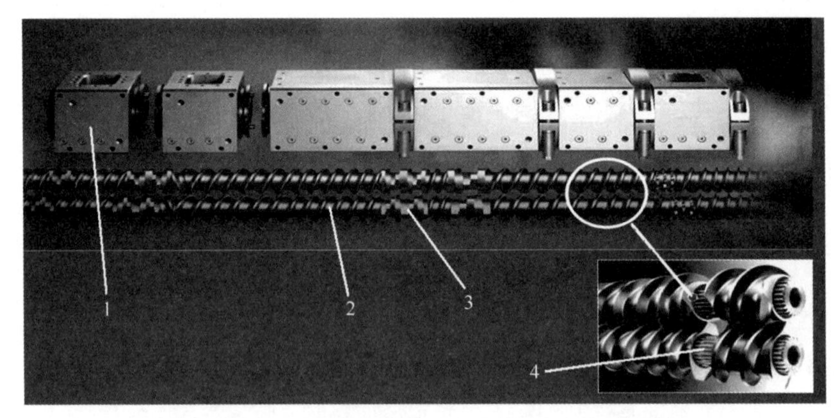

1—组合式料筒； 2—螺纹元件； 3—捏合块； 4—花键芯轴。

图1-74 积木式双螺杆挤出机一种螺纹造型示意图

具体来讲，以下场合可以考虑使用同向啮合双螺杆挤出机：

① 制备聚合物共混物和合金　其典型的螺杆组和构型在熔融段采用捏合块结构来强化熔融过程，在排气段上游采用小导程反向螺纹元件，排气段采用大导程正向输送螺纹元件。

② 填充改性应用　一般采用分开加料方式实现，在第一加料口加入聚合物，在聚合物刚好熔融的位置加入填料。细粉状填料的加入及夹带空气排除通常采用侧加料的方式，此处采用大导程正向螺纹元件，并在侧加料口上游开有排气口。固体输送段采用大导程正向元件，熔融段也采用捏合块结构；粉料加入后采用齿形盘、捏合块、反向螺纹元件等多种组合形式实现分布、分散混合，一般采用短的混合强化元件和正向输送螺纹元件相间布置的方式实现混炼过程；在第二排气段上游同样采用小导程反向螺纹结构，排气段采用大导程正向螺纹元件，实现真空排气及轴向输送作用。经过排气段的螺纹组合一般采用捏合块加正向螺纹输送元件构成，

一般长度为 6~8*D*。

③ 玻璃纤维增强 玻璃纤维增强作用的效果与玻璃纤维在聚合物中的长度、分散状态、分布均匀性、取向及被聚合物湿润的均匀性有关。一般来讲，玻璃纤维的长度在 0.1~1.0mm 为好，这样既能保证良好的制品性能，又具有良好的分散性。玻璃纤维加入应该在聚合物熔融之后，使熔体包在纤维之上，起到润滑和保护作用。典型的螺杆构型包括第一加料口、预热段和固体输送段、熔融、玻璃纤维加入、脱挥、计量及口模成型等区段。在熔融段采用不同厚度的捏合盘组成正向捏合块，在纤维入口和排气口之间采用两组薄的捏合盘组成捏合块对纤维进行均化混合。排气口下游到出口，均采用正向螺纹元件对物料进行计量和建立压力。

④ 反应挤出 近年来，反应挤出（reactive extrusion）方面的研究进展大多数是在同向双螺杆机上完成的。反应挤出采用的螺纹元件使用具有自清洁作用的双头螺纹，避免物料停滞和沉积。为了保证化学反应的彻底性，采用大长径比（*L/D* 达 70）、低螺杆转速（最低可至 3r/min）、大体积排气口、适当的反向螺纹元件及反向捏合块应用。目前，反应挤出可以实现聚氨酯的加聚反应、PET 的缩聚反应、PA66 的缩聚反应、POM 的离子型聚合反应等。

1.4.4.2 异向双螺杆挤出机应用

异向双螺杆挤出机主要用于 PVC 加工，挤出造粒，挤出成型管材、板材及异型材等，同时，也应用于对聚合物的物理改性和化学改性及反应挤出等。锥形双螺杆挤出机是在异向平行双螺杆挤出机上发展起来的，曾经解决了双螺杆间距过小、推力轴承难以设计的问题。随着技术的不断进步，现代的平行双螺杆挤出机比 20 世纪 80 年代初期的扭矩提高了 80%，产量提高了 1 倍。长久以来，一直存在着异向锥形双螺杆和异向平行双螺杆挤出机哪个更好的问题，奥地利的 Cincinnati 公司和德国 Battenfeld 公司各持己见，涉及加料预热能力、计量性能、温控、耐磨损、制造费用等多方面因素，加深了人们对异向双螺杆挤出机实践的认识。目前，一般认为，当产量在 50kg/h 以下时，建议采用锥形双螺杆挤出机；当产量超过 200kg/h 时，建议采用平行双螺杆挤出机；当产量在 50~200kg/h 时，既可选用锥形双螺杆挤出机，又可以选用平行双螺杆挤出机。比如，挤出成型大口径管材时，采用的就是平行双螺杆挤出机。

C. J. Ranwendaal（1981）对异向啮合和同向啮合双螺杆挤出机混合性能进行了实验比较研究，认为异向双螺杆挤出机的分散混合能力高于同向双螺杆挤出机的，而分布混合能力低于同向双螺杆挤出机的。从停留时间分布来看，异向啮合双螺杆挤出机的停留时间分布较窄，拖尾较短，正位移输送能力强，而同向啮合双螺杆挤出机拖尾时间跨度大，说明良好的轴向混合能力。应当指出，用于混合加工和型材挤出的异向双螺杆挤出机的螺杆构型是不同的。

由于技术的不断进步，异向啮合双螺杆挤出机工作转速不断提高，产量不断攀升，混合能力与同向双螺杆挤出的差别越来越模糊了。当代异向双螺杆挤出机与同向双螺杆挤出机的性能大约在 70%的场合应用中可以做得同样好，在剩下的 30%应用中，两个各有千秋。对于直径 $D=50$mm，长径比 $L/D=36$，转速 $N=400$r/min，功率 $P=48.47$kW 异向啮合及同向啮合双螺杆挤出机进行实验比较，表 1-20 给出了两种挤出机的比较结果。

表 1-20　产品良好条件下两种双螺杆挤出机的生产率　单位：kg/h

制品种类	同向双螺杆挤出机生产率	异向双螺杆挤出机生产率
50%专用白色浓缩物	249.5	277
20%润滑型 LDPE 浓缩物	87.6	111
橡胶/液体黏结剂共混	93	109
25%有机蓝 PE 浓缩物	104	122.5

1.4.5 双螺杆挤出机造粒生产温度设定

双螺杆挤出机典型的控制面板包括了启动按钮、紧急停车按钮、冷却油泵启动按钮、主机调速旋钮、加料电机调速旋钮、温度设定按钮等，如图 1-75 所示。

图 1-75　双螺杆挤出机控制面板

双螺杆挤出机进行 PE 造粒的温度设定如表 1-21 所示。

表 1-21　双螺杆挤出机进行 PE 造粒生产料筒温度设定　单位：℃

料筒部位	1	2	3	4	5	6
HDPE	150~160	160~170	170~175	175~180	180~185	185~190
LDPE	140~150	150~160	160~170	170~175	175~180	180~185
HDPE	190~195	195~200	200~220	200~220	200~220	210~220
LDPE	185~190	185~190	185~190	185~190	185~190	170~180

1.5 挤出机安装、操作及维护

挤出机的类型是多种多样的，但基本结构相同，安装步骤及方法也大同小异。对于整机出厂的挤出机，其安装较为简单；而对零部件分开运输或大修后的机器，则要依其说明书步骤安装。

1.5.1　主机的安装

主机的安装主要包括机座、减速箱、电机、螺杆、主体部分及附件的安装（图1-76）。

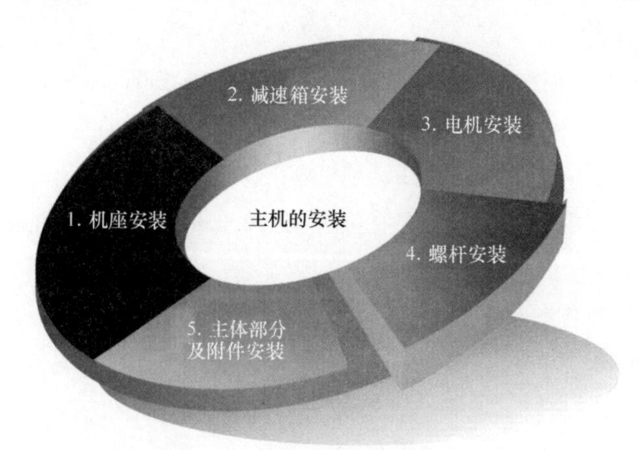

图1-76　主机安装流程示意图

1.5.1.1　机座的安装

机座安装的流程示意图如图1-77所示。

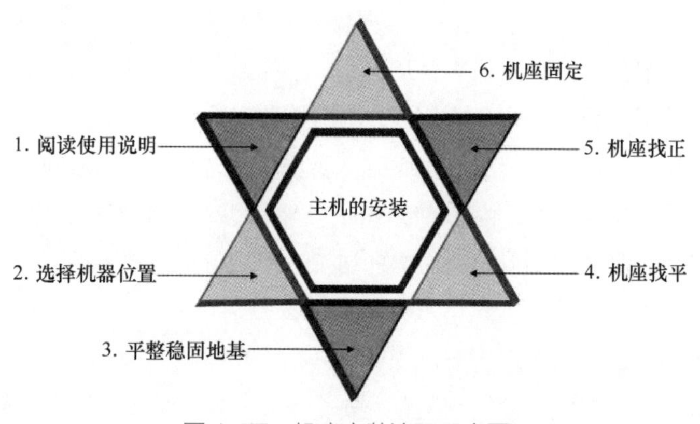

图1-77　机座安装流程示意图

① 详细阅读机器使用说明书。根据说明书了解机器的外形尺寸及安装要求。

② 合理选择好挤出机的位置。其安放位置原则是使挤出机容易接通电源、水源及压缩空气源，其周围还应预留出操作空间、存放原料空间、存放成品空间并留有运输通道。当有辅机时，还要考虑主机与辅机的相互位置关系，并布置好主机与其他装置的相互位置，注意要便于操作及观察。

③ 保证地基的平整稳固。平整基础表面，按挤出机说明书的地脚螺栓位置挖好地脚螺栓孔。

④ 机座找平。将挤出机用吊车或拖引方法安放到位，用水泥灌入地脚螺栓孔内。待水泥固定后，按照机座水平允差：轴向≤±0.03mm、径向≤±0.03mm，机座标高允差为±5mm的要求，用水平仪将挤出机找好水平。

⑤ 机座找正。检查机座是否与基础表面上的中心线重叠，其允差为±1mm。

⑥ 机座固定。机座找平找正后，拧紧地脚螺栓，对地脚螺栓孔进行二次灌浆（先灌注减速箱与主体部分的机座，待减速箱安装好，电机找平找正以后再对电动机的机座灌浆）。

1.5.1.2 减速箱的安装

因为挤出机的机身、螺杆都直接安装在减速箱上，所以减速箱的安装质量直接影响着机器的工作质量。

安装减速箱时，先用吊车将减速箱吊装到机座上，用定位销定位，然后将螺栓稳定于机座上，再对减速箱传动轴找正找平，传动轴的允差为±0.03mm，最后拧紧减速箱与机座的连接螺栓。

1.5.1.3 电机的安装

当挤出机主体部分安装好后，再依减速箱轴来安装找正电动机，电机与减速箱的传动轴同轴度要求允差为±0.1mm。

1.5.1.4 螺杆的安装

将螺杆装于减速箱的传动轴上，检查并调整螺杆位置及水平度，螺杆的中心线要与基础的纵向线重合，其允差为±2mm；其水平允差为±0.06mm。同时还应检查并调整螺杆的偏摆程度，使其在偏摆量之内。

1.5.1.5 挤出机主体部分的安装

挤出机主体部分包括料筒、冷却水套及衬套。主体部分在与减速箱、螺杆装配之前，要先进行组装。衬套与冷却水套的配合及冷却水套与料筒的配合均采用H7/s7，因此衬套压入冷却水套时要用液压机压入。冷却水套压入料筒时，要注意密封圈是否压紧并起到密封作用。在装配后要做0.6MPa的水压实验，须满足持续5min不得泄漏。料筒部分组装后，将料筒慢慢地移向螺杆并套在其上，套装时要避免碰伤螺杆加工表面。待料筒装入后，将后端部用螺栓与减速箱固定。

1.5.1.6 附件的安装及管路的接通

主体部分安装好后，要将温度检测装置、安全罩及各种电器安全装置等附件安装好，然后将各个需润滑的部件加入润滑油，要保证油路畅通且不泄漏。接通各种管路并保证无泄漏。蒸汽及冷却水管路接通后，要在0.6MPa水压下进行实验，持续5min，不能有泄漏。

1.5.2 主机的调试

挤出机在正式运行之前首先要进行空转试车及负荷运转试车：

1.5.2.1 空运转试车

空转试车是在无载荷的条件下，在料筒内加入适量润滑油，运行数分钟（不少于3min，但不能超过 10min），以检验各部件的装配情况及各种管路畅通或泄漏情况。

空转运行主要检测以下项目（流程示意图如图 1-78 所示）：

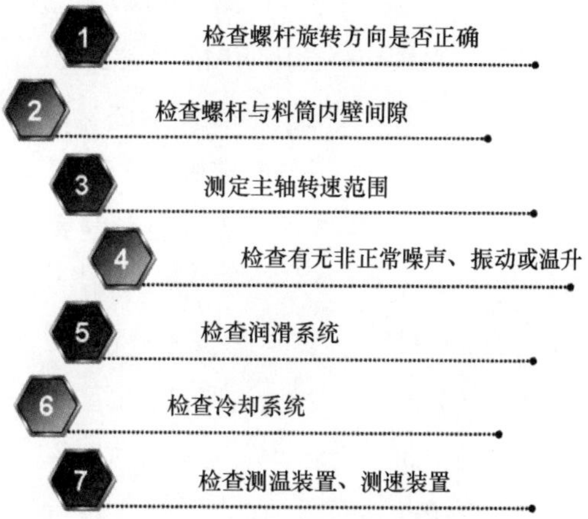

① 检查螺杆旋转方向是否正确：右旋螺杆由螺杆头方向看，应为顺时针方向旋转。

② 螺杆与料筒内壁应无刮伤或卡住现象，以检测螺杆外径与料筒内径是否符合标准，并在设备档案上记录。

③ 测定主轴转速范围是否符合额定范围。

1 检查螺杆旋转方向是否正确

2 检查螺杆与料筒内壁间隙

3 测定主轴转速范围

4 检查有无非正常噪声、振动或温升

5 检查润滑系统

6 检查冷却系统

7 检查测温装置、测速装置

图 1-78　空转检测流程示意图

④ 空转运行过程有无非正常噪声、振动或温升，确定各紧固件是否紧固，如各部位连接螺栓有无松动，连接轴有无偏摆等。

⑤ 检查润滑系统是否工作正常，有无泄漏。

⑥ 检查冷却系统是否畅通，有无泄漏。

⑦ 检查测温装置、测速装置是否灵敏且数据正确。

1.5.2.2　负载运行试车

空转运行试车没有问题后，还要进行不少于 2h 的负载运行试车。其运行主要检测项目如图 1-79 所示。

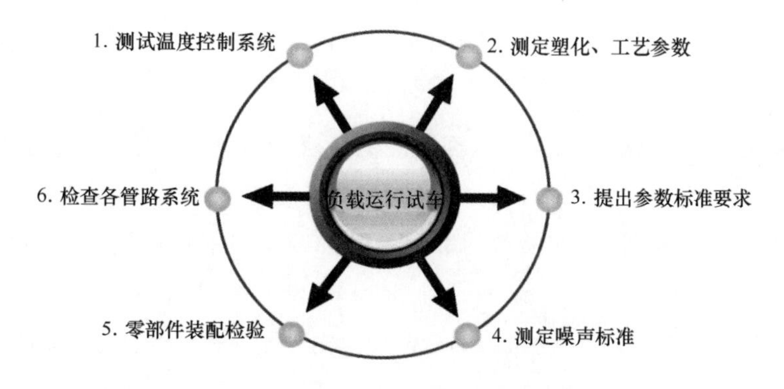

图 1-79　负载运行试车流程示意图

① 测试温度控制系统　安装专用测试机头或制品生产机头，根据物料需要设定挤出机各段温度，升温时要校验各段温度控制仪是否灵敏，温度测定是否准确，以选择灵敏可靠的温度测量仪。温升时间一般不多于 2h。

② 测定塑化、工艺参数　开车使螺杆在低速下投料运行，开始时投料要由少渐多，直至运行正常。然后检查挤出制品表面是否光滑、断面是否均匀。当观察到塑料挤出制品塑化良好

后，再逐步提高螺杆转速，以测定机器所能达到的最高产量、螺杆转速、主电机电流等工艺参数，测定并记录不同转速条件下的工艺参数。

③ 提出参数标准要求　根据以上试车记录整理数据换算出各转速条件下挤出机的产量、名义比功率、比流量以及各参数所应达到的标准。

④ 测定噪声标准　为保证操作者健康，应保证离挤出机 1m、高 1.5m 处的噪声不大于 85dB。

⑤ 零部件装配检验　负荷试车过程中，应观测减速箱中各齿轮运行是否有杂音或撞击声，以确定其装配是否合适，保证整机运转平稳。检查轴承温升不应高于 60℃，减速箱内油温温升不能高于 35℃，箱体不应有漏油现象。待负荷试车后，要检验螺杆与料筒内壁有无严重磨损及变形情况。

⑥ 再次检查各管路系统工作是否正常，有无堵塞或泄漏。

以上各项均检验合格后即可验收。

1.5.3　挤出机的操作

塑料螺杆挤出机工作时，机身、机头与螺杆及物料间产生强烈的摩擦，使各机件容易磨损，若操作不当很容易使机器过早损坏，所以在使用挤出机时一定要注意挤出机的操作要求。

1.5.3.1　开车前的准备

开车前应做到：

① 对挤出生产的物料要进行预干燥，必要时还要进一步干燥。

② 仔细检查设备、水、电系统是否处于正常、安全可靠状态。

③ 将机头、机身和螺杆预热到工艺要求的温度，同时开通料斗底部的冷却套，通入冷水。

④ 开车前需对机器恒温一段时间。因挤出机温控仪表指示的温度提前于物料的实际温度，若不恒温一定时间，就会造成仪表温度已达到要求温度，而实际料温却偏低的情况。此时若加入物料，因实际温度较低，使物料的熔融黏度过高而产生轴向过载，会导致设备损坏甚至造成人身伤害事故。

⑤ 各部分达到规定温度时，对机头部分连接螺栓趁热拧紧，检查连接状况，以保证运转时不发生漏料。

⑥ 检查加料斗和剩余料，不得有异物，尤其是金属和其他坚硬杂物存在，以免损坏螺杆或料筒。

⑦ 开车前应换上干净的过滤网，检查机头是否符合产品品种、尺寸要求，机头各部件是否清洁。

⑧ 需润滑的部位应有充足的润滑油。

⑨ 清理操作现场，保持主机和辅机设备及操作台的整洁，将原料、制品、工具摆放得井

然有序。

⑩ 启动各运转设备，检查运转是否正常。

1.5.3.2 生产操作中的维护与保养

为保证挤出机的正常运转及延长使用寿命，在生产操作中应该做到：

① 开车后不允许长时间空车运转，以免刮伤螺杆或料筒。

② 保证原料的清洁，严防金属杂物或其他硬质零件（如螺钉等）落入加料门损坏螺杆或料筒。

③ 加料时要保证连续均匀供料，为此加料斗内要有充足的物料。在不能保证连续供料时，要立即停车，严禁在无物料情况下空车运行。

④ 新挤出机开始运转数小时后，应重新张紧三角带，以免打滑。

⑤ 在机器连续长期运转过程中，要按时检查各部位的润滑及温升情况，时刻注意设备运转情况，若有异常现象也要立即停车检查。

⑥ 若遇生产中供电中断，主传动及加热停止的情况，当恢复供电时，必须将料筒各段重新加热到设定温度，保温一段时间后，才可以再启动。若温度不够就启动，料筒内的硬料会损坏挤出机。

⑦ 挤出机购入后，要详细阅读说明书，使操作者了解并按规定的要求操作，还要了解机器有哪些安全保护装置，一旦有过载等情况发生能及时采取措施。

⑧ 挤出烯烃类物料停车后，可不必每次清理螺杆、料筒及机头。但挤出 PVC 等易分解的物料时，每次生产后必须立即清理螺杆、料筒及机头中的余料，也可加入不易分解的物料，顶出易分解的余料。若挤出机长时间不工作，一定要将物料清理干净，并在螺杆、料筒及机头等与物料接触的部位表面涂上防锈油，将螺杆垂直吊挂放置。

⑨ 若加工聚乙烯、醋酸纤维素等易粘物料，加工后顶出螺杆（或顶出大型螺杆）较困难时，可使用螺旋式螺杆顶出器，切不可用铁锤击出螺杆，以免损伤螺杆。

⑩ 挤出机使用 500h 后，减速箱油中会有齿轮磨下的铁屑或其他杂质，所以应清洗齿轮同时更换减速箱润滑油。以后按说明书规定时间定期更换润滑油。一般每年检查一次减速箱的齿轮、轴承、密封件的磨损情况，磨损严重的零件要及时更换。挤出机的润滑部位及要求如表 1-22 所示。

表 1-22 各种双螺杆挤出机性能比较

润滑部位	润滑装置	润滑材料		润滑周期
		名称	牌号	
减速器	油池	机械油	HJ-50	一年清洗一次，换一次油
止推轴承	油杯	工业用油脂	ZG-2	每月检查加油 1~2 次

1.5.3.3 生产操作中的常见故障

塑料挤出机生产中常见故障为：

① 金属异物或小的金属零部件（如螺钉或小扳手等）掉入加料口，导致停机或使螺杆及料筒损坏。

② 润滑系统发生故障，如缺油或严重漏油等，会导致轴承因过热卡死或齿轮因过热而严重磨损等。

③ 加工 PVC 类物料特别容易产生过热分解，分解时产生的氯化氢气体会严重腐蚀料筒、螺杆及机头流道表面。

④ 断电后需重新启动，但若料温未达到所需温度就启动挤出机，轻者会使电机因过载保护而停车，重者使安全销、键破坏，更严重时还会损坏螺杆或料筒。

1.5.3.4 塑料挤出机的易损件及常用备件

为保证生产效率，挤出机要备有易损件及常用备件，以便零部件损坏时及时更换。易损件及备件有：

① 螺杆　螺杆是挤出机的核心部件，也是易损件，工作一段时间以后，螺杆将磨损而使挤出产量及质量下降，所以要定期更换或修复。一般应提前订购螺杆。若准备生产多种物料制品，应备有适应各种物料的不同螺杆。

② 料筒　若加工含硬质填料（如碳酸钙、玻璃纤维、二氧化硅等）比例较大的物料，螺杆、料筒都会有较严重磨损，料筒也要有备件，一旦磨损可及时更换。

③ 加热圈　加热圈是挤出机各段必需的加热件。挤出机所有加热圈的规格、数量要记入设备档案，并购入备件，以便损坏时及时更换。

④ 轴承　推力轴承及减速器主要轴承要有备件。

⑤ 密封件　各部分密封件容易损坏，要有备件，作为定期更换或临时损坏时的备用。

⑥ 传动皮带　传动皮带容易松弛、断裂、磨损。一旦失效要有备用件更换。

⑦ 连接螺栓　挤出机各连接螺栓容易损坏，要按其规格购入备用件。

1.5.4 挤出机的检修与维护

要延长挤出机的使用寿命，就必须对挤出机进行定期保养检修与维护。

1.5.4.1 挤出机保养检修项目

(1) 小修（周期 6 个月）　①检查、校验各测量仪表。②检查、修理加热及冷却装置。③检查、紧固各部位连接螺栓。④检查减速箱的齿轮、轴、轴承，每两周清洗更换一次润滑油。⑤检查、更换弹性联轴器的弹性圈和柱销。

(2) 中修（周期 2 年）　①小修所有项目。②检查螺杆及料筒衬套的磨损情况，测量其间隙。③修理或更换减速箱的齿轮、轴、轴承。④检查螺杆尾部轴承，并清洗换油。⑤检查、修理挤出机机头。

(3) 大修（周期 5~6 年）　①中修所有项目。②检查、修理或更换螺杆、机身的衬套。③检查、修理电动机及电气控制柜。④进行机座的水平校正。⑤机体重新喷漆。

1.5.4.2　挤出机主要零部件的修复

（1）螺杆的修复　螺杆在使用一段时间后的正常失效，主要是物料与螺棱摩擦造成的磨损导致，因加料口处粒料较硬，其磨损程度最严重。

对螺杆的修复可采用硬质合金焊条对磨损的螺棱进行补焊，螺杆轴颈部分若有磨损也要补焊。补焊后要进行机加工，要保证机加工后螺杆的粗糙度不高于1.6μm。

（2）机身衬套的修复　机身衬套的主要失效形式不仅有与物料之间的摩擦磨损，还有因轴承间隙过大而使螺杆纵向不稳定从而引起的对料筒衬套的刮研。若保养得好，大修时料筒衬套磨损或刮研可能不大，这时可以将料筒衬套内径镗大，再按配合要求将螺杆修复到所需的配合尺寸。若衬套壁厚较薄，磨损或刮研也过大，应将其更换，因衬套与料筒是过盈装配，且料筒一般都较长，压入时容易损坏机身或内衬，所以，压入时最好将机身外筒体加热至140~150℃，拆卸时也须加热机身至此温度。

（3）机头的修复　挤出机使用一段时间以后，机头也会在较大的压力及与物料的摩擦作用下发生磨损。机头尺寸的变化将严重影响制品的端面尺寸，所以机头也要定期检查修复。

修复机头可以在其工作表面进行喷镀或补焊，然后按原样板加工修复。

1.6　延伸阅读

停留时间分布

物料在挤出机内的停留时间（residence time）是指物料从进入挤出机内到离开挤出机机头所需要的时间t。由于物料在挤出机内运动存在速度差别，同时进入挤出机内的物料粒子群不再同时离开挤出机，即离开挤出机所需要的时间并不相等，而是跨了一个时间段Δt，也就是停留时间存在着一个跨度、一个分布。可以预见，挤出机的长径比越长，Δt也越大，这意味着当挤出机螺杆转速不变时，相同质量的物料在挤出机内的停留时间分布变长。Danckwerts（1953）最初提出了停留时间分布的概念，Tadmor等人（1979）将停留时间推广到单螺杆挤出机中，给出了牛顿流体的数学表达式。在高分子材料加工过程中，停留时间分布不仅代表了物料在挤出机内停留时间长短的特性，更深层次上反映了发生在挤出机内的混合行为，揭示了物料在热、剪切或化学反应条件下的时间历史。因此，停留时间分布特性是挤出机的重要特性之一，对于填充改性、聚合物共混及反应挤出过程具有重要意义。

停留时间分布（RTD）函数采用$f(t)\mathrm{d}t$来定义，表示在t到$t+\mathrm{d}t$的停留时间段内，离开系统的流体占进入系统总流体的体积分数。$f(t)$代表了概率分布函数，表示停留时间为t的粒子数占总体进入系统的粒子群数的比例。这样，我们得到：

$$\int_0^{\infty} f(t)\,\mathrm{d}t = 1 \tag{1-33}$$

平均停留时间是指所有粒子停留时间的平均值，给定时间间隔Δt（$\Delta t \to 0$），得到停留时间序列：

$$t_i = t_{i-1} + \Delta t \tag{1-34}$$

设所有粒子中停留时间在 $t_i - \Delta t/2 \sim t_i + \Delta t/2$ 的粒子数为 n_i，粒子总数为 n，则平均停留时间为：

$$\begin{aligned}\bar{t} &= \frac{t_1 n_1 + t_2 n_2 + t_3 n_3 + \cdots + t_i n_i + \cdots + t_n n_n}{n} \\ &= t_1 f(t_1) + t_2 f(t_2) + \cdots t_i f(t_i) + \cdots t_n f(t_n) \\ &= \int_{t_1}^{t_n} t f(t)\,\mathrm{d}t\end{aligned} \tag{1-35}$$

上式中，t_i 代表第 i 个粒子的停留时间，$f(t_i)$代表停留时间为 t_i 的粒子数占总粒子数的比例。当体积流量为 q_V（$\mathrm{m^3/s}$）的流体通过体积为 V（$\mathrm{m^3}$）的稳态、连续流动系统时，可以得到平均停留时间为：

$$\bar{t} = \frac{V}{q_V} \tag{1-36}$$

从挤出机熔体输送的机理来看，单螺杆与双螺杆挤出机熔体的不同导致其停留时间分布规律不同。当转速相同时，异向啮合型双螺杆挤出机属于正位移输送机理，物料在挤出机内的流动最接近塞流，停留时间分布应该最窄；啮合自洁型双螺杆挤出机由于部分正位移机理以及螺杆间的相互擦拭作用，避免了物料在螺杆及料筒表面滞留，导致停留时间分布也比单螺杆挤出机分布窄。单螺杆挤出机属于平板摩擦拖曳输送机理，由于口模压力导致的压力反流作用，一般认为停留时间分布较宽。在双螺杆挤出机内，停留时间分布越宽，代表挤出机内轴向反混合能力越强。为控制物料在挤出机内的停留时间分布，以实验为基础的研究不断深入，得到了不同螺纹组合、不同角度捏合块组合、不同加料速度、不同双螺杆推进速度等对停留时间分布的影响规律及相互作用关系。图 1-80 为实验测试得到的双螺杆挤出机内停留时间分布在线测量结果。

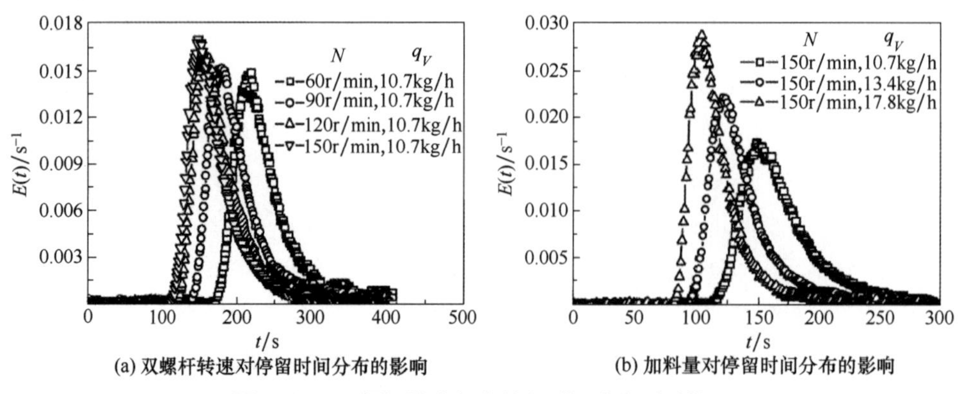

图 1-80　双螺杆挤出机内停留时间分布测试结果

上图中，N 为双螺杆转速，q_V 为加料速度。可以看到，产量不变的情况下，双螺杆转速越高，停留时间向短时间方向移动，峰值及停留时间宽度变化不大；当双螺杆转速不变时，提高加料量，停留时间同样向短时间方向移动，同时停留时间分布变窄，说明此时螺杆轴向混合能力下降。

参考文献

[1] 朱复华. 挤出理论及应用 [M]. 北京：中国轻工业出版社，2001.

[2] 吴清鹤. 塑料挤出成型 [M]. 北京：化学工业出版社，2004.

[3] Z. Tadmor，C. G. Gogos. 聚合物加工原理 [M]. 任冬云，译. 北京：化学工业出版社，2009.

[4] J. L. White，H. Potente. 螺杆挤出 [M]. 何红，译. 北京：化学工业出版社，2005.

[5] 吴大鸣，刘颖. 精密挤出原理及技术 [M]. 北京：化学工业出版社，2004.

[6] K. Amellal，P. G. Lafleur. Computer simulation of conventional and barrier screw extruders [J]. Plast. Rubber Comp. Process. Appl. 1993，19：227-239.

[7] K. WilczynÂski. A computer model for single-screw plasticating extrusion [J]. Polym. Plast. Technol. Eng. 1996，35：449-477.

[8] Graaf R. A，Rohde M.，Janssen L. P. B. M.. A novel model predicting the residencetime distribution during reactive extrusion [J]. Chemical Engineering Science，1997，52：4345-4356.

[9] 王加龙，周殿明. 塑料挤出工 [M]. 北京：化学工业出版社，2006.

[10] 徐百平，瞿金平. 单螺杆挤出中三维流动有限体积数值模拟 [J]. 化工学报，2008，59 (12)：3055-3060.

[11] 耿孝正. 双螺杆挤出机及其应用 [M]. 北京：中国轻工业出版社，2003.

[12] 徐百平，王玫瑰，何亮，等. 同向旋转非一致自洁多螺杆塑化排气挤出装置与方法：201010201316.9 [P].

[13] 熊辉，冯连勋，方辉. 挤出过程聚合物停留时间分布的在线测量新系统 [J]. 塑料，2008，37 (6)：106-108.

[14] B. J. Edwards，M. Dressler，M. Grmela，et al. Rheological models with microstructural constraints [J]. Rheol. Acta. 2003，42：64-72.

[15] 周光大，曹堃. 同向双螺杆挤出机的停留时间分布及填充度 [J]. 化工学报，2006，3025-3028.

[16] 宋晓波，许忠斌. 挤出过程停留时间分布影响因素之间的交互作用 [J]. 合成橡胶工业，2006，335-338.

[17] 张先明，李广赞，冯连芳，等. 双螺杆挤出机中局部停留时间分布研究 [J]. 高校化学工程学报，2008，22 (3)：435-440.

[18] M. Dressler，B. J. Edwards. A method for calculating rheological and morphological properties of constant-volume polymer blend models in inhomogeneous shear fields [J]. Non-Newtonian Fluid Mech，2005，130：77-95.

[19] M. Dressler，B. J. Edwards. The influence of matrix viscoelasticity on the rheology of polymer blends [J]. Rheol. Acta. 2004，43：257-282.

[20] Berzin F.，Vergnes B. Modelling of peroxide initiated controlled degradation of polypropylene in a twin screw extruder [J]. Polymer Engineering and Science，2000，40：344-356.

[21] Balakotaiah V.，Chakraborty S. Averaging theory and low-dimensional models for chemical reactors and reacting flows [J]. Chemical Engineering Science，2003，58：4769.

[22] Chakraborty S.，Balakotaiah. Low-dimensional models for describing mixing effects in laminar flow tubu-

lar reactors [J]. Chemical Engineering Science, 2002, 57: 2545.

[23] Chakraborty S., Balakotaiah V. Multi-mode low-dimensional models for nonisothermal homogeneous and catalytic reactors [J]. Chemical Engineering Science, 2004, 59: 3695.

[24] Chakraborty S., Balakotaiah. Spatially averaged multi-scale models for chemical reactors [J]. In: Advances in Chemical Engineering, 2005: 205-297.

项目二

挤出成型管材

2.1 学习目标

塑料管材是挤出成型法加工主要产品之一，采用连续生产，将挤出机挤出的熔体通过圆环形机头间隙挤出、压实、冷却并定型。塑料管材制品很多，分为硬管和软管两大类，包括城市建设用自来水管、排污管、农用排灌管、化工管道、石油管、能源通信用电器绝缘管等。其中，机头结构设计是否合理、工艺参数控制是否精确对管材成型质量起着至关重要的作用。

本项目学习的最终目标是了解管材挤出生产线组成及工作原理，了解管材挤出机头的结构参数，能进行简单的模具结构设计、成型方法确定、挤出机模具选择，能够根据物料设定加工参数及制定加工工艺，并能熟练操作生产线完成管材挤出生产。具体要求见表 2-1。

表 2-1　　挤出成型管材的学习目标

编号	类别	目　标
一	知识	①了解管材挤出生产线总体组成 ②了解典型机头结构 ③了解加工工艺的确定依据 ④了解挤出过程控制方法 ⑤了解常见故障及对策分析
二	能力	①控制面板的识别能力 ②成型模具的拆装能力 ③模具结构的识别能力 ④生产线开启关闭及调节能力 ⑤应急处理能力 ⑥工艺参数设定能力 ⑦牵引装置调试能力 ⑧管材挤出生产线匹配及简单设计能力
三	职业素质	①团队合作与沟通能力 ②自主学习、分析问题的能力 ③安全生产意识、质量与成本意识、规范的操作习惯和环境保护意识 ④创新意识

2.2 工作任务

本项目的工作任务如表 2-2 所示。

表 2-2　　挤出成型管材的工作任务

编号	任务内容	要　求
1	认识生产线	①熟悉挤出管材生产线及工艺流程 ②挤出管材机头拆装 ③熟悉挤管机头结构
2	确定材料及试开机运行	①选择确定挤管所用塑料材料 ②学习生产线开机及关机的操作及应急处理 ③查看、熟悉功能界面，熟悉机器上的按钮、开关 ④学习管材定型、冷却、牵引等生产工艺调节参数方法
3	匹配挤出机与模具、生产薄膜	①按管材规格匹配挤出机与模具 ②按照要求设置相关工艺参数 ③按生产操作程序开机操作、调整、生产管材 ④记录工艺参数与现象，取样 ⑤停机，进行挤出生产线的日常维护保养
4	学习拓展	学习热收缩管、交联聚乙烯管、钢塑复合管和铝塑复合管、塑料波纹管、发泡复合管的知识
5	工作任务总结	①测试管材样品性能 ②整理、讨论分析实操结果，写出报告

2.3 管材挤出成型设备组成

管材挤出成型（tube extrusion）的复杂程度远远大于塑料注射成型过程，塑料的塑化过程和成型过程是连续过程，彼此相互影响，同时制品是在半封闭空间和较低压力下成型的，制品的几何偏差一般在 8%~10%，有时可高达 20%。据统计，我国因挤出精度偏低而浪费的树脂高达 100 多万 t。一般来讲，管材合理的冷却速度是生产效率的决定因素。此外，管材成型过程中，除了黏性作用外，弹性效应（elastic effect）也是决定挤出成型速度的重要因素。弹性效应具体表现在挤出胀大现象（extrusion swell）、挤出不稳定及熔体破裂（melt fracture）。目前，国内外都在积极研究开发新技术，管材挤出成型向着精密化、高效率、智能化的方向发展，波纹管辅机的牵引速度提高到 30m/min，铝塑复合管牵引速度已达 40m/min，直径 60mm 管材辅机牵引速度可达 60m/min，滴灌管的牵引速度高达 80m/min， PVC/PUR/FEP 医用管材牵引速度更高达 200~250m/min。

管材挤出生产线包括挤出机、机头、定型装置、冷却装置、牵引、切割及堆放装置等。其中，硬管挤出和软管挤出是典型代表，其工艺过程如图 2-1 所示。

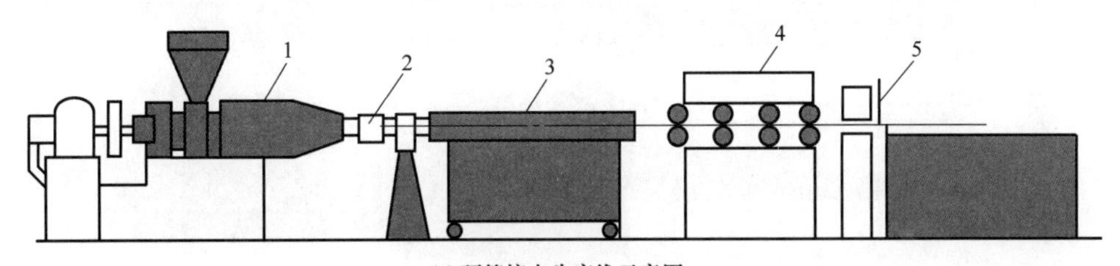

(a) 硬管挤出生产线示意图

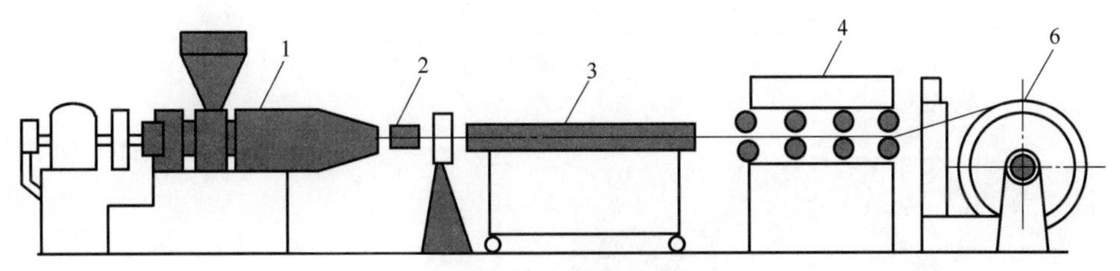

(b) 软管挤出生产线示意图

1—挤出机；2—定型装置；3—水浴；4—牵引机；5—切管机；6—收卷机。

图 2-1　挤出管材生产线示意图

扫码观看管材挤出成型原理

挤出成型过程中，聚合物要经历固体输送、熔融、混合、增压、泵送、成型、冷却固化等一系列过程，同时受到剪切、拉伸、压缩及加热、冷却等作用，发生熔融、固化、取向、解取向、结晶等复杂的相态结构变化。

管材挤出成型演化出多种形式：如以挤出缠绕方法成型，从机头挤出的物料为熔融态的片状，绕胎具缠绕后形成管材；多层复合管可以采用多台挤出机共挤复合，也可以采用逐层包覆的方式；化学交联管材先挤出成型成管，再进行交联处理，达到管材性能要求。

2.3.1　机头结构

挤出成型机头是挤出成型生产线中的重要组成部件，作用是使塑化的熔体进一步压实塑化，经过分流后进入环型截面流道并冷却定型为管坯。挤管机头主要分为直通式机头、直角式机头和侧向型机头三种。在塑料管材中，PVC 管材产量最大、应用最广，其中，RPVC 管材占 75%，SPVC 管材占 25%。下面对 RPVC 管材机头作进一步介绍。

2.3.1.1　直通式机头

这种类型机头轴线与挤出机轴线重合，具备结构简单，制造容易，成本低，料流阻力小等优点；这种机头在生产外径定径大的管材时，存在芯模加热困难、分流器支架造成的接缝线处管材强度低等缺点。其结构如图 2-2 所示。

图 2-2 中，从流道结构可以看出，流体经过机头要经历分流、压缩、稳定流动、定型等

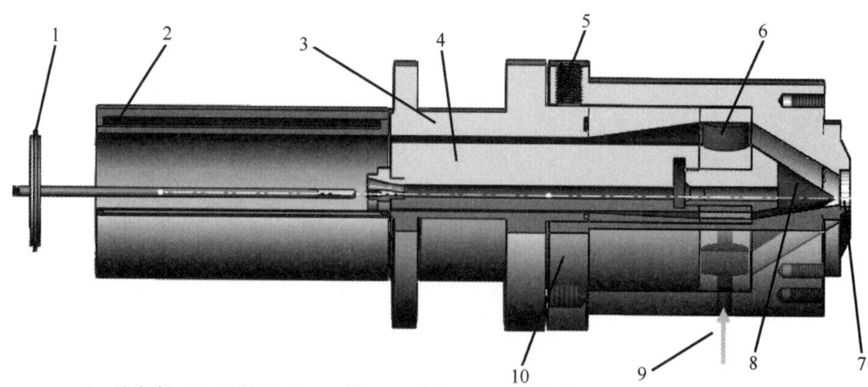

1—橡皮塞；2—定径套；3—口模；4—芯模；5—口模间隙调节螺栓孔；6—芯模支架；
7—栅板；8—分流锥；9—压缩空气进口；10—模体。
(a) 主要零部件名称

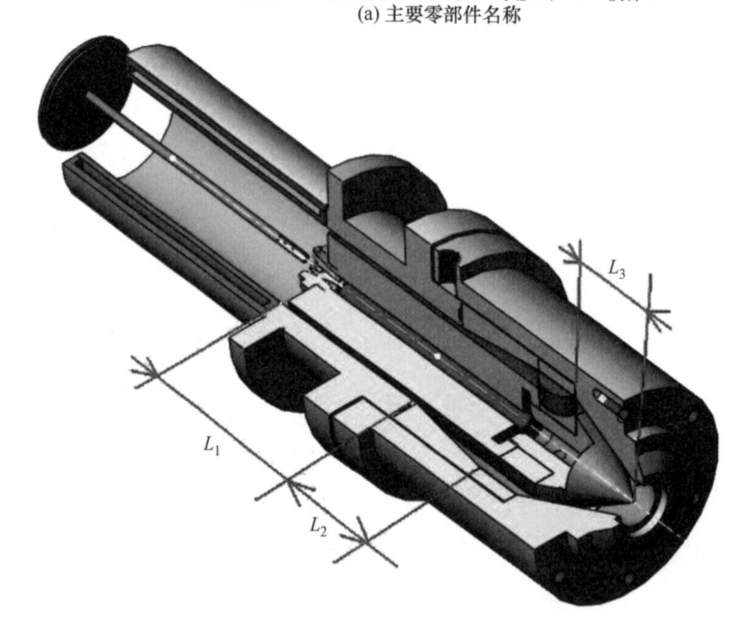

(b) 立体展示

图 2-2 直通式管机头结构

阶段，这里，L_1 为口模平直部分长度，L_2 为压缩段长度，L_3 为分流锥部分长度。

2.3.1.2 直角式机头

直角式机头的芯棒一端为支承端，由于不存在分流器支架，熔料从机头一端进入到芯棒对面汇集，只可能产生一条接缝线。使用直角式机头可以生产电线电缆类制品，具有芯模加热容易及便于内径定型法挤管等优点；但也有结构复杂、芯棒设计难度较大、制造成本高、料流阻力大等缺点。其结构如图 2-3 所示。

2.3.1.3 侧向机头

使用侧向机头时，来自挤出机的料流先流过一个弯形流道再进入机头一侧，料流包裹芯棒后沿机头轴举方向流出。这种设计可使管材的挤出方向与挤出机呈任意角度，亦可与挤出机螺杆轴线相平行。侧向机头适合大口径管的高速挤出，但机头结构比较复杂，造价较高。其结构如图 2-4 所示。

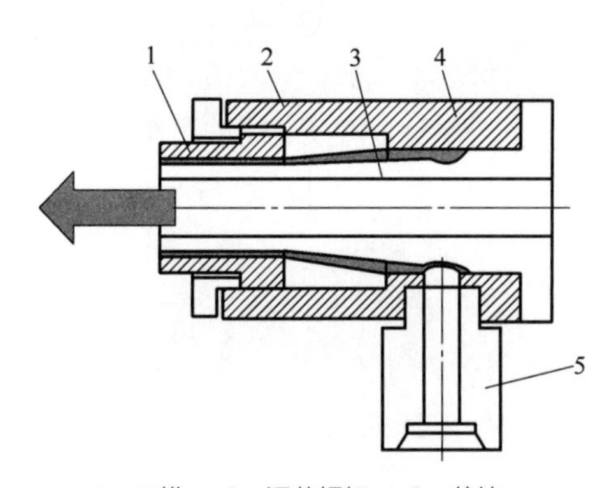

1—口模；　2—调节螺钉；　3—芯棒；
4—机头体；　5—连接管。

图 2-3　直角式机头

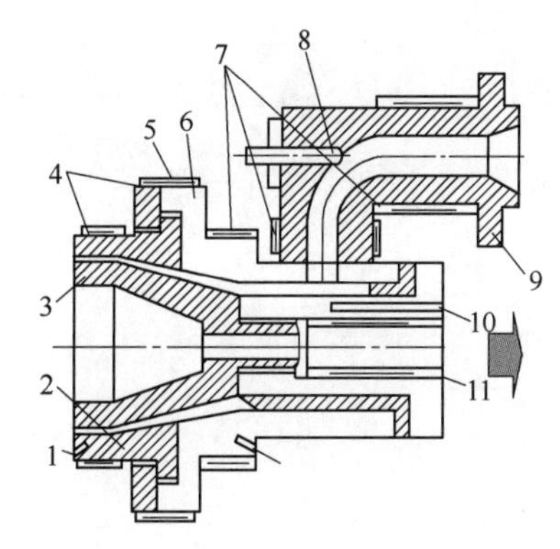

1—计插孔；　2—口模；　3—芯棒；　4、　7—电热器；
5—调节螺钉；　6—机头体；　8、　10—熔料测温孔；
9—机头；　11—芯棒加热器。

图 2-4　侧向机头

2.3.1.4　其他形式机头

其他形式机头有筛孔板式挤管机头、涂覆管机头、包覆管机头、芯棒旋转式机头等。其中，芯棒旋转式机头是用普通的聚合物颗粒，在其塑化熔融后在线混合入一定长度的玻璃纤维，并使得熔体分子和玻璃纤维沿所挤出圆形管材的管壁螺旋取向，生产出强度更高的管材，满足工程实际的需要。其原理如图 2-5 所示。

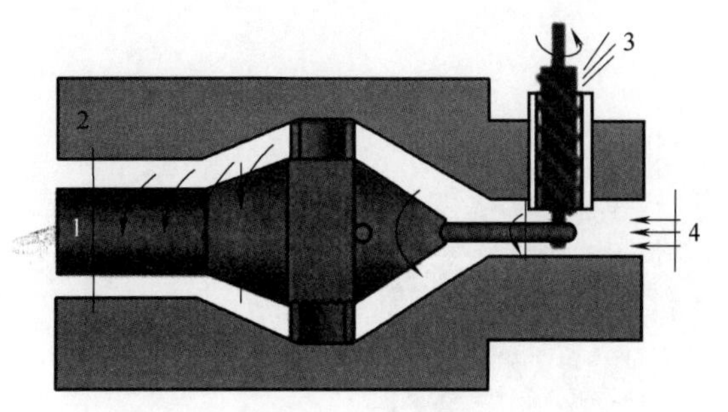

1—芯棒；　2—口模；　3—玻璃纤维；　4—塑料熔体。

图 2-5　芯棒旋转式机头原理示意图

2.3.1.5　机头结构简单设计

在进行机头几何结构设计时，应考虑以下几方面的原则：

① 熔融塑料的通道应光滑，呈流线型，不能存在死角。塑料的黏度越大，流道变化的角度就应该越小。

② 控制机头定型部分截面积的大小，必须保证塑料有足够的压力，以使制品密实。

③ 机头压缩比一般取 5~10。

④ 在满足强度的条件下，结构应该紧凑，与料筒的衔接应严密，易于装卸，连接部分尽量设计成规则的对称形状。

⑤ 机头与料筒的连接应多用急启式，以便定时清理滤网、螺杆和料筒。

⑥ 机头中的通道与塑料接触部分的磨损较大，因此，这些部位通常由硬度较高的钢材或合金钢制成。

⑦ 熔料通过机头得到进一步的塑化。机头的外部一般附有电热装置、校正制品外形装置、冷却装置等。

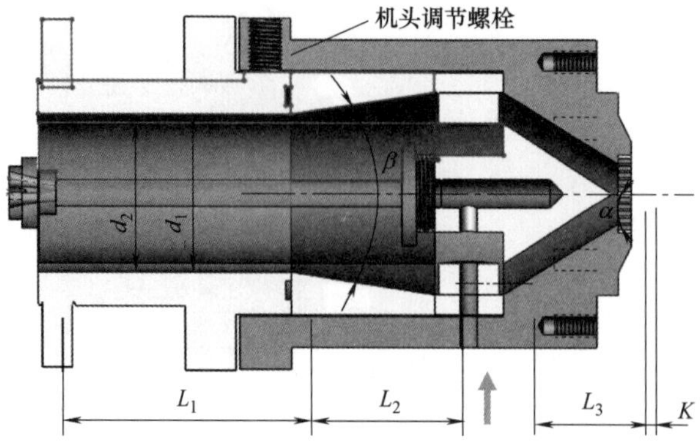

（1）分流器及其支架　直通式机头平面图如图 2-6 所示，分流器顶部至分流板之间的距离 K 一般取 10～20mm。分流器扩张角 α 一般取 60°～90°。

分流器锥部长度 L_3 一般取（0.6～1.5）D，D 为螺杆直径。分流器头部圆角半径 R 为 0.5～2.0mm。分流器支架主要用来支撑分流器及芯模；分流器支架的支撑筋数目一般为 3~8 根，筋的截面形状最好设计为流线型，如图 2-7 所示。

图 2-6　直通式机头平面图

聚合物熔体经过支架后在下游产生“分流痕”，经过压缩区进一步压实“愈合”，在现有的剪切速率和温度条件下，被分裂成两层的大分子无法建立起熔体明显的缠结特征，表现出力学性能及光学性能下降，可以采用直角机头设计解决。

（2）口模　口模与芯模的平直段是管材的定型部分，口模平直部分长度为 L_1，如图 2-8 所示。

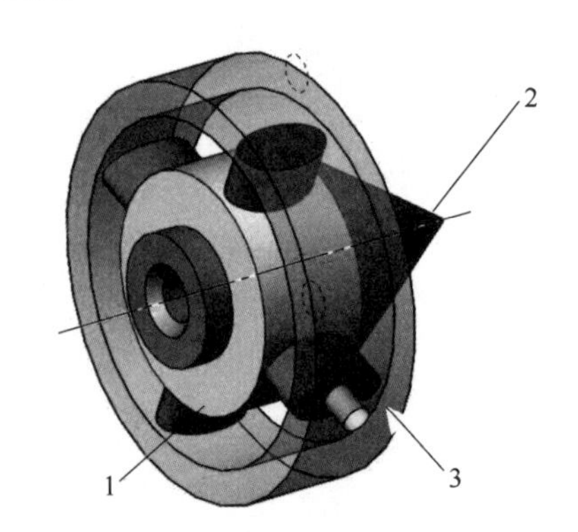

1—支架；　2—分流锥；　3—压缩空气通道。

图 2-7　分流器及支架图

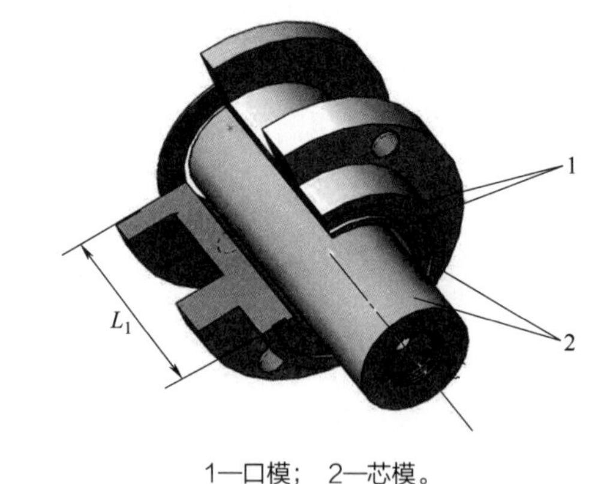

1—口模；　2—芯模。

图 2-8　口模结构示意图

L_1 值可用式（2-1）、式（2-2）计算：

$$L_1 = K_2 \cdot D \tag{2-1}$$

$$L_1 = K_3 \cdot d \tag{2-2}$$

式中　L_1——口模平直部分长度，mm；

K_2——以管材直径计算的经验系数，取 1.5~3.5；

K_3——以管材壁厚计算的经验系数，取 20~40；

D——管材直径，mm；

d——管材壁厚，mm。

K_2、K_3 随管径增大而取小值。对于大口径管，考虑到机头尺寸不宜过大，K_2 可取更小值，但一般不小于 0.5。适当的 L_1 会有利于料流均匀稳定，制品密实，并防止管子旋转。L_1

过大时，会造成料流阻力太大，管材产量降低； L_1 过小时，对分流器支架形成的接缝线处强度不利，使管材抗冲击强度和抗圆周应力能力降低。

口模内径 d_1 一般可按下式计算：

$$d_1=\frac{D}{\alpha} \tag{2-3}$$

式中　d_1——口模内径，mm；

D——管材外径， mm；

α——经验系数， RPVC 的 α 取 1.01~1.06。

芯模外径 d_2 是在芯模与口模的间隙值的基础上确定的，因此，应先计算 δ。由于熔体弹性的作用，物料从口模流出后产生膨胀，使 δ 不等于壁厚 d。硬聚氯乙烯的膨胀率 b 因配方和挤出操作条件不同而不同，一般 b 为 1.16~1.20。因此，δ 可用下式计算：

$$\delta=\frac{d}{b} \tag{2-4}$$

式中　δ——口模与芯模的间隙值，mm；

d——管材壁厚，mm；

b——物料在口模出口处的膨胀率，取 1.16~1.20。

有了 δ，可进一步计算芯模外径 d_2：

$$d_2=d_1-2\delta \tag{2-5}$$

口模与芯模通过模体实现定位，口模与芯模间隙通过机头的调节螺栓实现，调节螺栓数目一般为 4~8 个。

芯模收缩角 β 比分流器扩张角 α 小， RPVC 管的芯模收缩角一般取 10°~30°。管材拉伸比 I 是口模与芯模之间的环形间隙截面积与管材截面积之比。其计算公式如下：

$$I=\frac{R_1^2-R_2^2}{r_1^2-r_2^2} \tag{2-6}$$

式中　I——管材拉伸比；

R_1、R_2——分别为口模内径和芯模外径，mm；

r_1、r_2——分别为管材外径和内径，mm。

PE 管材的拉伸比为 1.1~1.5，即芯模与口模间环型截面积比管材截面积大 10%~50%。几种热塑性塑料管材的拉伸比见表 2-3。

表 2-3　几种热塑性塑料管材的拉伸比

塑料名称	RPVC	SPVC	LDPE	HDPE	PP	ABS	PA
拉伸比 I	1.0~1.1	1.1~1.3	1.1~1.5	1.0~1.2	1.0~1.2	1.0~1.1	1.5~2.0

(3)机头的压缩比　机头的压缩比是指分流器支架出口处横截面积与口模、芯棒间环形截面积之比，不同的物料其压缩比亦不相同。压缩比一般为 4~10， RPVC 管压缩比为 3~10，随管径的增加而取小值；压缩比过小，接缝线不易消失，管壁不密实，强度低；压缩比过大导致机头尺寸大，料流阻力大，易过热分解。

学习活动

实操：

1. 了解实训室的管材挤出机头的构造，制订装拆机头方案。
2. 遵守安全及防护规定，按制订的操作规程完成机头装拆。

2.3.2 定型装置

从机头口模挤出的物料处于熔融状态，形状不能固定，因此需要经过定型装置对熔料加以冷却定型，使其达到管材精整尺寸要求，如图2-9所示。

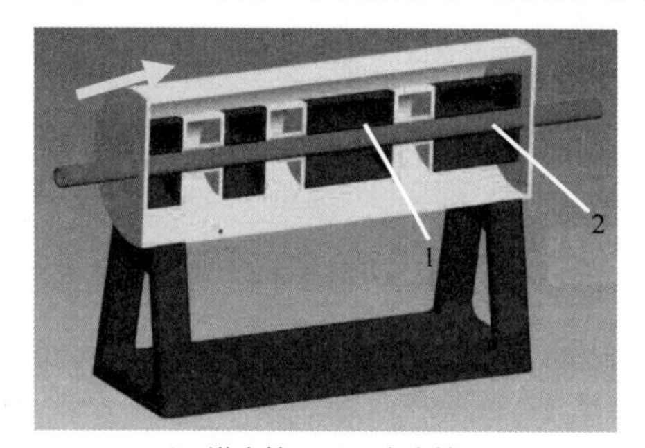

1—进水管；2—出水管。

图2-9 定型装置三维示意图

管材的定型大致分为外径定型法和内径定型法两种。我国的塑料管材尺寸规定为外径公差，多采用外径定型法，其主要分为以下三类。

(1)真空定径法　该法借助管外抽真空而将管外壁吸附在定径套内壁上进行冷却，以确定管材外径尺寸。真空定径套内设真空室和冷却室（图2-10），分为三段：第一段冷却，第二段抽真空［真空度为40~66.7kPa（300~500mmHg）］，第三段继续冷却。真空定径套长度比其他类型定径套长一些，真空段上真空眼孔的直径多为0.5~0.7mm，均匀交错排列。真空定径套定径简单、无需气塞杆、废料较少、管材外表面光滑、壁厚均匀。该项技术应用非常广泛，特别适用于厚壁管材，但需一套抽真空设备，成本增加，不适用于较大直径管材；另外，需要较大的牵引力，因此要防止因牵引阻力太大出现的牵引装置打滑现象，难以控制圆整度。

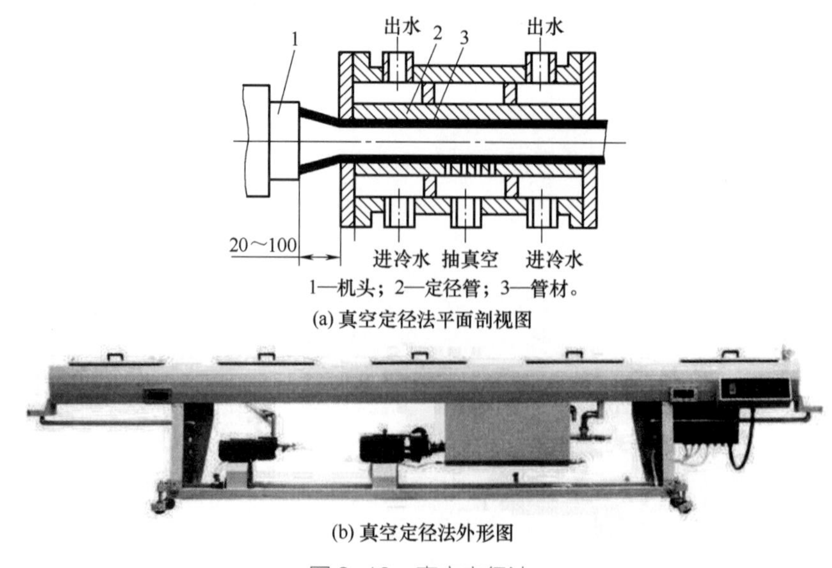

1—机头；2—定径管；3—管材。

(a) 真空定径法平面剖视图

(b) 真空定径法外形图

图2-10 真空定径法

(2) 内压定径法　这种方法是指在机头芯棒的筋上打孔，往管内加压缩空气，管外加冷却定型套，使管材外表面紧贴在定型套内表面。定径套的外壁为夹套，内通冷却水使管材快速冷却而固定外径尺寸（图 2-11）。这种定径套结构简单，但冷却不均，广泛应用于中小型管材生产中。为保证管材冷却到玻璃化温度以下，使管材具有一定的圆度，内压定径套的长度一般为管材外径的 10 倍，挤出速度越快，定径套应越长。用螺纹或法兰连接在机头上，为减少加热机头、口模与冷却定型套之间的热量传递，可用隔热垫圈将其隔开。

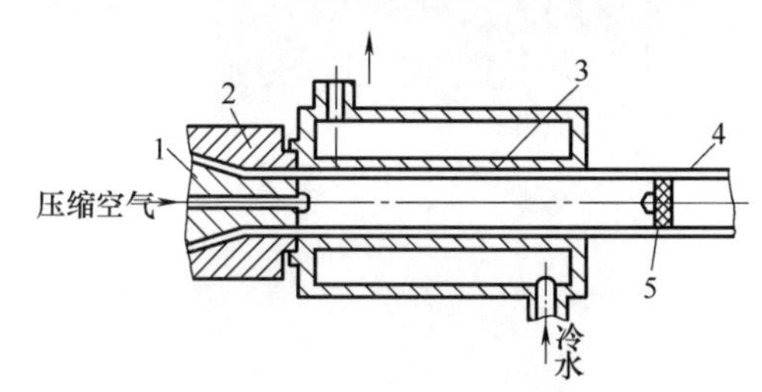

1—芯棒；　2—口模；　3—定径套；
4—塑料管材；　5—塞子。

图 2-11　内压外径定型法

因压缩空气压力大于大气压力，为保持管内压力不变，在离定径套一定位置（牵引装置与切割装置间）处设置橡皮制成的气塞密封，气塞用相应固定于芯棒上的气塞杆固定，此时压缩空气将不会泄漏。但内压定径法的定径效果较真空定径法差些。

(3) 顶出法　此类方式的管材定型不需牵引装置，直接将管材顶出成型。其优点是设备简单、操作方便、成本较低，但缺点是出料慢、产量低、壁厚不均匀、强度较低，一般适用于生产小口径厚壁管材。

扫码观看管材
内压定型原理

2.3.3　冷却装置

管材通过冷却定型装置后，并没有使管材完全冷却到热变形温度以下，如果不继续冷却，其壁厚径向方向存在温度梯度，从而导致温度回升而引起变形。因此，需要继续冷却，使管材温度达到或接近室温。最常见的管材冷却方式是冷却水槽冷却，包括以下三种形式。

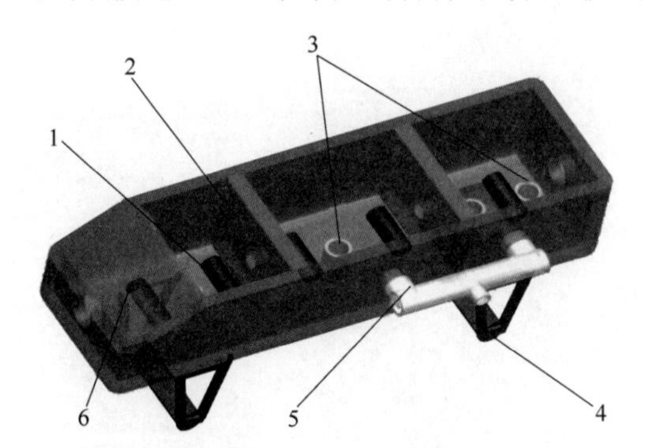

1—导轮；　2—隔板；　3—出水管；　4—轮子；
5—进水管；　6—槽体。

图 2-12　浸没式水槽

(1) 浸没式水槽　浸没式水槽为开放式（图 2-12），具有一定水位，使管材完全浸没于其中。其长度根据管径和挤出线速度确定，一般为 2～8m，分 2～4 段，亦可两个水槽串接使用。冷却水流方向与管材运动方向相反，使管材逐步冷却，从而减少管材内应力。该水槽结构简单，但水的浮力会使管材弯曲，尤其大口径管材。该法适用于中小口径的塑料管材。

(2) 喷淋式水槽　其为全封闭的箱体（图 2-13），管材从中通过，管材四周有均匀排布的喷淋水管，喷孔中的水流直接射向管材，靠近定径套一端的喷水较密。箱体上盖可以打开，便于引管操作和维修喷水水管。喷淋冷却效

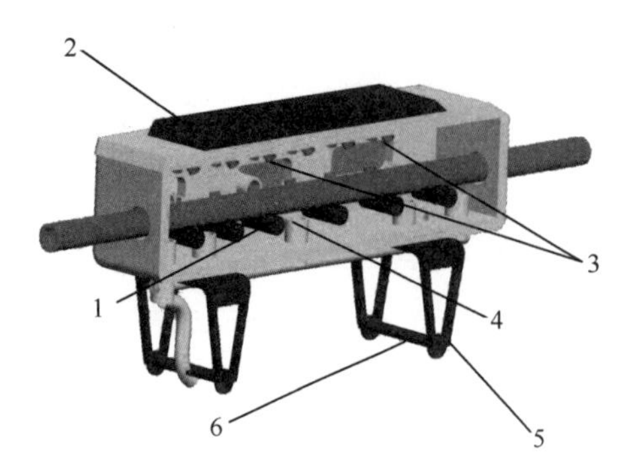

1—导轮； 2—箱盖； 3—进水管； 4—出水管；
5—轮子； 6—支架。
图 2-13 喷淋式水槽

果较好，克服了水槽冷却水层热交换不均的缺陷。该法适用于厚壁、大口径管材的冷却，被工业界广泛应用。

(3)喷雾式水槽　其结构是在喷淋式水槽基础上，用喷雾头代替喷淋头，通过压缩空气把水从喷雾头喷出，形成漂浮于空气中的水微粒，接触管材表面受热蒸发，带走大量的热量，因此冷却效率大大提高。亦可用密闭水槽抽真空的方法，产生喷雾，低压下汽化，可使冷却效率更高。

学习活动

思考：

除上述冷却装置外，是否还有别的冷却方式适用于管材冷却？

2.3.4 牵引装置

牵引装置的作用是给由机头挤出的已初步定型的管材以牵引力和牵引速度，均匀地引出管材，亦可通过牵引速度来调节管材的壁厚，最终得到合格制品。常见的牵引装置有三种：

(1)滚轮式牵引装置　该装置由 2~5 对上下牵引滚轮组成（图 2-14），管子被上下滚轮夹持而被牵引。下轮为主动轮，一般为钢轮；上轮为从动轮，用橡胶包覆且可上下调节。牵引辊一般呈腰辊状，以增大与管材的接触面积。该牵引装置结构简单，调节方便，但与管材只是点或线接触，接触面积小导致牵引力小，一般适宜中小直径（直径在 100mm 以下）的管材牵引。

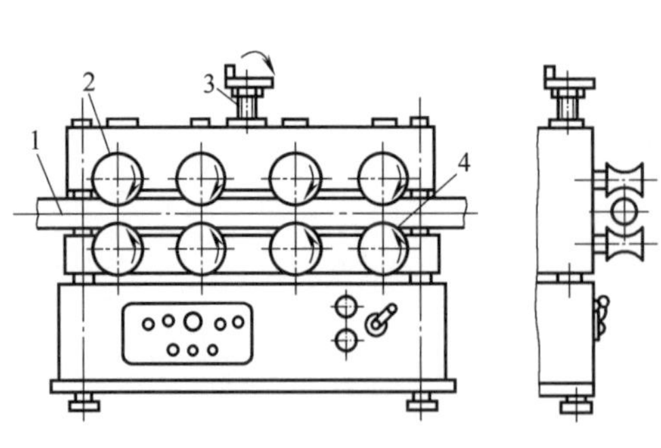

1—管材；2—上辊；3—调距螺杆；4—下辊。
(a) 滚轮式牵引机结构图

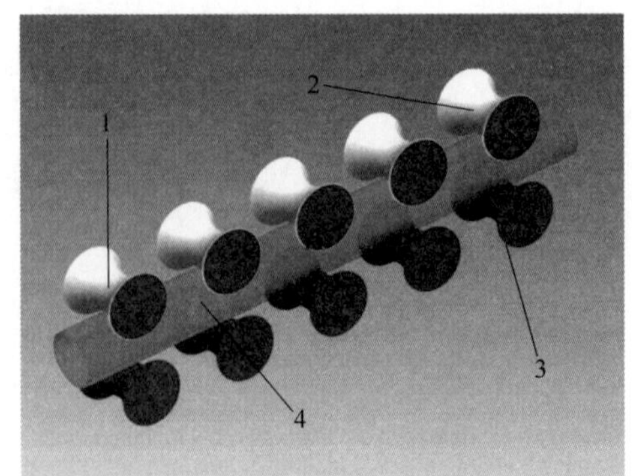

1—橡胶皮；2—从动轮；3—主动轮；4—管材。
(b) 滚轮式牵引机三维示意图

图 2-14 牵引装置

(2)履带式牵引装置　该装置由上下履带组成（图 2-15），靠压辊支撑把管材夹紧，从而被牵引向前移动。履带上装有一定数量的橡胶夹紧块，为管材增加径向压力，同时不破坏其外表面。夹紧力由压缩空气、液压系统或丝杠螺母产生，该装置牵引力大，速度调节范围广，与管材接触面积大，管材不易变形，不易打滑，有利于牵引薄壁管材；但结构复杂，维修困难，适于大直径或薄壁管材的牵引。

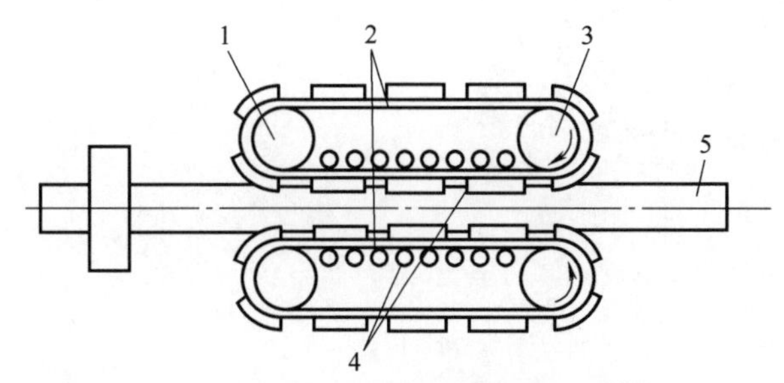

1—胶带牵引被动辊；2—胶带；3—胶带牵引主动辊；4—托辊；5—管材。

(a) 履带式牵引机结构图

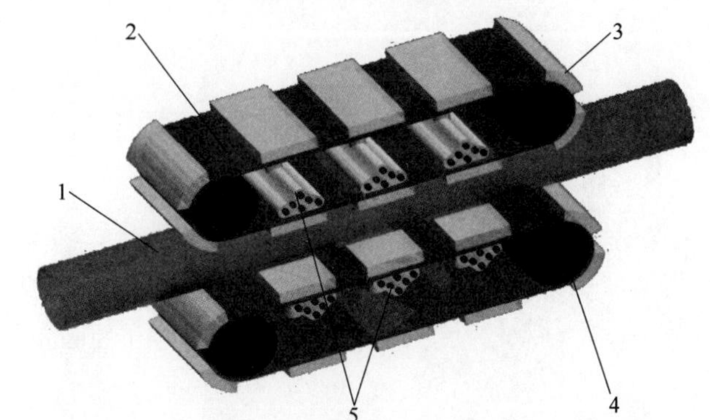

1—管材；2—输送带；3—弹簧软垫；4—滚轮；5—钢支撑辊。

(b) 履带式牵引机立体展示

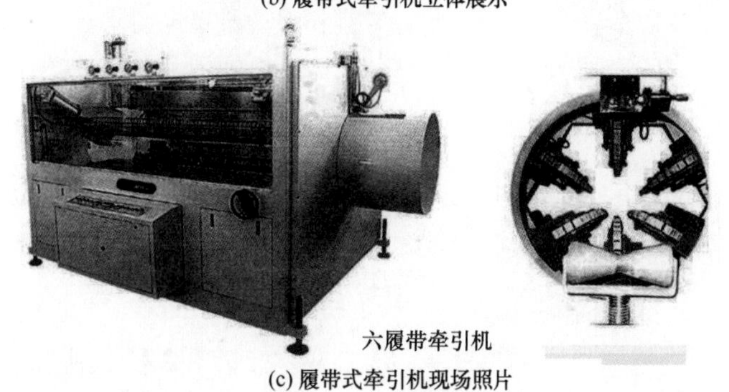

(c) 履带式牵引机现场照片

图 2-15　履带式牵引机

(3) 橡胶带式牵引装置　该装置由橡胶传送带和压紧辊组成，同时附设喷水冷却系统，如图 2-16 所示。

主动橡胶带 3 上装有三相异步电机，通过蜗杆蜗轮减速器与传递给链轮，而链条上装有橡胶块，管道 1 通过和橡胶块的摩擦，使之能够向前牵引，橡胶块是用两个螺钉固定在链条上的铁板上的。橡胶带 2 是从动的，起辅助牵引作用，它上面装有启动装置，可以增大从动橡胶带与管道的压力，从而增大牵引力。但总体来说，该装置牵引力比滚轮式和履带式的牵引力小，适用于牵引直径小于 25mm 的管材。整体结构如图 2-17 所示。

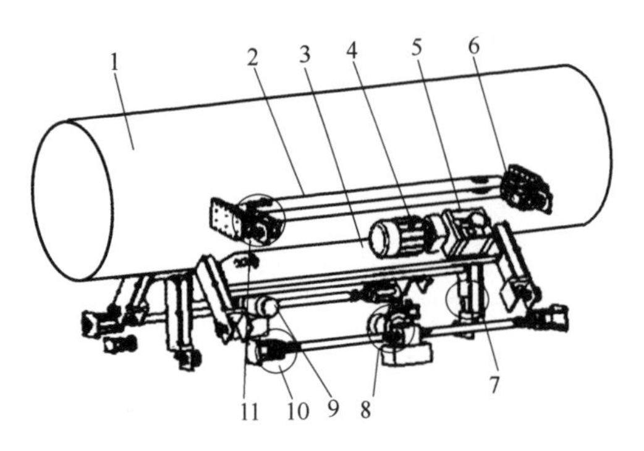

1—管道；2—从动橡胶带；3—主动橡胶带；4—异步电机；
5—蜗杆蜗轮减速带；6—气缸；7—燕尾槽式导轨；
8、9—减速机；10—中转链轮轴；11—锥齿轮传动、滑块传动。

(a) 传动及调整机构结构图

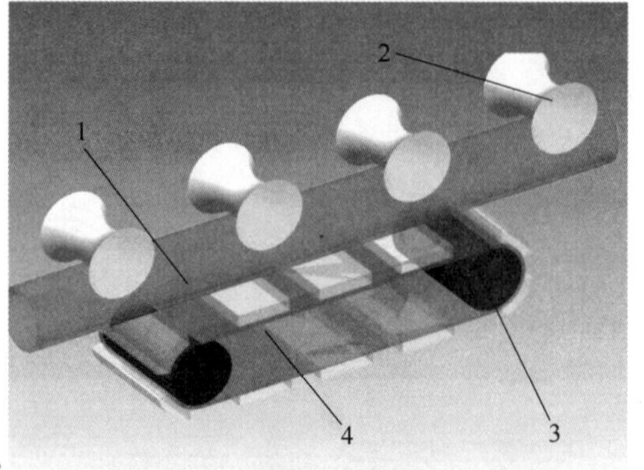

1—管材；2—压紧辊；3—滚轮；4—橡胶带

(b) 传动及调整机构示意图

图 2-16　橡胶带式牵引机

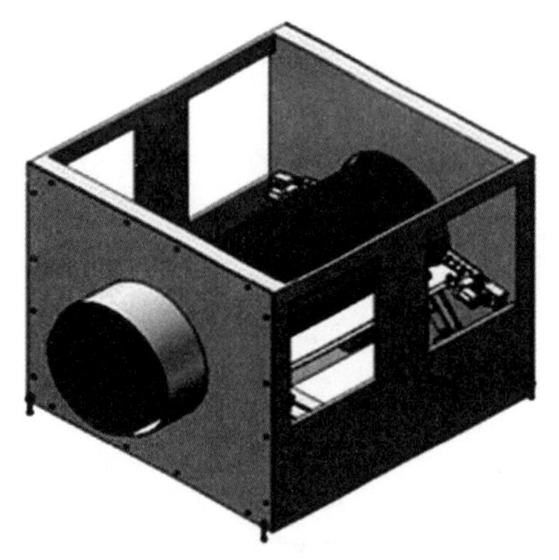

图 2-17　辅助牵引装置整体结构

2.3.5　切割装置

切割装置是将连续挤出的管材根据需要长度自动或半自动切断的设备，有手动和自动两种方式。口径小于 30mm 的管材可用剪刀直接切断，中等口径及大口径管材使用自动切割装置。目前使用较多的自动切割装置是圆盘锯切割和自动行星锯切割。

圆盘锯切割是锯片从管材一侧切入，沿径向向前推进，直到完全切开。由于受到锯片直径的限制，只能切割直径小于 250mm 的管材。

自动行星锯切割适用于大直径管材的切割。圆锯片自转进行切割，绕管材公转，均匀在管材圆周上切割，直至管壁完全切断。典型的切割装置如图 2-18 所示。

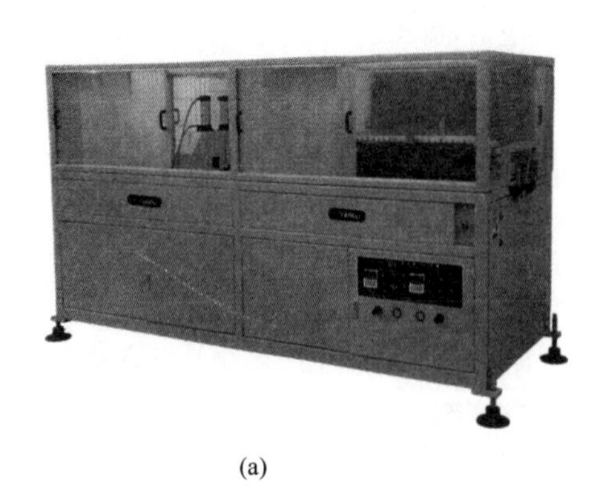

(a)

(b)

图 2-18　切割装置整体结构

2.4　挤出机选型

聚氯乙烯粒料用单螺杆挤出机挤管材，管材的横截面积与所选挤出机螺杆截面积之比取0.30~0.35即可。聚乙烯、聚丙烯等流动性好的塑料，管材的横截面积与所选挤出机螺杆截面积之比可以大些，可用0.4。对于单螺杆挤出机，管材直径与螺杆直径存在统计关系，其选择范围如表2-4所示。

表2-4　管材直径与单螺杆挤出机螺杆直径的关系　单位：mm

螺杆直径	45	65	90	120	150	200
管材直径	10~63	40~90	60~125	100~150	125~250	150~400

粉料选用双螺杆挤出机，要根据管材最大直径与双螺杆挤出机的型号关系进行选择，见表2-5。

表2-5　管材最大直径与双螺杆挤出机的型号关系　单位：mm

双螺杆机型	SJZ-45	SJZ-55	SJZ-65	SJZ-80	SJZT-80
管最大直径	80	120	250	400	600

2.5　管材挤出成型配方与关键工艺

2.5.1　聚乙烯管材成型

聚乙烯管材加工较容易，用挤出成型的方法可方便地加工成各种规格的管材。它具有良好的柔韧、无毒、耐腐蚀、电绝缘性、耐寒性、冲击性能，所以低密度聚乙烯管材可用作盘绕式水管、农用排灌管、电器绝缘管等。高密度聚乙烯的力学性能、相对硬度、拉伸强度优于低密度聚乙烯，可承受一定的压力，且具备优良的电气性能、耐化学腐蚀性，使其在输送水、油、燃气、化学液体的管路和电缆护套管中得到广泛应用。线型低密度聚乙烯可以用于直接挤出成型各种液体输送管和电缆护套，也可取其优良的耐环境应力开裂性、较高的刚度和热变形温度，以一定配比混入低密度聚乙烯或高密度聚乙烯中挤出成型管材；中密度聚乙烯有良好的力学性能和长期使用寿命，适合生产用于压力≤0.1MPa的燃气管。

2.5.1.1　原料选择

聚乙烯管材一般采用聚乙烯树脂作为原料直接进行生产，而不需加入其他助剂。聚乙烯树脂有高压聚乙烯与低压聚乙烯两种。原料的选择主要依据所加工产品的使用要求，其次是加工设备的特性，原料的来源及价格等。

为适应原料生产过程中加工条件的差异，一种原料有多种牌号，适应各种不同成型方法及不同制品。选择原料时首先考虑挤出管材类，而后按使用要求选择，选择时主要看熔体流动速率，一般使用要求高时选择熔体流动速率小一些的原料，因熔体流动速率越小，其相对分子质量越大，力学性能越好，反之则选用熔体流动速率大一些的原料。通用型 PE 的熔体流动速率为 0.2~7.0g/10min。

2.5.1.2 工艺流程

高密度聚乙烯管与低密度聚乙烯管工艺流程基本相同，只是由于高密度聚乙烯管为硬管，采用定长锯切；而低密度聚乙烯为半硬管，可进行盘绕，盘绕成 200~300m 为一卷。现以低密度聚乙烯为例介绍其工艺流程：

首先确定原料牌号，然后将 LDPE 粒料从料斗加入单螺杆挤出机，加热成熔融状态，螺杆的旋转推力使熔融料通过机头环形通道形成管状，但由于温度较高，必须采取定径措施才能使塑料管固定形状。一般多采用真空定径法或内压定径法。通过定径套后的塑料管虽已定形，但由于冷却程度不够，塑料管还可能变形，必须通过冷却装置继续冷却。冷却装置由一个或几个冷却水箱组成，每个冷却水箱长 2~4m，通过冷却水箱冷却的管材须由牵引装置夹持前进，在卷取装置上进行盘圈，达到一定长度进行切割，并对成品管进行检验、称重、包装等后续工作。在完成上述挤出管材工艺流程的过程中，每个环节设备及装置都必须严格保持同步，必须严格控制每个环节的工艺条件才能生产出满足质量要求的合格管材。

2.5.1.3 生产操作

管材挤出成型操作要点如下：

(1) 开机前的准备　机头安装：确认分流器支架和模体上气孔的位置和连通情况；口模、芯模要同心；密封端面要压紧，防止漏料；在挤出机的出料端与机头之间放置分流板；机头法兰与挤出机法兰间的连接要均匀压紧，若为螺栓连接，应在机器预热后再度拧紧。

加热圈安装：机头外的加热圈安装时应包紧机头，不得与机头外壁间留有空隙，然后安装好热电偶，接通电源。

定型套安装：装置安装在固定位置处后，连通冷却水进出水管和真空管路（若采用真空定型工艺）。

温度的设定：设置挤出机各段和机头加温预热；升温至设定温度后，保持一定时间，使机器和机头内外温度一致。

管生产线的检查：检查和调整挤管生产线各个机台，应保证各装置中心位置对中，启动运转正常；水、气管路通畅。

(2) 开机　料斗中保持一定的料位；开车时螺杆先慢速运转，引管达到顺利状态后，再提高螺杆转速。

当物料从机头挤出时，应首先观察物料的塑化状态和管坯壁厚的均匀度，根据塑化情况调整加热温度；按照挤出管坯的弯曲情况调整调节螺栓，达到管壁均匀。

(3) 停机　停机操作，停止加料或卸出料斗中存料；将料筒中物料尽量挤净；停止加热；

先降低螺杆转速，渐降至零后，停机。

关闭水、电，关闭冷却水进水阀、压缩空气机或真空泵、牵引机等。

拆机头并清理干净；应注意所用工具应不至划伤机头表面；若暂不使用，机头应涂抹油脂加以保护。

2.5.1.4　生产工艺条件确定

在原料和设备已确定的前提下，实施生产过程中工艺条件的选择及控制显得尤为重要。所以必须确定既有理论依据又符合生产实际的生产工艺条件。

(1)温度控制　聚乙烯原料熔体流动速率不同，生产过程温度控制也不同，应根据原料的熔体流动速率确定控制温度。一般高密度聚乙烯结晶度高、结晶熔化潜热大，故成型温度比低密度聚乙烯高一些。聚乙烯管加工温度范围如表 2-6 所示。

表 2-6　聚乙烯管加工温度范围　单位：℃

原料	温度				
	机身			机头	
	后部	中部	前部	机颈	口模
LDPE	90～100	100～140	140～160	140～160	130～150
HDPE	100～120	120～140	160～180	160～180	150～170

在聚乙烯管温度控制时，一般采取口模温度低于机身最高温度，其目的有以下三点：①聚乙烯材料熔体黏度低，成型温度范围宽，降低温度有利于提高成型性，使制品更密实；②机头温度低有利于定型，可提高生产效率；③可节约能源，减少浪费。

(2)冷却控制　整个生产过程冷却的部位有料斗、定径套、冷却水箱等处。

① 料斗　因聚乙烯软化温度较低，一般在料斗处设有夹套，内通冷却水，防止聚乙烯颗粒因受热过早粘连，从而影响物料向前输送。

② 定径套　不论是内压法或真空法定径，其定径套内均需通水冷却，以保证管材尽快固定形状。由于管材刚离开口模温度较高，为使其缓慢冷却，一般用温水控制在 30～50℃较好，或者在空气中冷却后再进行定径。

③ 冷却水箱　为排出管壁中余热，使管材进一步冷却，将已成型的管材通入冷却水箱，水箱中进出水方向与管材挤出方向相反，使管材逐渐冷却，以减少内应力。水位应以浸没管材为准，为防止管材在水箱中因浮力作用而弯曲，在水箱中设 2~4 个定位环，保持管材沿直线牵引。

(3)冷却速度　聚乙烯管材应缓慢冷却，否则管材表面无光泽，且易产生内应力。冷却过程不仅对生产过程，对产品质量也有重要的影响。

(4)定径方法　一般中小口径管多采用内压法定径，其定径套紧接在机头前端，中间夹有绝热圈，管内压缩空气压力为 0.02~0.04 MPa，在满足圆度要求前提下，尽量控制压力偏小一些。大口径管采用内压法定径的原因是，口径大的管材用管外抽真空的方法不易保证圆度，而用管内通压缩空气的方法，使管外壁紧贴于定径套内壁而定径，能达到定径效果。小口径管材采用真空定径法，真空定径套与机头相距约 20～50mm 的间隙，一般口模直径大于定径套内径，两者相距一定间隔，一方面管径上有一个过渡，另一方面防止空气夹带入管外壁与定径套内壁之间而影响定径效果。定径套内分三段：第一段冷却，第二段抽真空（真空度为 30~60kPa)，第三段继续冷却。

学习活动

实操：

1. 生产调节　慢速开机，将管材引入牵引装置后，再检查和调整压缩空气压力、水流量或真空度，调整螺杆转速、牵引速度，以达到正常生产状态。

2. 制品质量控制　观察管材外观，测量管材外径和壁厚，重新调整各工艺参数，以达到质量要求。

2.5.2 聚丙烯管材成型

聚丙烯（PP)是无色蜡状材料，外观似聚乙烯，但比聚乙烯更透明、更硬、更轻。聚丙烯管材是以聚丙烯为原料经挤出成型制成，其特点是无毒、耐酸、耐化学腐蚀、相对密度小，比聚乙烯管坚韧，耐热性好。在低负荷下于 110℃可以连续使用，间歇使用温度可达 120℃，耐环境应力开裂性优于聚乙烯。所以，聚丙烯管主要用于腐蚀性化工液体和气体输送管、农田排灌管、城市排水管、热交换管、太阳能加热器管、井水管、自来水管。

聚丙烯依取代基位置的不同，有等规聚丙烯、间规聚丙烯及无规聚丙烯三种。等规聚丙烯的主要不足是存在低温脆性。一些嵌段共聚聚丙烯改善了低温脆性问题，但拉伸强度和刚性不及均聚物。无规共聚聚丙烯（PPR）在低温冲击性能和力学性能方面均适合作耐压、耐温管材使用。 PPR 管可制作热水管，在 70℃、压力为 1MPa 条件下可长期使用。因为目前生产的聚丙烯中 95%以上都是等规聚丙烯，所以聚丙烯一般是指等规聚丙烯。

2.5.2.1 原料选择

PP 也有自身的欠缺，从结构分析，与 PE 相比， PP 主链的氢原子被甲基取代，由于甲基空间位阻大，整个分子链运动困难，宏观上表现为低温脆性。又由于甲基取代了氢原子，使主链上出现很多叔碳原子，而叔碳原子上的氢原子极为活泼，特别容易发生氧化反应，宏观上表现为耐老化性很差，特别是光氧老化，不加入抗氧剂就无法作为制品使用。

因此，通常用作生产管材的 PP 原料均为共聚 PP 树脂。共聚聚丙烯树脂加工性好，制品冲击强度高，耐低温性能较好。 PP 树脂一般选择熔体流动速率在 0. 5~3. 0g/10min。

为了改善 PP 的低温脆性，一般采取 70%丙烯与 30%乙烯共聚的方法，因 PE 是柔性链，补充到 PP 分子链中可提高低温柔性，降低脆性。为对抗光氧老化，常在 PP 树脂中加入适量的抗氧剂和光稳定剂等。

2.5.2.2 工艺流程

聚丙烯管材生产工艺流程与高密度聚乙烯管材生产工艺流程基本相同，但存在下述区别：①生产聚丙烯管材均为薄壁大口径管；②因其是结晶高聚物，熔体黏度很低，定径均采用真空定径法；③因聚丙烯材料导热性差，传热慢，结晶熔化潜热大，所以加热塑化所需的热量多，最好选用长径比大一些的螺杆式挤出机；④冷却时移出的热量慢，冷却过程比其他管材长，故一般采用两个冷却水槽串联形式进行逐步冷却。

2.5.2.3 生产工艺条件确定

聚丙烯管材的生产工艺与高密度聚乙烯很相似，只是温度控制比高密度聚乙烯管材高5～10℃。

(1) 温度控制 聚丙烯是结晶高聚物，熔点在170℃左右，但因熔化潜热大，熔融温度比熔点高，在200～210℃。生产聚丙烯管材必须注意使挤出机温度达到足够高，而且控制挤出机温度在一个较窄的范围内，才能保证均匀挤出。不同牌号的聚丙烯树脂，其具体的温度有所不同，但口模温度稍低于机身最高温度，有利于管材定型。聚丙烯管材温度控制范围如表2-7所示。

表2-7 聚丙烯管材加工温度范围 单位：℃

原料	机身温度			机头温度	
	后部	中部	前部	机颈	口模
聚丙烯	150～170	170～190	190～210	200～210	190～200

(2) 定径方法 一般采取真空定径法。

(3) 冷却方式 聚丙烯管材在冷却时应逐步缓慢冷却，以消除管材的内应力。控制冷却定径套的进水方向与管材挤出方向相反，采用两个冷却水槽串联冷却效果好。

2.5.3 硬质聚氯乙烯管材成型

聚氯乙烯（PVC）塑料是一种多组分塑料，根据用途的不同可加入不同的添加剂，制品也呈现不同的物理性能。PVC管分为软硬两种，硬质聚氯乙烯（RPVC）管是将PVC树脂与稳定剂、润滑剂等助剂混合，经造粒后挤出成型制得，也可以采用粉料直接成型。RPVC管耐化学腐蚀性及绝缘性好，主要输送各种流体，也可用作电线套管等。这类管材易于切割、焊接、粘接、加热弯曲，因此安装使用非常方便。粒料采用单螺杆挤出机，粉料直接挤出成型最好采用双螺杆挤出机，粉料的加工温度比相应粒料的加工温度低10℃左右为宜。

扫码观看硬管挤出视频

2.5.3.1 原料选择

应选用聚合度较低的SG-5或XS-4树脂，虽然聚合度越高，其物理力学性能及耐热性越好，但树脂流动性差给加工带来一定困难，所以一般选用黏度为（1.7～1.8）$\times 10^{-3}$Pa·s的SG-5型树脂。硬管一般采用铅系稳定剂，其热稳定性优秀，常用三盐基性硫酸铅，但它本身润滑性较差，通常和润滑性好的铅、钡皂类并用；内润滑剂一般用金属皂类；外润滑剂用低熔点蜡；填充剂主要用碳酸钙和硫酸钡（重晶石粉）：碳酸钙使管材表面性能好；硫酸钡可改善成型性，使管材易定型。两者可降低成本，但用量过多会影响管材性能。压力管和耐腐蚀管最好不加或少加填充剂。

典型配方见表2-8：

表2-8　　硬聚氯乙烯管材配方　　单位：份

原辅材料	普管(粒料)	普管(粉料)	高冲击管	农用管	高填管
硬聚氯乙烯树脂	100	100	100	100	100
三盐基性硫酸铅	4	3	4.5	4.5	5
硬脂酸铅	0.5	1	0.7	0.7	0.8
硬脂酸钡	1.2	0.3	0.7	0.7	0.2
硬脂酸钙	0.8	—	—	—	—
硫酸钡	10	—	—	—	5~8
石蜡	0.8	0.7	0.7	1.0	0.8
炭黑	0.02	0.02	0.01	0.01	0.07
氯化聚乙烯	—	—	5~7	—	—
轻质碳酸钙	—	5	—	7	3(重质)

2.5.3.2　工艺流程

具体的工艺流程如下：

配料（按配方称量)→混合→初混物（粉状混合料)→粉料→双螺杆挤出成型

配料（按配方称量)→混合→初混物（粉状混合料)→挤出造粒→单螺杆挤出成型

2.5.3.3　生产工艺条件确定

PVC是热敏性材料，稳定剂只能起到提高分解温度、延长稳定时间的作用，但不能完全排除分解。其加工温度与分解温度非常接近，严格控制温度及加工过程的剪切速率是加工PVC材料必须面对的问题。

(1)温度控制　硬聚氯乙烯管挤出机及机头温度举例如表2-9所示。

表2-9　　硬聚氯乙烯管加工温度范围　　单位：℃

<table>
<tr><th>主机类型</th><th>加料口</th><th colspan="9">位置</th></tr>
<tr><td rowspan="2">单螺杆挤出机</td><td rowspan="2">水冷却</td><td colspan="2">后部</td><td colspan="2">中部</td><td>前部</td><td colspan="3">分流器支架处</td><td>口模</td></tr>
<tr><td colspan="2">140~160</td><td colspan="2">160~170</td><td>170~180</td><td colspan="3">170~180</td><td>180~190</td></tr>
<tr><td rowspan="2">双螺杆挤出机</td><td rowspan="2">水冷却</td><td>1</td><td>2</td><td>3</td><td>4</td><td>5</td><td>6</td><td>7</td><td>8</td><td>口模</td></tr>
<tr><td>130</td><td>160</td><td>150</td><td>155</td><td>170</td><td>170</td><td>180</td><td>185</td><td>180</td></tr>
</table>

具体温度应根据原料配方、挤出机及机头结构、螺杆转速的操作等综合条件加以确定。

(2) 螺杆冷却　螺杆采用在螺杆内部通铜管的方法进行水冷却，螺杆温度一般控制在80~100℃。若温度过低反压力增加，产量下降，甚至会发生物料挤不出来而损坏螺杆轴承的事故。因此，螺杆冷却应控制出水温度在70~80℃。

(3) 螺杆转速控制　原则上，大机器挤小管，转速较低；小机器挤大管，转速较高。SJ-45单螺杆挤出机的螺杆转速为20~40r/min；SJ-90单螺杆挤出机的螺杆转速为10~20r/min；双螺杆挤出机的螺杆转速为15~30r/min。

(4) 定径的压力和真空度　管坯离开口模时必须立即定径和冷却。

① 内压定径法　管内通压缩空气使管材外表面紧贴定径套内壁定型并保持一定圆度。一般压缩空气压力范围在0.02~0.05MPa。压力要求稳定，可设置一储气缸使压缩空气压力稳定。若压力过小，管材不圆；压力过大，一是气塞易损坏造成漏气，二是易冷却芯模，影响管材质量；压力忽大忽小，管材形成竹节状。

② 真空定径法　其真空度为0.035~0.070MPa。

(5) 牵引速度　牵引速度应与管材的挤出速度密切配合。正常生产，牵引速度应比挤出线速度稍快1%~10%。牵引速度愈慢，管壁愈厚；牵引速度愈快，管壁愈薄，还会使管材纵向收缩率增加，内应力增大，从而影响管材尺寸、合格率及使用效果。

学习活动

实操：

1. 调节牵引速度方法　生产中可将挤出的管材放于牵引履带内，但履带不夹紧管材，观察履带与管材线速度差。若牵引速度比挤出速度慢，应调节加快到壁厚符合要求为止。

2. 制品质量控制　观察管材外观，测量管材外径和壁厚，重新调整各工艺参数，达到质量要求。

扫码观看塑料管材质量检验

2.5.4　软质聚氯乙烯管材成型

软质聚氯乙烯（SPVC）管材是由PVC树脂加入大量增塑剂、稳定剂及其他助剂，经造粒后挤出成型。这类管材具有优良的化学稳定性、卓越的电绝缘性、良好的柔软性和着色性，可用来代替橡胶管，用以输送液体及腐蚀性介质，也用于电缆套管及电线绝缘管。

2.5.4.1　原料选择

SG-2型树脂的比黏度为0.411~0.433，平均聚合度为1250~1350，表观密度为0.42~0.52g/cm³。SG-3型树脂的比黏度为0.389~0.412，平均聚合度为1150~1250，表观密度为0.44~0.54g/cm³。SG-2或SG-3（XS-2或XS-3）型树脂聚合度高，熔体黏度大，可使制品保持良好的物理力学性能，又因配方中加入大量增塑剂，成型加工时物料仍具有较好的流动性。其配方见表2-10。

表 2-10 SPVC 管材配方

原辅料	管种类				
	耐热管	耐油管	耐酸碱管	电器套管	透明管
聚氯乙烯树脂	100	100	100	100	100
邻苯二甲酸二丁酯	—	24	—	—	24
邻苯二甲酸二辛酯	10	24	48	42	30
磷酸三苯酯	40	—	—	—	—
硬脂酸铅	2	—	2	—	1
硬脂酸钡	—	1	1	1.5	0.6
三盐基性硫酸铅	—	—	—	3.5	—
硬脂酸钙	—	0.8	—	—	硬脂酸镉 1.5
硬脂酸	0.3	—	—	—	有机锡 0.3
石蜡	—	0.8	—	0.5	—
丁腈橡胶	40	—	—	—	—
陶土	—	—	1.0	—	—

2.5.4.2 工艺流程

生产 SPVC 管的主要设备、机头结构与生产 RPVC 管的相同，但管机头工艺参数不完全一样。生产 SPVC 管的机头压缩比较大，可为 10~20；分流器扩张角较大，一般大于 60°；口模平直部分长度较小， 10~20 倍的管壁厚度；芯模尺寸以比管材内径、外径尺寸放大 10%~30%；靠牵引装置拉伸至所需管径；生产软管不需定型装置和切割装置。其工艺流程如下：

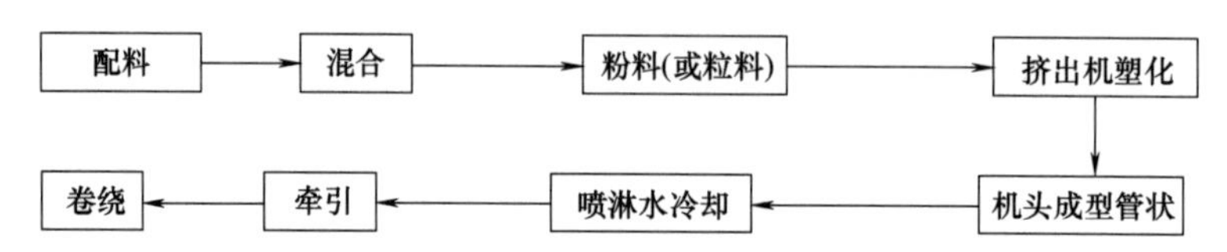

2.5.4.3 生产工艺条件确定

SPVC 管生产操作与 RPVC 管基本相同，但存在以下不同：

(1)温度控制　软聚氯乙烯管配方中的增塑剂较多，熔体黏度小，流动性较好，其成型温度较低。且因原料形状不同，加工温度也不同，粒料比粉料加工温度高 10℃左右。其温控如表 2-11 所示。

表 2-11 软聚氯乙烯管加工温度范围 单位：℃

原料	机身			机头	
	后部	中部	前部	分流器支架	口模
粉料	80~100	110~130	140~160	150~160	160~170
粒料	90~110	120~140	140~160	160~170	170~180

(2)螺杆冷却 生产聚氯乙烯软管的螺杆一般不需冷却。

(3)螺杆转速控制 生产软聚氯乙烯管的螺杆转速可比生产硬聚氯乙烯管高，一般 ϕ45 挤出机转速为 30~50r/min；ϕ 65 挤出机转速为 20~40r/min。

(4)定径的压力和真空度 软聚氯乙烯管不使用定径套，也不需加压缩空气，但机头上的进气孔仍要与大气接通，否则管子不圆，并会吸扁粘在一起。

(5)牵引速度 生产软聚氯乙烯管的牵引速较快，如生产薄壁小口径管的牵引速度可比挤出速度快两倍以上。

2.6 常见故障排除

2.6.1 PE 管生产中典型故障排除

聚乙烯管材易产生的不正常现象、原因分析及对策见表 2-12。

表 2-12 PE 管生产中的不正常现象、原因分析及解决办法

不正常现象	原因	解决办法
管径大小不一	1. 牵引打滑 2. 压缩空气不稳定 3. 压缩空气孔阻塞	1. 检查牵引 2. 调节压缩空气 3. 疏通压缩空气孔
管圆度不好，弯曲	1. 口模与芯模的间隙未调好 2. 机头四周温度不均 3. 冷却水离口模太近 4. 冷却水量太大	1. 调整间隙 2. 检查调整温度 3. 调整冷却水位置 4. 调节冷却水量
管有孔洞或拉断	1. 冷却水量太大 2. 压缩空气太大 3. 牵引太快	1. 调小冷却水量 2. 调节压缩空气流量 3. 调节牵引速度
外表面有凹坑	原料有杂质	调换原料
管表面有“鱼眼”	1. 料塑化不良 2. 机头压力小	1. 调整温度 2. 增加机头压力
管表面毛糙，有斑点	1. 口模温度太低 2. 冷却水量大大	1. 调高口模温度 2. 调节冷却水量
管内壁有陷坑	原料受潮	原料要干燥
管内壁呈螺纹状	1. 机头局部温度过高 2. 压缩空气压力太小	1. 调整机头温度 2. 调节压缩空气压力

2.6.2 PVC 管生产中典型故障排除

在硬聚氯乙烯管材挤出成型过程中，可能会因原辅料选择与配方设计不当、主辅机故障、生产工艺控制不当、机头结构设计不合理等因素使产品出现许多不正常现象。现将硬聚氯乙烯管材挤出过程中常见的不正常现象、原因分析及解决办法列出，如表 2-13 所示。

表 2-13　　RPVC 管材常见不正常现象、原因分析及解决办法

现象	原因	解决办法
管坯被拉断	1. 物料或配方不适当，造成熔体黏度低 2. 挤出速度慢或牵引速度快	1. 调整配方或检查物料 2. 提高挤出速度或降低牵引速度
管材不直度大	1. 圆周方向管壁不均 2. 定径套、水槽、牵引不在同一水平线上 3. 冷水浮力大或冷却速度不均	1. 调节口模间隙 2. 校正中心位置 3. 改进冷却
管壁厚度不均匀	1. 芯模、口模不同心 2. 出料速度不均匀	1. 调整芯模、口模，保证同心 2. 调整螺杆转速、各段温度
管材表面无光泽	1. 定径压缩空气压力或真空度不足 2. 口模温度过低或过高 3. 定径套水温不适当	1. 调节压缩空气压力或真空度 2. 调整口模温度 3. 调整定径套水流量
管内壁不光滑、不平整	1. 螺杆温度过高 2. 螺杆转速过快 3. 芯模温度过低	1. 加强螺杆中心的冷却 2. 降低螺杆转速 3. 提高芯模温度
管内壁有裂纹	1. 塑化温度过低 2. 机头压力太小 3. 芯模温度过低 4. 牵引速度太快	1. 提高料筒、机头温度 2. 提高螺杆转速 3. 提高芯模温度 4. 降低牵引速度
管壁有气泡或凹坑	物料中含水分或低分子挥发物	换料或干燥物料
管表面有焦粒	1. 料筒或机头温度过高 2. 机头和过滤器未清理干净 3. 配方中稳定剂不当 4. 机头设计不合规 5. 控温仪表失灵	1. 调整料筒或机头温度 2. 清理机头、过滤器 3. 检查配方是否合理 4. 改进机头结构 5. 检查仪表
管材扁平度试验不合格	1. 树脂相对分子质量低 2. 塑化温度不当 3. 配方中填料含量太高	1. 改变树脂型号 2. 调整塑化温度 3. 减少填料用量

2.6.3 SPVC 管生产中典型故障排除

SPVC 管生产中的不正常现象及解决方法，许多是与硬聚氯乙烯管生产相同的，但有些现

象与硬聚氯乙烯管也不同。软聚氯乙烯管生产中的不正常现象、原因分析及解决办法如表2-14所示。

表2-14　SPVC管生产中的不正常现象、原因分析及解决办法

现象	原因	解决办法
管壁有晶点	树脂“鱼眼”	增加滤网或换滤网
管外表面有划痕	1. 口模处有料挂断 2. 口模碰毛	1. 清理口模 2. 打磨口模
管壁毛糙	料筒、机头温度过高	适当降低料筒、机头温度
管径不圆	1. 料筒、机头温度过高 2. 口模面和冷却水距离太近 3. 冷却流速太快或水温过高	1. 适当降低料筒、机头温度 2. 调节冷却水距离 3. 适当降低水流速或水温

2.7　延伸阅读

特殊管材的挤出成型

2.7.1　热收缩管

热收缩管具有在一定温度条件下管子可沿径向发生收缩的特性，这一特性的存在，使热收缩管可以用作电缆护套管，介质输送管道接头处的起箍紧作用的套管，电子元器件、电缆等多股导线的集束管和一些杆状器件的外套管，如球杆、渔竿的手柄套管等。

2.7.1.1　热收缩管工艺原理

热收缩管的形成是将一定直径的管材在可形成大分子取向条件下沿径向拉伸，使其产生“弹性记忆”。为了保证拉伸过程较小的大分子松弛，使拉伸后有一定的“记忆”性能，可将聚合物材料在拉伸之前先形成交联。交联后的三维网状结构成为热致形状记忆材料的固定相。拉伸使大分子沿拉伸方向取向，材料宏观上发生形状和尺寸变化，这种形变是在材料弹性形变之内，将大分子拉伸状态冻结，一旦遇到适当温度条件，材料表现弹性回复。三维网状结构的形成需具备交联反应的必要条件；拉伸取向的条件是管材在一定的温度条件下处于高弹态，适当的拉伸速率和冷却固化；均匀收缩的条件是均匀加热到使取向大分子回复的温度，管壁沿径向收缩，尺寸减小。

可产生“记忆效应”的热收缩管材在原材料和加工方法方面有许多不同。就可产生热致记忆效应的聚合物来说，有PE、 EVA等；就其产生交联的方法来说，可通过化学交联和辐射交联的方法，这些过程可以是连续的，也可以是分步的；就管材拉伸的方式又可分为许多不同的操作形式，但概括起来，从原材料到具有热收缩性能的管材均经过如下步骤：

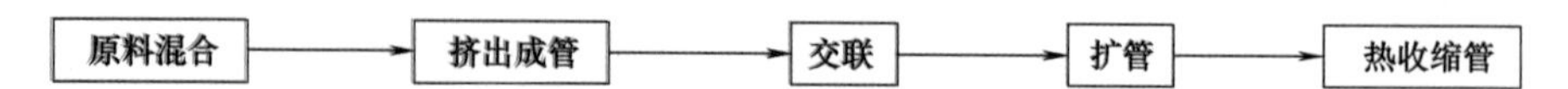

目前，许多热收缩管是以聚乙烯交联、扩管后形成热收缩管。下面介绍聚乙烯热收缩管的成型工艺和扩胀工艺。

2.7.1.2 热收缩管成型工艺

(1) 辐射交联聚乙烯管

① 热收缩管成型工艺流程　选择适当种类的聚乙烯树脂，将适量的辐照敏化剂、增感剂、抗氧剂等一并放入混合机中与树脂混合，将混合后的物料使用与挤出聚乙烯管材相同的方法成型为管材，管材经电子加速器辐照后形成交联。交联的聚乙烯管材经扩管、定型后得到热收缩管，其工艺过程如图 2-19 所示。

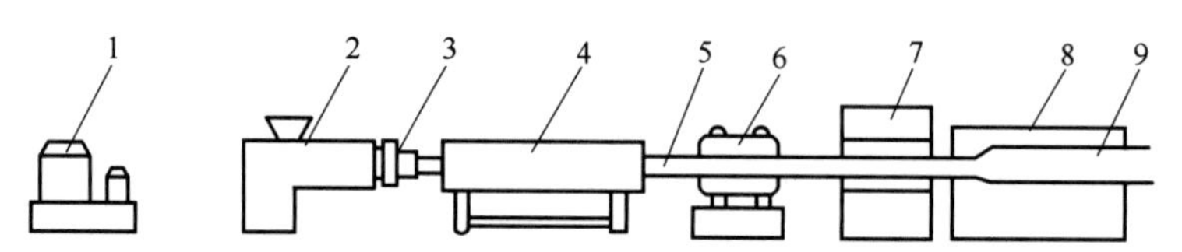

1—高速混合机；2—挤出机；3—机头；4—冷却定型装置；5—可交联管；
6—牵引机；7—辐照装置；8—扩管装置；9—热收缩管成品。

图 2-19　辐射交联聚乙烯热收缩管工艺流程图

② 热收缩管工艺分析　聚合物在高能辐射作用下发生交联或降解反应，交联可以改善聚合物材料的物理和化学性能，而辐射交联反应一般为非链式反应，交联反应的 G 值（每吸收 100eV 能量所产生的某一化学反应数）较低，达到制品所需的交联度通常需要较高的辐照剂量。大剂量辐照在成本和工效方面是不利的，此外还可能产生交联的副反应，如氧化降解、破坏材料中的添加剂等，影响材料的使用性能。交联增感剂可以是一些含有 C ═C 键的多官能团单体，它们的混入使得辐射交联这一非链式反应转变为链式反应，大大提高辐射交联的 G 值，从而显著降低辐照剂量。敏化剂在辐照中不参加反应，但有提高交联效率的作用。炭黑可以作为管材的着色和紫外光稳定剂，同时，它也是交联聚乙烯管辐照的敏化剂，加入 2.6%的炭黑，可使辐照剂量减少一半，而达到相同的交联度。为了提高热收缩管的耐老化性能，应加入适量抗氧剂。一般在辐射交联聚乙烯中采用酚类抗氧剂，如抗氧剂 1010 为主抗氧剂，硫代二丙酸二月桂酯为辅抗氧剂。

辐射源产生的能量和辐射剂量影响交联度。用于聚乙烯管材辐照的辐射源通常为钴源或电子加速器。^{60}Co 可以产生 1.173～1.332MeV 的 γ 射线，电子加速器可以产生能量为 3～630MeV 的高能电子束。射线类型和能量不同，对聚合物的穿透能力不同。热收缩管材，交联聚乙烯电缆的生产一般采用电子加速器为辐射源，电子束能量为 2～3MeV。辐照剂量的确定，一方面要考虑所需的凝胶含量，另一方面还要考虑聚合物在辐照中的稳定性。聚乙烯采用的辐照剂量为 20～30MeV。

空气中的氧对交联反应有抑制作用。表 2-15 列出了几种不同壁厚的聚乙烯制品在使用相同辐照剂量，不同辐照气氛下的凝胶含量。

表 2-15　聚乙烯厚度和气氛与辐照后的凝胶含量

厚度/μm	辐照剂量/MeV	凝胶含量/%	
		空气中	真空中
5	2.5	40	72
18	1.8	26	59
50	1.8	31	64
100	1.8	51	66
175	1.8	62	67

辐照气氛影响辐照效果，为提高辐照交联效率，最好在真空条件下进行辐照。但当制品壁较厚时，氧气对内部的影响较小。

(2)有机过氧化物交联聚乙烯热收缩管　在成型过程中发生化学交联反应的加工过程中，有机过氧化物在一定的温度条件下发生热分解，引发聚乙烯交联。

交联引发剂的选择主要考虑有机过氧化物在树脂适宜的加工温度下的半衰期。半衰期是特定温度下有机过氧化物分解速率的指标，用浓度减少到初始浓度一半的时间来表示。半衰期随温度的升高而减小。表 2-16 是一些有机过氧化物的特征参数。

交联的适宜温度按有机过氧化物半衰期为 1min 时的温度来确定，交联反应所需的时间一般为过氧化物半衰期的 5~10 倍。

有机过氧化物的加入量与其产生的交联效率，聚合物自身的交联效率及制品要求达到的交联度有关。对于聚乙烯，常用过氧化二异丙苯引发交联。

表 2-16　常用有机过氧化物的特征参数

有机过氧化物	相对分子质量	半衰期为 1min 时的温度/℃	半衰期为 10h 时的温度/℃	有效官能团数
过氧化-2,4-二氯苯甲酰	380	121	53	1
过氧化苯甲酰	242	130	57	1
1,1-二(叔丁基过氧基)-3,3,5-三甲基环己烷	302	148	90	1
4,4-(叔丁基过氧基)戊酸正丁酯	333	166	105	1
过氧化二异丙苯	270	171	117	1
α,α-双(叔丁基过氧基)二异丙苯	338	175	113	2
2,5-二甲基-2(叔丁基过氧基)己烷	290	179	118	1
叔丁基异丙苯基过氧化物	208	176	120	1
二叔丁基过氧化物	146	186	124	1
2,5-二甲基-2,5-二(叔丁基过氧基)-3-己炔	286	193	135	2

有机过氧化物在挤出成型管材时已按一定配比与聚乙烯树脂混合，在挤出机料筒中树脂为熔融状态时达到均匀混合。但是，过氧化物一旦达到分解温度，必然引发聚乙烯交联，过早发生交联使管材难以成型，性能明显下降。因此，控制挤出温度和物料在料筒中的停留时间对于过氧化物交联热收缩管的成型非常重要。若采用过氧化二异丙苯作聚乙烯的交联引发剂，挤出

机料筒中熔料不得超过 140℃，较适宜的温度为 130~140℃。

采用双阶挤出机挤出成型有机过氧化物交联聚乙烯管，对管材的成型比较容易控制。聚乙烯树脂与有机过氧化物经初混合后加入到一阶挤出机中，此挤出机的温度控制在有机过氧化物分解温度以下、聚乙烯熔融温度以上，其作用是塑化物料，均匀混合过氧化物和各种组分。经一阶螺杆挤出的熔融物料直接加入二阶挤出机。二阶挤出机螺杆有较强的剪切作用，使物料充分混合，且温度控制为有机过氧化物的分解温度，使物料开始交联，由机头出来的管材经过加热通道充分交联，然后冷却成交联管。在经过加热通道时，管坯需得到很好的定型，否则会发生变形。

(3) 硅烷交联聚乙烯热收缩管　其管材成型是将聚乙烯树脂中加入硅烷单体及引发剂等，通过熔融混合制成可交联管，再经水解缩合达到一定的交联度，扩胀后制成热收缩管。其交联原理及成型工艺见交联聚乙烯的相关内容。

2.7.1.3　热收缩管的扩管工艺

热收缩管的扩管方法很多，其原理为将已成型好的、有一定交联度的管加热至一定温度，在力的作用下使管径增加，冷却后得到可收缩的管。其扩管方式介绍如下：

(1) 非连续式　非连续实行扩管的方式分为如图 2-20 所示的机械扩胀法和如图 2-21 所示的分段气扩法两种。

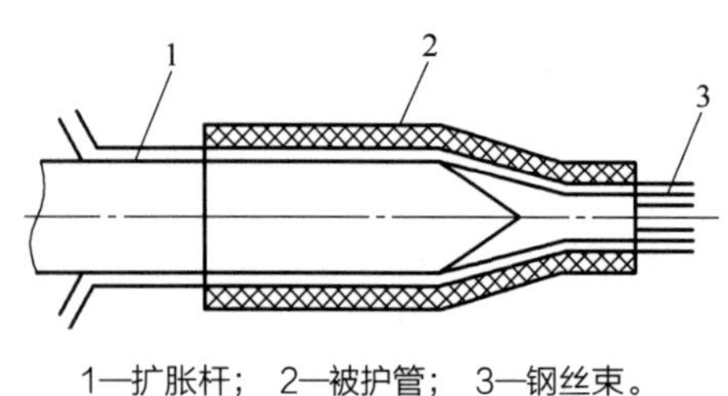

1—扩胀杆；2—被护管；3—钢丝束。

图 2-20　机械扩胀法

机械式扩胀法是将管材套在钢丝束上，由钢丝来起支撑作用，进行加热。扩胀杆沿钢丝束从被扩管的一端进入向另一端运动，当完成被扩管的扩胀时，对管进行冷却，退出扩胀杆后得到热收缩管。这种方法设备与操作比较简单，且容易保证壁厚均匀度，可生产收缩率大的热收缩管，但由于使用钢丝，在管内表面留有压痕，压痕处强度下降，并影响连接处的气密性。

分段气扩法由定径套对被扩管加热，达到一定温度后，由楔块中心通入压缩空气，使被扩管壁在压差作用下扩胀，其外侧的压缩气体不断被排出。当扩胀到与定径套的内表面充分接触以后，停止加热，经冷却得到热收缩管。

(2) 连续式　连续实行扩管的方式分为如图 2-22 所示的内压吹胀法和如图 2-23 所示的真空扩胀法两种。

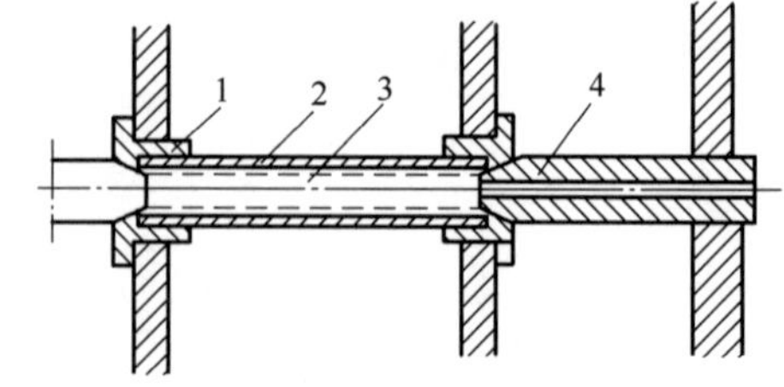

1—定径套；2—被扩套；3—芯轴；4—楔块。

图 2-21　分段气扩法

内压吹胀法被扩管在密封条件下从管外加热，加热器内保持一定的压力与管内压力平衡，定径套狭窄部分开泄压口，使扩胀时管内外形成适当压差，管径易于扩胀。

真空扩胀法的优点是加热器无须密闭，扩胀后管外侧为负压，固此，扩胀后更稳定，热收缩的轴向收缩率很小。

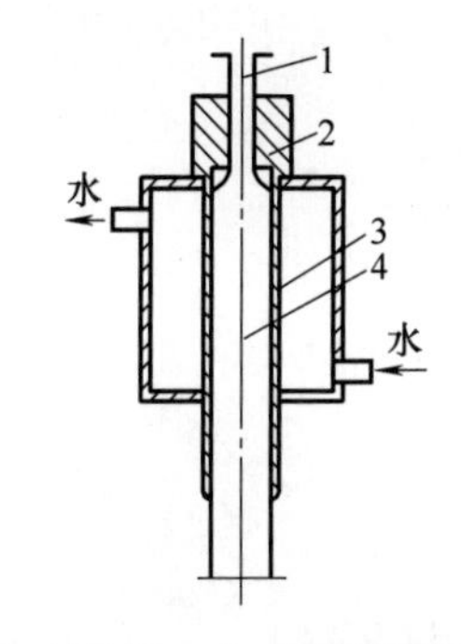

1—被扩管；2—定径套喉部；
3—定径套；4—扩后管。

图 2-22　内压吹胀法

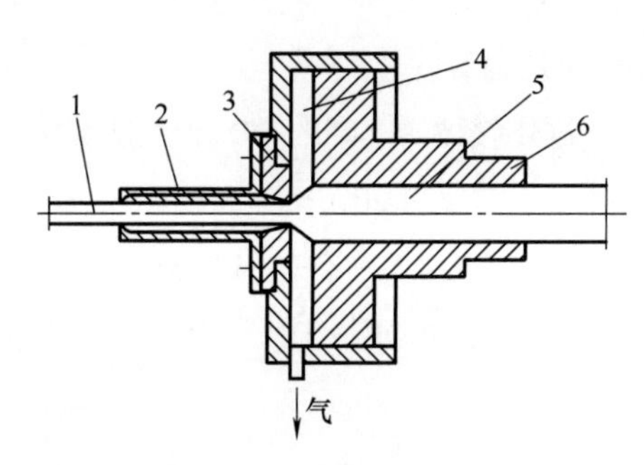

1—被扩管；2—过渡套；3—导管；
4—真空室；5—扩后管；6—定径套。

图 2-23　真空扩胀法

2. 7. 2　交联聚乙烯管

交联聚乙烯管广泛用于饮用水、热水和食品工业、石油化工工业中的流体输送，其特点为具有良好的强度、耐热性、耐热老化性、耐环境应力开裂性、电绝缘性、耐芳烃、抗蠕变等性能。

以上用途的交联聚乙烯管一般采用高密度聚乙烯，交联的方法可以是物理方法或化学方法。物理方法是利用高能辐射钴源、电子加速器、β 射线或 γ 射线引发大分子自由基，形成 C—C 键交联。化学方法是采用化学引发剂使聚乙烯大分子之间产生交联键。聚乙烯原来的线型结构，经交联转变为三维网状结构，使得性能发生变化。

辐射交联聚乙烯管在生产过程中，挤出工艺过程与普通聚乙烯差别不大，可选用适当牌号的聚乙烯树脂、专用料或在树脂中加入相应的敏化剂、增感剂，挤出成管后进行辐照。辐照剂量率和辐照剂量决定交联度和管材性能。

化学交联聚乙烯管多采用硅烷交联工艺。

2. 7. 2. 1　硅烷交联聚乙烯原理

(1) 接枝反应　硅烷交联聚乙烯管生产过程中要进行聚乙烯-乙烯基硅烷接枝反应和水解缩合反应，其中聚乙烯-乙烯基硅烷接枝反应是在挤出机中进行，经历如下三个过程。

① 过氧化物引发聚乙烯自由基：

$$ROOR+2\sim CH_2CH_2\sim \longrightarrow 2\sim CH_2\dot{C}H\sim +2ROH$$

② 聚乙烯自由基与硅烷接枝，得到硅烷接枝聚乙烯自由基：

$$\sim CH_2\dot{C}H\sim + CH_2{=}\dot{C}HSi\ (OR')_3 \longrightarrow \sim CH_2\underset{\displaystyle CH_2\dot{C}HSi\ (OR')_3}{\underset{|}{C}H}\sim$$

③ 硅烷接枝聚乙烯自由基通过自由基转移，形成硅烷接枝聚乙烯：

$$\sim CH_2\underset{\displaystyle CH_2\dot{C}HSi(OR')_3}{\underset{|}{C}H}\sim + \sim CH_2CH_2\sim \longrightarrow \sim CH_2\underset{\displaystyle CH_2CH_2Si(OR')_3}{\underset{|}{C}H}\sim + \sim CH_2\dot{C}H\sim$$

（2）水解缩合反应　挤出成型后的硅烷接枝聚乙烯管材在交联釜中完成水解缩合反应，得到交联聚乙烯管。

① 硅烷接枝聚乙烯的 OR′基团与水发生水解反应，生成硅醇：

$$\begin{array}{l}\sim CH_2\underset{|}{C}H\sim \\ \quad CH_2CH_2Si(OR')_3\end{array} + H_2O \longrightarrow \begin{array}{l}\sim CH_2\underset{|}{C}H\sim \\ \quad CH_2CH_2Si(OR')_2OH\end{array} + R'OH$$

② 官能团 $Si(OR')_2OH$ 缩合，形成交联结构：

$$2\begin{array}{l}\sim CH_2\underset{|}{C}H\sim \\ \quad CH_2CH_2Si(OR')_2OH\end{array} \longrightarrow \begin{array}{l}\sim CH_2\underset{|}{C}H\sim \\ \quad CH_2CH_2\underset{|}{Si}(OR')_2 \\ \qquad\quad\ \underset{|}{O} \\ \quad CH_2CH_2Si(OR')_2 \\ \sim CH_2\overset{|}{C}H\sim\end{array} + H_2O$$

根据这一引发—接枝—交联的反应过程，由聚合物加工过程制造硅烷交联聚乙烯管的生产过程可分为两步法和一步法两种工艺。

2.7.2.2　硅烷交联 PE 管生产工艺

（1）两步法　这种方法是将聚乙烯和硅烷引发剂在反应型混合机中进行接枝反应，使硅烷接枝到聚乙烯链侧端，经挤出造粒而制得接枝共聚物 A 料；再将聚乙烯加入交联催化剂及其他助剂混合挤出造粒，制得催化剂母粒 B 料，在应用时按一定比例混合 A、B 料挤出成型制品，经温水交联后成交联 PE 管。两步法工艺流程示意如图 2-24 所示。

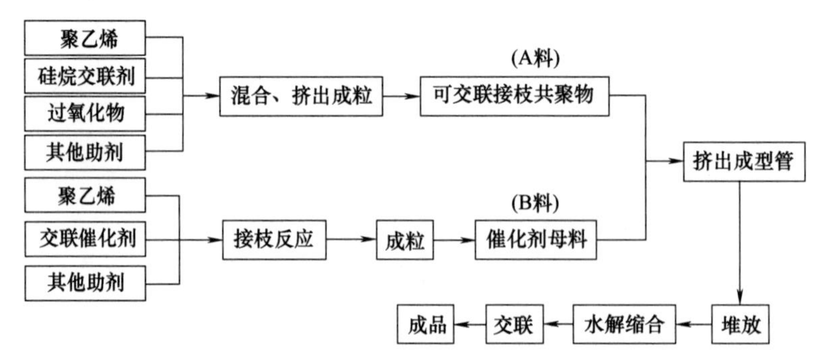

图 2-24　硅烷交联 PE 管两步法生产工艺

（2）一步法　一步法是将聚乙烯与硅烷交联剂、引发剂和催化剂等一起混合，将接枝聚合与成型、交联各步骤一次完成地生产。其工艺流程如图 2-25 所示。

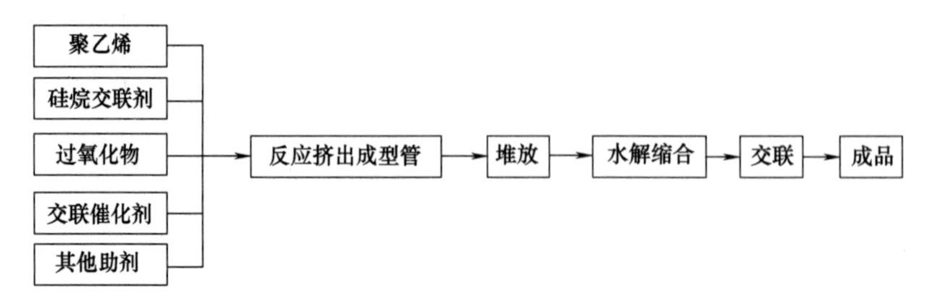

图 2-25　硅烷交联 PE 管一步法生产工艺

一步法硅烷交联方法较两步法有许多优点：

① 生产工艺过程简单　生产交联聚乙烯大多采用二步法工艺，即先用两挤出机预生产硅烷接枝料和催化母料，然后将两种料按一定比例混合，在第三台挤出机上生产交联聚乙烯管材。这种方法的缺点不仅在于生产工艺路线复杂，设备占用量多，而且由于硅烷接枝料存放期很短，还会影响生产正常进行和产品质量。采用一步法交联，生产工艺就不存在这一问题。

② 生产过程易于控制　生产工艺过程简化，整条生产线由同步逻辑控制，产品质量控制十分方便，不会发生多台挤出机生产造成的批与批之间的质量不均匀问题。

③ 设备成本下降　与二步法比较，由于生产线上挤出机减少，设备成本势必下降。另外，省去多次加工，可直接使用原料厂的物料，节约成本的30%左右。

④ 产品质量得到提高　采用一步法交联生产工艺，其交联度可达70%以上，而且分布很均匀，保证了产品质量的稳定。

2.7.2.3　物料组成及配方

高密度聚乙烯以选择管材专用料为宜，密度约为0.95g/cm^3，熔体流动速率6~8g/10min。接枝单体可以是乙烯基三甲氧基硅烷、乙烯基三乙氧基硅烷或3-甲基丙烯酸氧基三甲氧基硅烷。引发剂可以是过氧化二异丙苯或过氧化苯甲酰。配方中还应有催化剂、抗氧剂、流动改性剂等。催化剂可选择过渡金属氧有机化合物，抗氧剂可选择受阻胺类抗氧剂。由于硅烷接枝后熔体流动性降低，机头压力增高，管材表面粗糙，应加入适量流动改性剂。其配方举例见表2-17。

表2-17　硅烷交联PE管配方举例

名称	质量份数	名称	质量份数
HDPE	100	乙烯基三乙氧基硅烷	1.5~2.0
过氧化二异丙苯	0.1~0.2	二月桂酸二丁基锡	0.05~0.15
抗氧剂1010	0.1~0.3	流动改性剂	适量
抗氧剂DLTP	0.2~0.4		

2.7.2.4　工艺控制

① 挤出温度　挤出机各段温度的设定与树脂的熔融温度和接枝引发剂的分解温度、分解速度有关，进而影响接枝反应速率。过氧化二异丙苯的半衰期是随温度的升高而减小的，这有利于接枝反应速率的提高。

② 物料在挤出机中的停留时间　在不同加工温度条件下，过氧化二弄丙苯半衰期不同，因此，当选择的加工温度不同时，物料应在料筒中有不同的停留时间，以保证过氧化二异丙苯分解，引发接枝。生产中将物料在挤出机中的平均停留时间控制在过氧化二异丙苯半衰期的5~10倍。

假设熔体不可压缩，熔融物料占挤出机螺杆有效工作部分长度的50%。这样可以得出熔融物料在单螺杆挤出机中平均停留时间为：

$$\bar{t}=\frac{\pi \rho L h_3 (D-h_3)}{2G} \tag{2-7}$$

式中 $\bar{t}$——熔融物料在单螺杆挤出机中的平均停留时间，min；

D——螺杆直径，cm；

L——螺杆有效长度，cm；

ρ——树脂的密度，g/cm^3；

h_3——螺杆计量段螺槽深度，cm；

G——挤出产量，g/min。

物料在挤出机中的停留时间不足会造成最终管材的交联度不够，但若停留时间过长，会造成在挤出机中提早发生交联，使挤出成型困难，更严重的是会使管材的性能和使用寿命大大降低。

③ 水解缩合交联的温度与时间　水解缩合交联的过程需要适当的温度和湿度，交联反应需要足够的时间，管壁越厚，需要交联的反应时间越长。

2.7.2.5　生产工艺举例

(1)两步法硅烷交联聚乙烯管

① 接枝A料及含催化剂B料的造粒工艺　造粒采用平行同向双螺杆挤出机，螺杆直径为58mm。料筒各段温度控制如表2-18所示。

表2-18　造粒料筒各段温度设定

加热区	1	2	3	4	5	6	7	8	9
温度/℃	165～185	180～190	180～190	185～195	185～195	185～195	190～200	180～190	180～190

螺杆转速取35r/min，造粒后的A料和B料要进行干燥处理并保存好，不能吸湿。

② 管材成型　两步法硅烷交联管是采用单螺杆挤出机成型。料筒、机头温度为190～230℃，螺杆转速为30～40r/min。直通式机头挤出的管坯采用真空定径法、喷淋式冷却方式等。

③ 交联反应　管材在沸水中浸泡8～10h，完成水解缩合反应，成为交联管。

(2)一步法硅烷交联聚乙烯管　采用单螺杆反应式挤出机，螺杆长径比为28∶1。树脂进行预干燥处理，含水量小于0.0002%。原料中固体、液体分别定量加料。挤出机温度设定如表2-19所示。

表2-19　反应式挤出机温度设定

加热区	1	2	3	4	5	6	7	8
温度/℃	150～170	160～180	180～190	195～210	200～210	210～220	210～220	200～220

成型后的管在交联罐中进行水解缩合交联，温度为95℃左右，按管材壁厚确定交联时间(2～3h/min)。

2.7.3　钢塑复合管和铝塑复合管

(1)钢塑复合管　钢管与UPVC塑料管复合的管材，使用温度上限为70℃，用聚乙烯粉末涂覆于钢管内壁的涂塑钢管可在-30～55℃下使用。环氧树脂涂塑钢管的使用温度高达100℃，可用作热水给水管管道。钢管复合管还广泛用于化工和石油工业等领域。

金属管与塑料管之间结合能力是决定金属/塑料复合管的耐压性和抵御热应力的主要因素，一定要使界面结合牢靠，形成分层不分体的宏观复合体系。金属/塑料复合管的复合技术是生产这种管材的关键技术。目前比较成熟的复合技术有4种。

① 拉挤技术　把稍超尺寸的塑料管预先涂上一层黏合剂，加热通过一特定的模型，使塑料管直径被压缩小并被牵引入金属管，进入金属管后塑料管恢复到原来的尺寸，形成一种与金属管紧密结合的塑料防腐衬里管。使用此法时也可以将黏合剂预先涂在金属管内壁。

② 冷拔技术　把塑料管以松配合插入稍大尺寸的金属管中，然后送入冷拔机，施加高压压缩金属管，使两者紧密贴合。可以在金属管内壁开设无数个孔穴或微小的倒钩，使这些微小的触点镶嵌于塑料管表面内，可提高复台管对热应力的抵御。

③ 发泡复合技术　该法的要点是将塑料管插入金属管中，在两层间注入聚氨酯发泡塑料，使金属管和塑料管紧密地结合在一起。

④ 共挤复合技术　这是20世纪90年代由英国和德国开发出的最新复合技术。将铝带通过四套冷弯模和两个成型辊形成圆形管状搭接（或对接）在一起，用超声波焊接或氖弧焊接，然后通过挤出机挤出内外层塑料管和黏合剂，再通过特制的共挤复合管机头将塑料管分别复合在已焊接的铝管内外表面上。

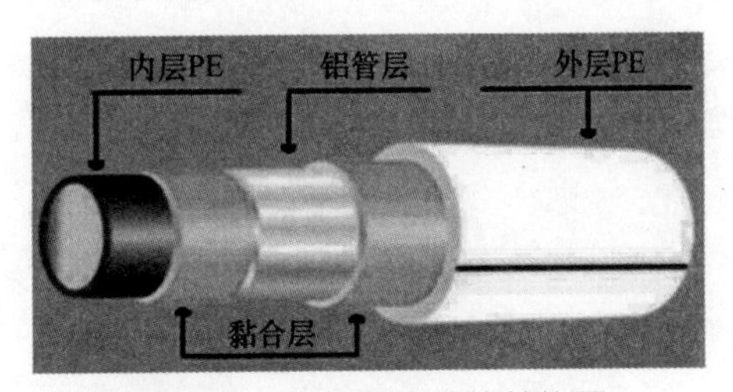

图2-26　铝塑复合管的结构图

(2)铝塑复合管的管壁由铝、交联聚乙烯和黏合层共五层组成（图2-26）。外壁与内壁为交联聚乙烯，中间层为薄铝板连续焊接而成，铝层与聚乙烯层之间有黏合层。

铝塑复合管的瞬时爆破压力为6MPa，可在95℃、工作压力1MPa条件下使用。输送液体的最高温度可达110℃。由于铝质层有良好的可塑性，因而可实现冷弯，便于安装。

铝塑复合管铝层的连续焊接形式分为两种：搭接式焊接和对接式焊接。

① 搭接式铝塑复合管　搭接式铝塑复合管的生产工艺流程如图2-27所示。

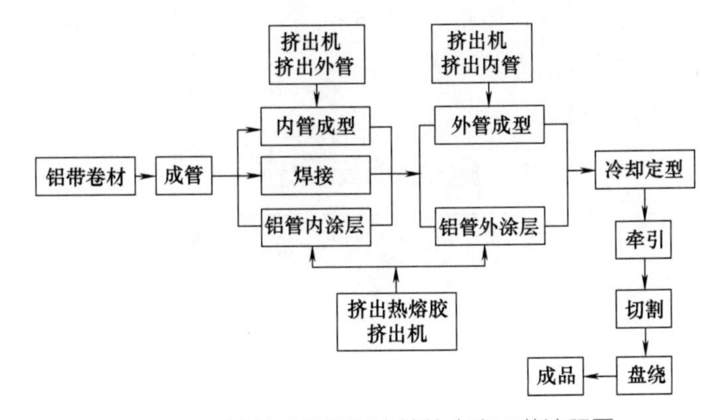

图2-27　搭接式铝塑复合管的生产工艺流程图

铝带卷材连续向前输送，被卷成筒状，由超声波焊接机将搭接处焊接成铝管。复合管的内、外聚乙烯层可由一台挤出机对复合式管机头供料，也可以是两台挤出机分别对内外层成型供料。铝管与层之间的黏合层由一台挤出机挤出涂覆。

② 对接式铝塑复合管　对接式铝塑复合管生产工艺流程如图 2-28 所示。

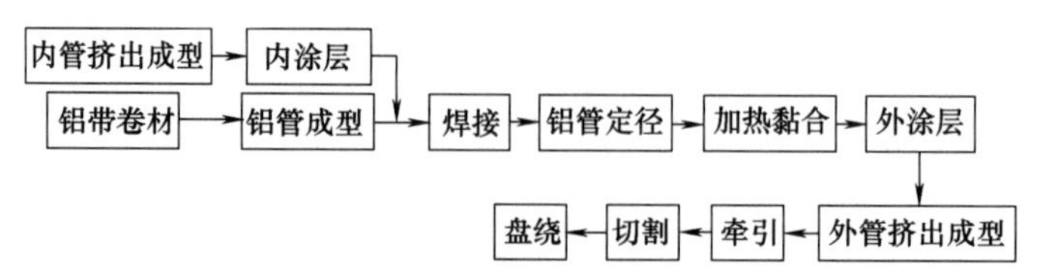

图 2-28　对接式铝塑复合管生产工艺流程图

此生产线中包括 4 台挤出机，一台氩弧焊接机及其他辅机，依次排列，占用长度为 50～80m。

若生产 ϕ14～ϕ32 规格的铝塑复合管，两台挤出聚乙烯管的挤出机可选用 SJ-50/30 或 SJ-65/28；两台挤出黏合层的挤出机可选用 SJ-30/25。

聚乙烯管层选择管材专用聚乙烯牌号树脂，按照前面述及的醛烷交联聚乙烯管的形式制成接枝料和催化料的方式成型，按照交联聚乙烯管的工艺成型交联聚乙烯铝塑复合管。

2.7.4　塑料波纹管

塑料波纹管管壁沿长度方向为波状，这种结构使管子兼有硬管的刚性和软管易弯曲、盘绕的柔性，广泛用于农田水利灌溉，建筑工程、机电工程的穿线管，洗衣机上下水管，工业生产中的液体输送等方面。可成型波纹管的材料主要有聚氯乙烯树脂、低密度聚乙烯、高密度聚乙烯、聚丙烯、ABS 等。

波纹管按照管壁结构和形状不同，分为单壁波纹管和双壁波纹管，波纹形状有直角、梯形和正弦波等。双壁波纹管内壁光滑，外壁波纹与内壁相接触处熔合在一起。以聚氯乙烯波纹管为例，介绍波纹管生产工艺。

扫码观看双壁波纹管挤出生产装置

2.7.4.1　原料配制

聚氯乙烯波纹管为硬质制品，树脂为 SG-5 型，加入适量的稳定剂、润滑剂、流动改性剂、抗冲改性剂等。

配方举例如表 2-20、表 2-21 所示。

表 2-20　聚氯乙烯波纹管配方一

名称	质量份数	名称	质量份数
PVC 树脂(SC-5)	100	碳酸钙	10
氯化聚乙烯(含氯量 30%)	7	硬脂酸铅	1
α-甲基苯乙烯(M-80)	3	硬脂酸钡	0.8
三碱式硫酸铅	2	石蜡	0.5
二碱式亚磷酸铅	1.5		

表 2-21　聚氯乙烯波纹管配方二

名称	质量份数
PVC 树脂(SC-5)	100
丙烯酸树脂(ACR201)	2
二碱式亚磷酸铅	1.5
三碱式硫酸铅	2
碳酸钙	3
硬脂酸铅	1.5
硬脂酸钡	1
硬脂酸	1.5

2.7.4.2　成型工艺

将配方中各种物料按比例称量后在低速捏合机或高速捏合机上混合均匀，经挤出机造粒或采用双螺杆挤出机将粉料一次成型。成型工艺过程如图 2-29 所示。

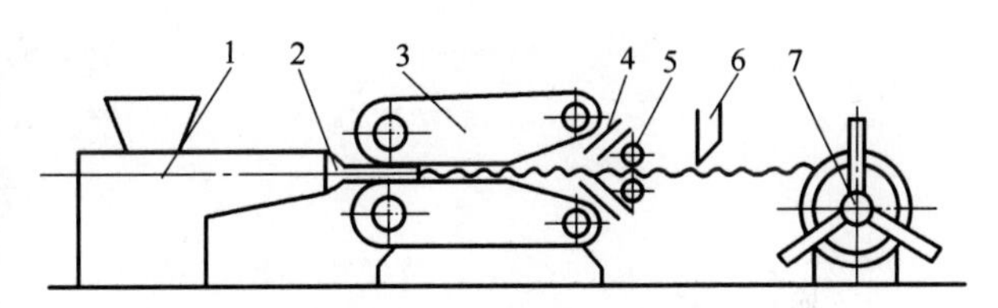

1—挤出机；2—机头；3—波纹成型装置；4—冷风口；5—导向轮；6—切割装置；7—卷绕装置。

图 2-29　PVC 波纹管生产工艺流程图

使用单螺杆挤出机螺杆转速为 30～60r/min，机头压力 36～54MPa，波纹管成型的实质是连续化的挤吹成型过程。充分塑化熔融的物料经机头成型为管坯，机头中心通入压缩空气，管坯内有气塞棒截流压缩空气，使管坯向外膨胀紧贴成型模具波纹状内表面，成型模以块状固定于两条连续运转的履带上，块状定型模对合形成波状管壁的成型空间。波纹管由风冷方式冷却，连续牵出，卷绕成为成品。

操作时应注意定型模块、气塞棒和机头的对中。机头口模部分伸入定型模内应大于一副成型块的距离，以保证波纹管成型时两模块的完全闭合。两模块的波形必须对正，不能错位。吹塑压力应保证管坯完全与定型模内壁贴合，波纹形状完整，一般为 0.15MPa。定型模温度为 45～60℃，使开模前波纹管基本定型。卷取前经过充分冷却，防止波纹节距被拉长。挤出机及机头温度控制如表 2-22 所示。

表 2-22　挤出机及机头温度控制

加热位置	料筒 1	料筒 2	料筒 3	机头 1	机头 2
温度/℃	145～160	165～175	175～185	175～180	170～180

2.7.4.3　主要设备

(1)挤出机　若 PVC 树脂及各组分助剂经造粒后由单螺杆挤出机成型波纹管，挤出机应按硬 PVC 管材的成型，选择渐变型螺杆或通用螺杆，长径比为 20～25。若粉状 PVC 与助剂经初混合后直接成型，应选择平行异向或锥形双螺杆挤出机。

(2)机头　波纹管机头结构与普通直通式管机头相似，但一般波纹管实际壁厚较普通 PVC

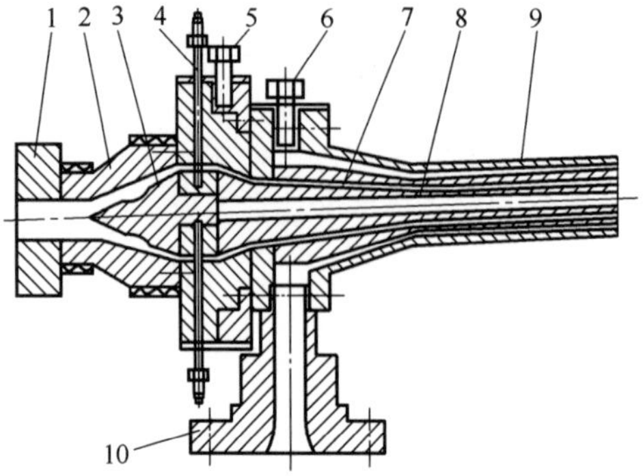

管壁薄，因此口模环隙较小。由于机头口模部分要伸入到定型块中一部分，口模和芯模比较长，且这一部分不设加热圈。

图 2-30 是单壁波纹管挤出机头。管坯壁厚均匀度的调节是口模固定，芯模可调。芯模中心有固定气塞棒的结构和压缩空气通气孔。

图 2-31 是双壁波纹管挤出机头。进入机头的熔体被分流，分别进入内芯模与口模形成的环形流道和外芯模与口模形成的环形流道。压缩空气从内外流道夹层间通入，吹胀外壁贴紧定型模内壁，形成波纹。内层芯模内通压缩空气，并用冷水对内层管坯冷却定型。

1、10—连接体；2—法兰体；3—分流体；4—气水进口；5、6—调节螺钉；7—芯体；8—内加热体；9—口模。

图 2-30　PVC 单壁波纹管挤出机头

(3) 波纹成型装置　波纹成型装置主要由链式传动装置和定型模块组成。两条相对移动的环形链条上，固定着数十对哈夫定型模块，对开的方式可以是上下的，也可以是水平方向的。当变化产品规格时，应更换相应规格的定型模块。

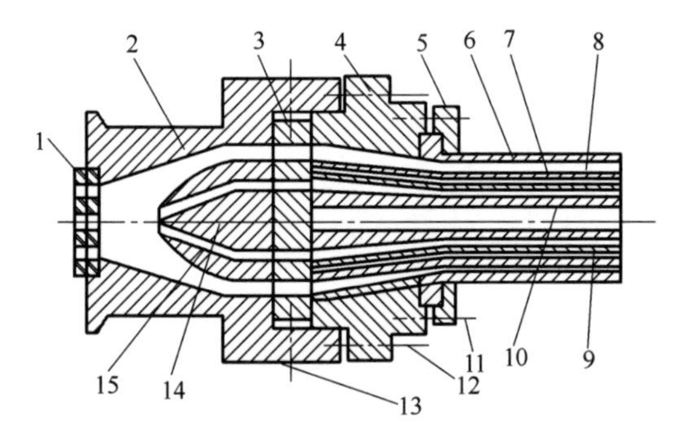

1—滤网；2—机头体；3—分流体支架；4—锥体；5—压盖；6—外口模；7—外芯模；8—内口模；9—内芯模；10—加热器；11、12—紧固螺杆；13—气嘴、调节螺钉；14—内分流体；15—外分流体。

图 2-31　双壁波纹管挤出机头

2.7.5　发泡复合管

聚氯乙烯发泡复合管通常为三层结构，内外层为密实的硬质聚氯乙烯，中间是聚氯乙烯发泡层。发泡层为均匀细密的闭孔结构，密度为 0.7~0.9g/cm^3。复合发泡管的内外层提供管材足够的力学性能，内层不发泡，保持管材内表面光滑，使得流体输送阻力小。中间的发泡层大大提高了管材的隔音、隔热效果，并使得管材重量减轻。这种管材在建筑内的下水管道中使用特别具有优越性，在工业中流体输送和通讯电缆的护套中使用也很普遍。

2.7.5.1　聚氯乙烯发泡复合管生产工艺

由一台挤出机成型内外结皮、中间发泡的聚氯乙烯管在原理上是可行的，但生产操作过程难度比较大，结皮层的厚度一般也比较薄，所以一般较少采用这种形式，而是采用两台或三台挤出机共挤的工艺。

(1) 两台挤出机共挤工艺　两台挤出机共挤的方法是由一台挤出机挤出不发泡的 PVC 物料，由管机头将熔料分流成型内外层，另一台挤出机挤出含有发泡组分的物料，形成发泡芯层，三层物料在机头中熔合在一起，冷却定型后成复合管。

(2)三台挤出机共挤工艺　三台挤出机分别挤出内层、外层和发泡层物料，对同一个共挤复合机头供料，供料量和挤出压力分别调节，操作比较容易，三层物料根据性能要求分别设计配方，可以得到最经济、最能满足使用要求的管材性能。

无论采用两台挤出机共挤还是三台挤出机共挤工艺，在成型之前，按照各层要求配制物料，初混合的工序都是必不可少的。须注意的是，发泡层物料与不发泡物料应严格区分，不得掺混，否则会对各层质量造成明显影响。初混合的方式可通过高速混合机热混，再经低速混合机混合并冷却。经机头挤出成型的管坯由真空冷却定径套定型。由于发泡层热导率比普通聚氯乙烯更低，冷却更加困难，多采用喷淋式冷却方式，使复合管充分冷却，否则变形严重。

2.7.5.2　复合发泡管物料组成

聚氯乙烯复合发泡管内外层不发泡物料的组成可参照普通硬质聚氯乙烯管或聚氯乙烯波纹管配方。其中聚氯乙烯树脂为悬浮法聚合，平均聚合度1000~1500，*K*值为66~68。

聚氯乙烯复合发泡管芯层树脂为悬浮法聚合聚氯乙烯，平均聚合度650~750，*K*值为57~59。配方中除有稳定剂、润滑剂、流动改性剂和抗冲改性剂外，还有发泡必需的发泡剂和成核剂等助剂。发泡剂多采用偶氮类AC发泡剂，超细碳酸钙、滑石粉可作发泡成核剂。铅系稳定剂除有较好的稳定作用外，还兼有对发泡剂的活化作用，可以降低发泡剂的分解温度。调节其用量可使AC发泡剂的分解温度与物料的塑化温度相适应，有利于发泡的进行。

PVC复合发泡管芯层配方见表2-23。

表2-23　PVC复合发泡管芯层配方

名　称	质量份数
聚氯乙烯树脂(S-700)	100
甲基丙烯酸甲酯-丁二烯-苯乙烯三元共聚物(MBS)	8.0
复合稳定剂	8.0
AC发泡剂	0.6
润滑剂	2.5
碳酸钙(800目)	8.0

2.7.5.3　主要生产设备

(1)挤出机　在两台或三台挤出机共挤聚氯乙烯复合发泡管生产线中，可选择全部用单螺杆挤出机，全部用双螺杆挤出机或一台双螺杆挤出机、两台单螺杆挤出机的主机配置方式。双螺杆挤出机在设备投资上高于单螺杆挤出机，但在塑化、混合效果、排气和对粉料的输送方面优于单螺杆挤出机。若采用其中一台主机为双螺杆挤出机，应用其挤出芯层发泡聚氯乙烯料。双螺杆的形式为平行异向转动或锥形双螺杆。由于复合发泡管机头流道长，阻力大，锥形双螺杆更能够提供较高的机头压力，适应较大的扭矩，所以，锥形异向旋转的双螺杆挤出机更适合挤出聚氯乙烯发泡层。

(2)机头　聚氯乙烯复合发泡管机头结构比较复杂，可看作是由两部分组合而成：第一部分的作用是接受两台或三台挤出机共挤的物料并按顺序排列，称为共挤部分，有两个或三个进料口，挤出的熔体被分流后从一个共同的流道进入机头的第二部分；第二部分的作用是成型复

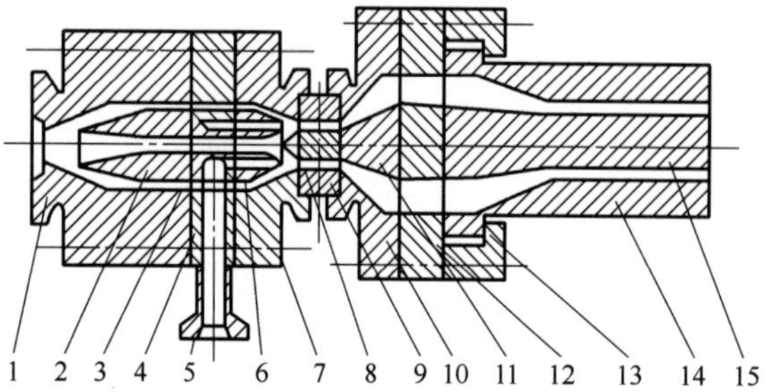

1—机头体 1； 2—分流体 1； 3—内模； 4—分流体支架 1；
5—机头体 2； 6—外模； 7—机头体 3； 8—分流体支架 2；
9—连接体； 10—机头体 4； 11—分流体 3；
12—分流支架 3； 13—压盖； 14—口模； 15—芯棒。

图 2-32 PVC 复合发泡管挤出机头示意图

合发泡管坯，有与直通式管机头大致相同的结构。图 2-32 是用于两台挤出机共挤的复合发泡管机头。

共挤部分的两个进料口互成 90°，成型复合管内外层的不发泡聚氯乙烯料被分流成包裹分流锥的外层和直接进入分流锥芯部的内层。发泡芯层物料的走向如同直角式管机头，从一侧进料后形成环形，流入内外不发泡料层之间。三股料流在共挤部分出口处受压缩，再进入成型部分。复合管壁厚的均匀度由口模位置的移动调节。

(3)冷却定型装置和水槽　冷却定型套采用真空定径方式。由于发泡复合管热差，可设置两个冷却水槽，第一个水槽密闭并设真空系统，长度为 3m，定型套安装在真空水槽的进料端；第二个水槽是常压喷淋冷却水槽，长度为 4m。其他辅机与一般挤管生产线配置大致相同。

2.7.5.4 PVC 复合发泡管工艺操作因素

(1)捏合操作　高速混合机混合物料过程中，在高转速作用下物料通过摩擦产生热量，随混合时间增加，物料温度升高。芯层物料的 AC 发泡剂在高温下会发生分解，因此，芯层物料配混，加料顺序和温度控制非常重要。为防止发泡剂分解，应后加入 AC 发泡剂，并使高速混合机控制在 100℃左右，然后在 40℃以下由低速捏合机冷混约 30min，将物料充分冷却，以免结团。

(2)挤出成型操作　挤出机应保证聚氯乙烯树脂的充分塑化熔融、输送，并维持适当的成型压力。对于发泡层物料的挤出，还应使 AC 发泡剂分解产生气体。熔体物料的强度与形成泡孔的气泡压力间有一平衡关系，若熔体变形困难，气泡难以顶动熔体形成泡孔；若熔体强度太低，不能承受气泡的压力，泡孔破壁形成大孔，难以形成细密均匀的发泡结构。聚氯乙烯熔体强度极大地取决于温度，因此，控温对芯层发泡聚氯乙烯的挤出过程非常重要。若采用三台挤出机共挤工艺，内外层用单螺杆挤出机，芯层用锥形异向旋转双螺杆挤出机。挤出机和机头各段加热温度可参照表 2-24。

螺杆转速关系到挤出压力，挤出压力过高会导致发泡层泡孔结构不均匀。所以，转速除与挤出量有关，还与发泡质量有关。若成型规格为 ϕ100mm 的聚氯乙烯复合发泡管，用双螺杆挤出机挤，内外层为 ϕ55 锥形双螺杆挤出机，螺杆转速一般控制为 25~28r/min；芯层为 ϕ65 锥形双螺杆挤出机，螺杆转速一般控制为 20~25r/min。内外层的机头压力比芯层低 10MPa 左右。

表 2-24 聚氯乙烯复合发泡管挤出温度设定 单位：℃

<table>
<tr><th rowspan="2">温度</th><th colspan="6">加热位置</th></tr>
<tr><th>料筒 1 区</th><th>料筒 2 区</th><th>料筒 3 区</th><th>料筒 4 区</th><th>机头</th><th>口模</th></tr>
<tr><td>单螺杆挤出机 1</td><td>145～160</td><td>165～180</td><td>170～185</td><td>170～185</td><td rowspan="3">175～180</td><td rowspan="3">80～100</td></tr>
<tr><td>双螺杆挤出机</td><td>145～155</td><td>160～170</td><td>165～180</td><td>165～180</td></tr>
<tr><td>单螺杆挤出机 2</td><td>145～160</td><td>165～180</td><td>170～185</td><td>170～185</td></tr>
</table>

参考文献

[1] Naphon P, Wongwises S. A review of flow and heat transfer characteristics in curved tubes [J]. Renewable Sustainable Energy Reviews, 2006, 10: 463-490.

[2] 吴清鹤. 塑料挤出成型 [M]. 北京：化学工业出版社，2004.

[3] Z. Tadmor, C. G. Gogos. 聚合物加工原理 [M]. 任冬云，译. 北京：化学工业出版社，2009.

[4] J. L. White, H. Potente. 螺杆挤出 [M]. 何红，译. 北京：化学工业出版社，2005.

[5] 吴大鸣，刘颖. 精密挤出原理及技术 [M]. 北京：化学工业出版社，2004.

[6] Subhashini Vashisth, Vimal Kumar. A Review on the Potential Applications of Curved Geometriesin Process Industry [J]. Industrial & Engineering Chemistry Research, 2008, 47: 3291-3337.

[7] 杨云珍，孙利民，申长雨. 塑料型材挤出成型冷却分析 [J]. 塑料工业，2004 (4): 29-31.

[8] 耿孝正. 双螺杆挤出机及其应用 [M]. 北京：中国轻工业出版社，2003.

[9] W. Q. Ma, H. Y. Sun, D. C. Kang. Extrusion Die Cae of The Steel Reinforced Plastic Pipe [J]. Acta Metallurgica Sinica (English Letters), 2004, 3: 303-306.

[10] D. Majidi, H. Alighardashi, F. Farhadi. Experimental studies of a doublepipe helical heat exchang-er [J]. Applied Thermal Engineering, 2018, 133: 276-282.

[11] 张晓黎，李海海. 塑料加工与和模具专业英语 [M]. 北京：化学工业出版社，2005.

[12] 蒋继红，虞贤颖. 塑料挤出成型 [M]. 北京：中国轻工业出版社，2006.

[13] 王加龙，周殿明. 塑料挤出工 [M]. 北京：化学工业出版社，2006.

[14] 田忠，赵渊，李恒欣，等. 钢骨架塑料复合管的研究进展及对策 [J]. 化工机械，2008 (5): 310-313.

[15] 洪慎章. 实用挤塑成型及模具设计 [M]. 北京：机械工业出版社，2006.

项目三

挤出吹塑薄膜

3.1 学习目标

塑料薄膜一般是指厚度在 0.25mm 以下的平整而柔软的塑料制品，广泛应用于工业、农业、日常生活等方面，以起到防湿、防尘、防腐、保温、防风、计量等作用。例如，用于食品、轻工、纺织、化工等物品的包装薄膜，用于育苗、制造温室的农用地膜、大棚膜，木材、钢材等材料表面用的复合薄膜，以及具有特殊功能用途的透气膜、绝缘膜、压电薄膜和防辐射膜等。

塑料薄膜的生产方式大体上可分为：挤出法（包括挤出吹塑法、挤出拉伸法和挤出流延法)、压延法和流延法三类。

吹塑薄膜是塑料薄膜生产中采用最广泛的方法。用挤出机将塑料原料熔融塑化后，通过机头环形口模间隙形成薄膜管坯，趁热从机头中心吹入一定量的压缩空气（压缩空气压力 0.02~0.03MPa)，使之横向吹胀到一定尺寸，经冷却定型同时借助于牵引辊连续地进行纵向牵伸，充分冷却后的管泡，被人字板压叠成双折薄膜，牵引辊完全压紧已叠成双层的薄膜，使膜管内的空气不能越过牵引辊缝隙处，使膜管内部保持恒定的空气量，保证薄膜的宽度不变，并使薄膜以恒定的线速度进入卷取装置；当薄膜卷到一定量时，进行切割成为膜卷。

本项目学习的最终目标是掌握挤出吹塑生产线结构、机头结构，能进行挤出吹塑设备的选型与匹配，能够根据物料制定加工工艺及设定加工参数，并能操作挤出吹塑生产线完成吹塑薄膜生产，如表 3-1 所示。

表 3-1　　挤出吹塑薄膜的学习目标

编号	类别	目　标
一	知识	①掌握挤出成型的基本原理 ②掌握挤出吹塑薄膜生产线的构成与模具结构 ③掌握挤出吹塑薄膜常用原材料
二	能力	①能为薄膜选择原材料、进行挤出吹塑设备的选型与匹配 ②能制定吹塑工艺及设定工艺参数 ③能规范操作挤出吹塑生产线，能运用理论知识解释操作过程 ④会分析、处理生产过程中常见的质量问题 ⑤能对吹塑生产线进行日常维护与保养

续表

编号	类别	目　标
三	职业素质	①团队合作与沟通能力 ②自主学习、分析问题的能力 ③安全生产意识、质量与成本意识、规范的操作习惯和环境保护意识 ④创新意识

3.2 工作任务

本项目的工作任务如表 3-2 所示。

表 3-2　挤出吹塑薄膜的工作任务

编号	任务内容	要　求
1	认识生产线	①熟悉挤出吹塑薄膜生产线及工艺流程 ②吹塑薄膜机头拆装 ③熟悉吹塑薄膜机头结构
2	确定材料及试开机运行	①选择确定吹塑薄膜所用塑料材料 ②学习生产线开机及关机的操作及应急处理 ③查看、熟悉功能界面，熟悉机器上的按钮、开关 ④学习膜泡定型、冷却、吹胀、牵引等生产工艺调节参数方法
3	匹配挤出机与模具、生产薄膜	①按照薄膜规格匹配挤出机与吹瓶模具 ②按照要求设置相关工艺参数 ③按生产操作程序开机操作、调整、生产薄膜 ④记录工艺参数与现象，取样 ⑤停机，进行挤出吹膜生产线的日常维护保养
4	学习拓展	学习共挤吹塑复合薄膜、流延膜和双向拉伸薄膜的相关知识
5	工作任务总结	①测试薄膜样品性能 ②整理、讨论分析测试结果，写出报告

3.3 吹塑薄膜成型设备组成

吹塑法生产塑料薄膜具有以下优点：①设备简单、投资少、收效快；②薄膜经牵引和吹胀，力学强度有所提高，薄膜的纵向和横向强度较均衡；③机台的利用率高，即同一台设备可生产多种规格的产品，有些薄膜的幅度可达 10m 以上；④所得的薄膜呈圆筒形，用于制成包装袋时可省去一道焊接线；⑤操作简单，工艺控制容易；⑥生产过程中无废边，废料少，成本低。因此，在塑料薄膜中，约 80%是吹塑法生产的。吹塑薄膜的一般规格为：厚 0.01～0.25mm，折径（管泡压叠成的双折薄膜的宽度）100～6000mm。

吹塑薄膜的主要缺点是薄膜厚度均匀性较差，产量不够高（因受冷却的限制，卷取线速度不快）。

吹塑薄膜用新型树脂的出现使吹塑薄膜品种不断增加，用吹塑法生产薄膜的塑料原料主要有：PE、PP、PVC、PS、PA、乙烯-醋酸乙烯、聚偏二氯乙烯等。大量应用的是 PE 和 PVC。此外，还有多种塑料复合的多层复合薄膜。

吹塑薄膜的成型设备有挤出机、机头和辅助装置等。辅助装置主要由冷却装置、人字夹板、牵引辊、导向辊、收卷装置等组成，机头与部分辅助装置因吹塑薄膜的生产形式不同会有所差别。

为提高吹塑薄膜的性能和质量，挤出设备与技术不断改进。

新型螺杆改进了挤出机的结构，提高了吹塑薄膜的产量。例如，Xaloy 公司推出的新型双屏障型 Fusion 螺杆，在传统的屏障段之后设有一个过渡段，紧接着是第二个屏障段，其根部为波形的，产生混沌混合，完成熔融，Fusion 螺杆用于挤出吹塑薄膜时可以在更低的熔融温度下提高挤出产量。

采用膜泡内冷系统（IBC)、射流式双风口风环加快膜泡的冷却，从而提高吹塑薄膜的产量；气垫式夹膜装置减小了膜泡与人字板的摩擦，可减少薄膜起皱现象；采用人字板及牵引旋转技术来提高挤出薄膜的厚度均匀性，从而完全避免了传统的旋转机头带来的密封性差、易漏料、维修困难等弊病。

在吹塑薄膜设备上配置精确的喂料装置、薄膜厚度自动检测、自动风环以及计算机控制等系统，可提高薄膜的冷却均匀性，将薄膜厚薄均匀度从±(6%～8%)提高到±(3%～4%)。

3.3.1 吹塑薄膜的成型方法

根据薄膜牵引方向不同，可将吹塑薄膜的生产形式分为平挤平吹、平挤上吹和平挤下吹三种，其中以平挤上吹最为常见。

3.3.1.1 平挤平吹法

平挤平吹法的工艺流程如图 3-1 所示，使用直通式机头，机头和辅机的结构都比较简

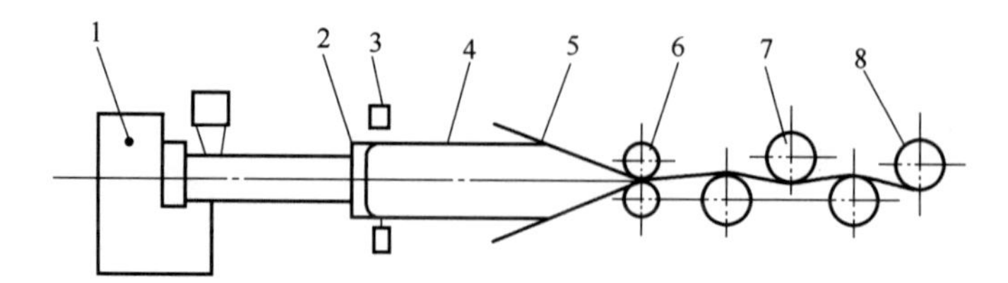

1—挤出机；2—机头；3—风环；4—膜管；5—人字板；6—牵引辊；7—导向辊；8—收卷装置。

图 3-1 平挤平吹工艺流程

单，设备的安装和操作都很方便，但挤出机的占地面积大。由于热气流向上，冷气流向下，管泡上半部的冷却要比下半部困难。当塑料的密度较大或管泡的直径较大时，管泡易下垂，薄膜厚度均匀性差，不易调节。通常，折径在 600mm 以下的 PE 等吹塑薄膜才可以用此法成型。

3.3.1.2　平挤上吹法

平挤上吹法的工艺流程如图 3-2 所示。

平挤上吹使用直角机头，机头的出料方向与挤出机料筒中物料流动方向垂直；挤出的管坯垂直向上引出、经吹胀压紧后导入牵引辊。用这种方法生产的主要优点是：整个管泡都挂在管泡上部已冷却的坚韧段上，所以，薄膜牵引稳定，能制得厚度范围较大、幅宽范围较大（如直径为 10m 以上）的薄膜，挤出机安装在地面上，不需要操作台，操作方便，占地面积小；厚度范围宽，厚薄相对均匀。平挤上吹方法的主要缺点是管泡周围的热空气向上，而冷空气向下，对管泡的冷却不利；物料在机头拐 90°的弯，增加了料流阻力，塑料有可能在拐角处发生分解；厂房的高度要高。此外，机头和辅机的结构也复杂。

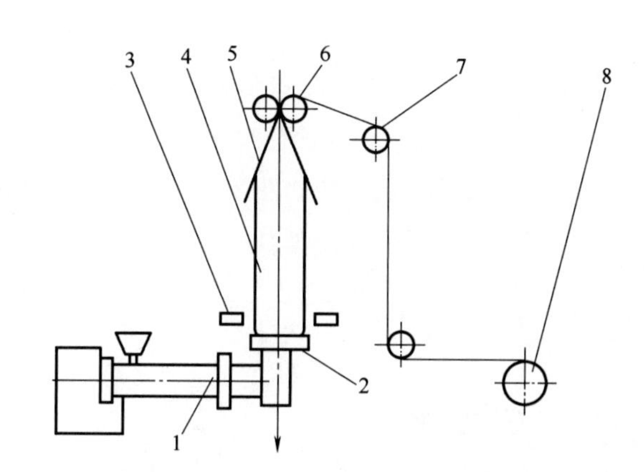

1—挤出机；2—机头；3—风环；4—膜管；5—人字板；
6—牵引辊；7—导向辊；8—收卷装置。

图 3-2　平挤上吹工艺流程

3.3.1.3　平挤下吹法

平挤下吹也是使用直角机头，但管坯是垂直向下牵引，管泡的牵引方向与机头产生的热气流方向相反，有利于管泡的冷却，此法还可以用水套直接冷却管泡，使生产效率和制品的透明度得到明显的提高。如图 3-3 所示，平挤下吹法除冷却效果好外，引膜靠重力下垂进入牵引辊，比平挤上吹法引膜方便。生产线速度较快，产量较高。

但是，整个管泡挂在尚未定型的塑性段上，在生产较厚的薄膜或牵引速度较快时易拉断管泡，对于密度较大的塑料，用此法生产则更困难；挤出机必须安装在较高的操作台上，安装费用增加，操作不方便。因有水套对管泡进行急剧冷却，此法适用于熔体黏度小、结晶度较高的树脂（如 PP 树脂等），生产高透明度的包装薄膜。

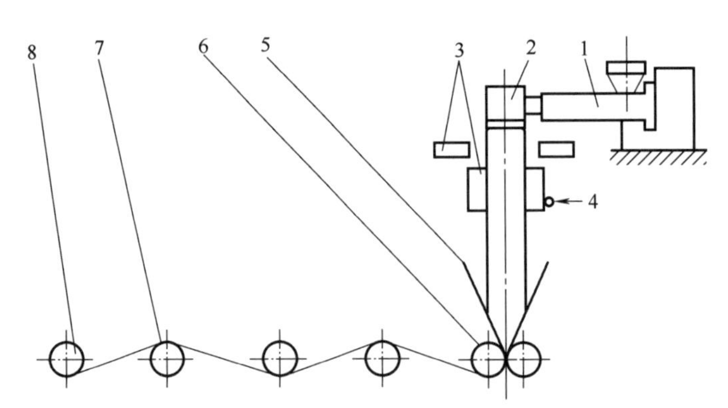

1—挤出机； 2—机头； 3—风环； 4—膜管； 5—人字板； 6—牵引辊； 7—导向辊； 8—收卷装置。

图 3-3 平挤下吹工艺流程

3.3.2 吹膜机头

3.3.2.1 机头结构

吹塑薄膜用的机头有多种结构形式，较常用的有侧进料芯棒式机头、中心进料的十字架式机头、螺旋机头、旋转机头、多分支流道机头（莲花瓣式）以及共挤出复合机头等。

(1) 芯棒式机头（侧进料） 芯棒式机头结构如图 3-4 所示。塑料熔融体经机颈压缩后，流至芯棒处分成两股料流，沿芯棒向两侧各自流动 180°后重新汇合。汇合后的料流将芯棒包住，并顺着机头环形通道流到模口呈薄管坯状被挤出，经压缩空气吹胀成膜。

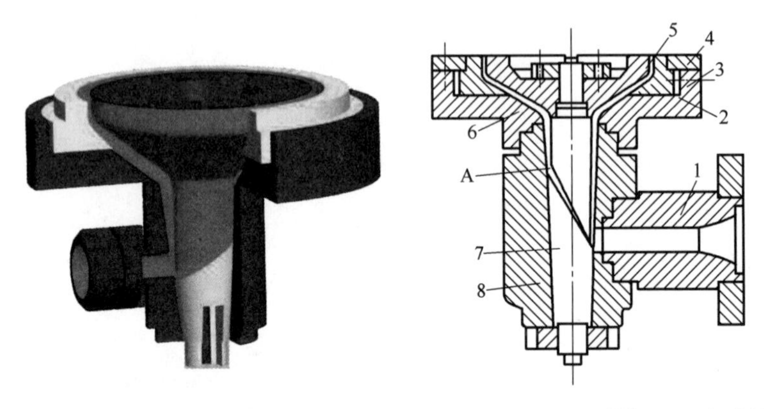

1—机颈； 2—口模； 3—调节螺钉； 4—压紧圈； 5—模芯； 6—机头座； 7—芯棒； 8—机头体； A—流道。

图 3-4 芯棒式机头

芯棒式机头的优点是机头内存料少，只有一条料流拼合线，不易造成塑料过热分解，结构简单，易拆装，较适用于吹塑 PVC 薄膜。其缺点是：①料流在机头内流速不等，可使薄膜厚度呈不均匀现象；②料流拼合处易造成薄膜厚薄不均；③芯棒易产生“偏中”现象（芯棒与口模不同心）；④芯棒机头模口间隙不好控制，若间隙太大，要想达到设定的薄膜厚度和折径，必然要增大牵伸比和吹胀比，会造成操作困难；若间隙太小，则机头内反压力大，会使产量降低。一般间隙取0.1~1.2mm。

芯棒分流线的设计非常重要。一般说来，分流线汇合处太尖锐，易使薄膜在此处出现一条厚条纹，而两侧特别薄。若分流线的弯曲程度太大，料流汇合处拼缝线偏薄，并可能出现一个滞流点，促使物料过热分解。分流线凭经验设计时要留有一定余地，只有通过实践，经反复试车后再进行修改，才能得到较满意的结果。

(2)十字架式机头（中心进料式）　十字架式机头结构有水平式和直角式两种，见图3-5和图3-6。

水平式机头用于平挤平吹法，直角式用于平挤上吹法或下吹法，两种机头结构成型部件类同，仅是进料方式不同。十字架式机头的优点是，其芯模周围所受的料流压力较均匀，因而薄膜厚度均匀，不会产生“偏中”现象。但缺点是机头内间隙较大，塑料在机头中的停留时间较长，所以，该机头不适宜加工热敏性塑料；芯模支架的存在使熔料在机头内产生较多的熔接缝，在一定程度上会影响吹塑薄膜的质量。

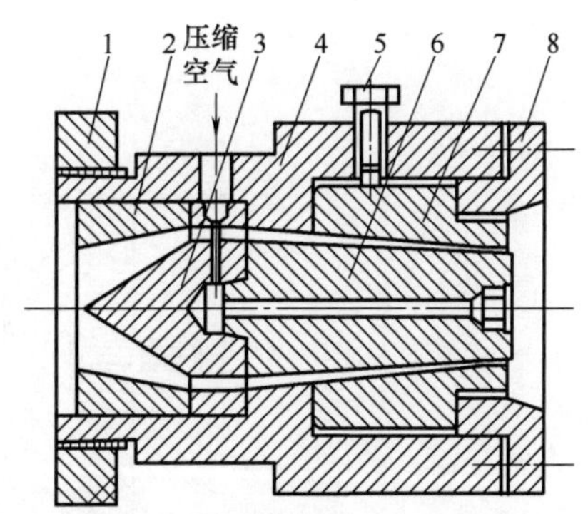

1—法兰；　2—机颈；　3—分流器；
4—模体；　5—调节螺钉；　6—芯模；
7—口模；　8—口模压板。

图3-5　水平式中心进料机头

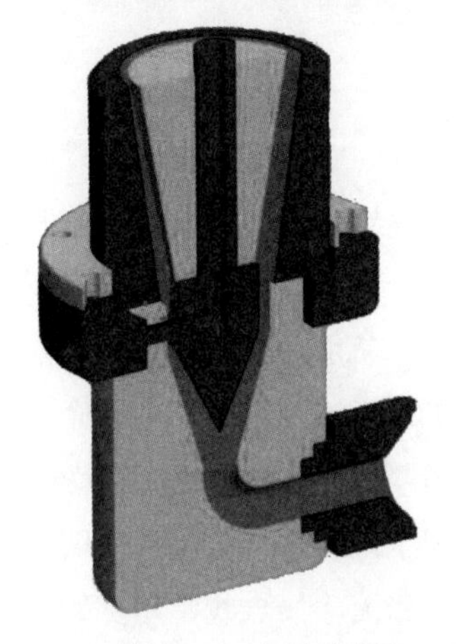

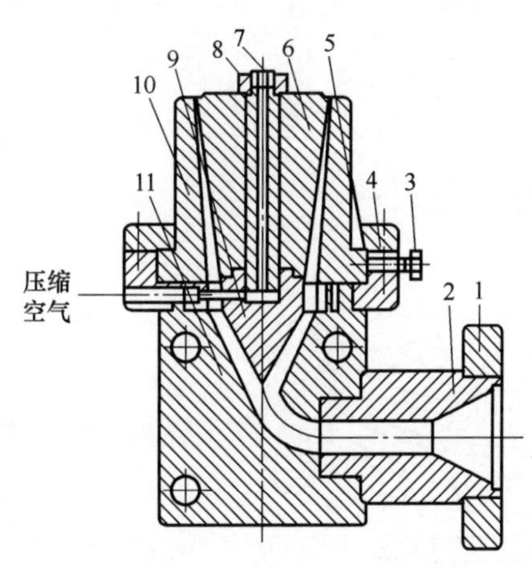

1—法兰；　2—机头连接器；　3—调节螺钉；　4—口模套；　5—口模压板；
6—芯模；　7—连接杆；　8—螺母；　9—分流梭；　10—口模；　11—模体。

图3-6　直角式中心进料机头

(3)螺旋式机头　螺旋式机头如图3-7所示，其结构特点是芯棒轴上开设有一条3~8个螺纹形流道。

在典型螺旋芯模中熔料流动状态见图3-8，熔料从机头底部中心进入，分两股流向边缘。这两股料流分别注入螺纹的螺槽中，并沿螺槽旋转上升，在定型段之前料流汇合。在料流旋转上升的过程中，熔料沿螺纹的间隙漫流，逐渐形成一层薄薄的膜；当熔融塑料从进入孔流入时，熔料在芯模周围旋转；塑料流过机头较深时，螺旋段和壁之间的定型段深度增加。被控制的泡管型坯厚度在芯模周围均匀分布。这样，能保证吹塑薄膜厚度的均匀性。

这种机头的主要优点是：①料流在机头内没有拼缝线；②由于机头压力较大，薄膜性能好；③薄膜的厚度较均匀；④机头的安装和操作方便；⑤机头坚固、耐用。

因为料在机头中的停留时间较长，所以不能用于加工热敏性塑料。

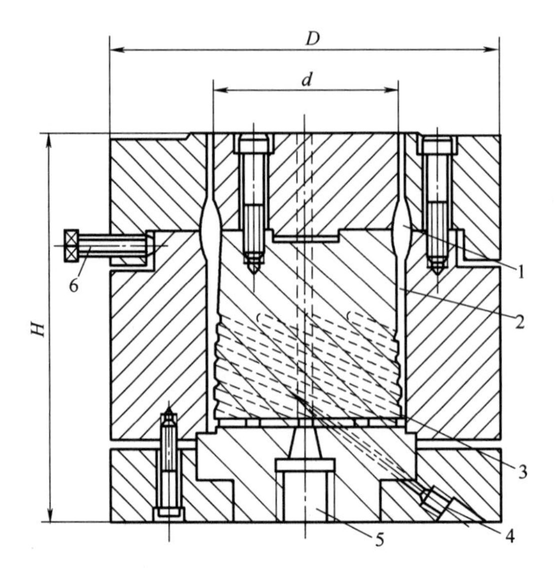

扫码观看螺旋芯棒结构

1—缓冲槽； 2—流道； 3—芯轴； 4—进气孔； 5—熔料入口； 6—调节螺钉。

图 3-7 螺旋式机头

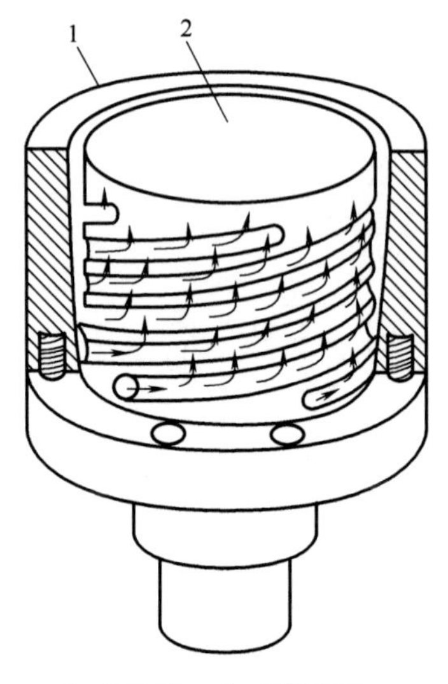

1—机头体； 2—螺旋芯模。

图 3-8 典型螺旋芯模中熔料流动状态

(4)旋转机头 旋转机头是为提高薄膜的卷绕质量而发展的一种吹膜机头。机头旋转方式有：口模旋转，芯轴不转；芯轴转动，口模不转；口模和芯轴一起同向或逆向旋转。其机理是通过口模或芯轴的转动，让模口唇隙中压力和流速不等的料层产生一个“抹平”的机械作用，使薄膜的厚度公差（偏厚点）均匀地分布在薄膜四周，从而实现了薄膜卷取平整；同时，可以改善薄膜厚度的不均匀性和消除接合线，对宽幅薄膜的生产十分有利。但旋转机头不能从根本上解决薄膜厚度不均的问题。常用的旋转式机头有芯棒式、螺旋式及十字形旋转机头。

图 3-9 是一种内旋转（芯轴转动）的芯棒式旋转机头，在芯轴 11 上设置有搅动器 2 和 10。搅动器可以是搅动翼或搅动棒，它可加工成平的或螺旋桨式。搅动器由电动机 14 通过联轴器 13 带动而转动。

螺旋式旋转机头的典型结构如图 3-10 所示，它主要由机头壳体 6、螺旋体 8、芯模 3 以及连接螺栓 2 组成。机头壳体 6 的对中，由插入耐磨材料制成的耐磨垫圈 14 中的压紧套 13 来保

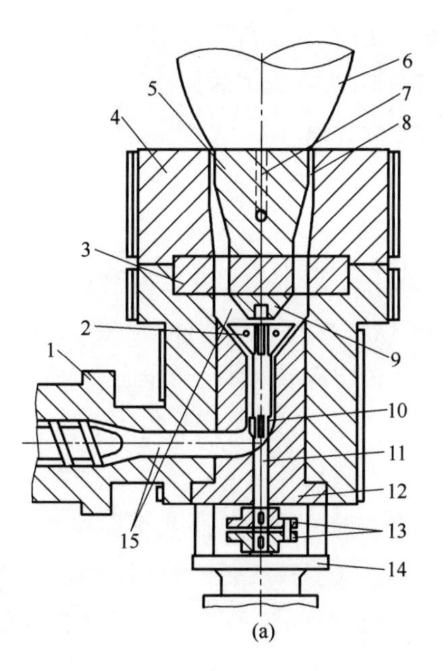

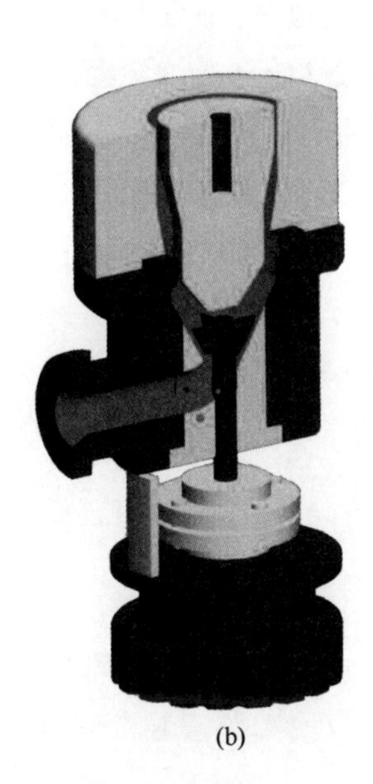

1—挤出机； 2、 10—搅动器； 3—支承环； 4—口模； 5—芯棒； 6—薄膜； 7—进风口；
8—熔体环隙； 9—锥体； 11—芯轴； 12—衬套； 13—联轴器； 14—直流电机； 15—流道。

图 3-9　芯棒式旋转机头

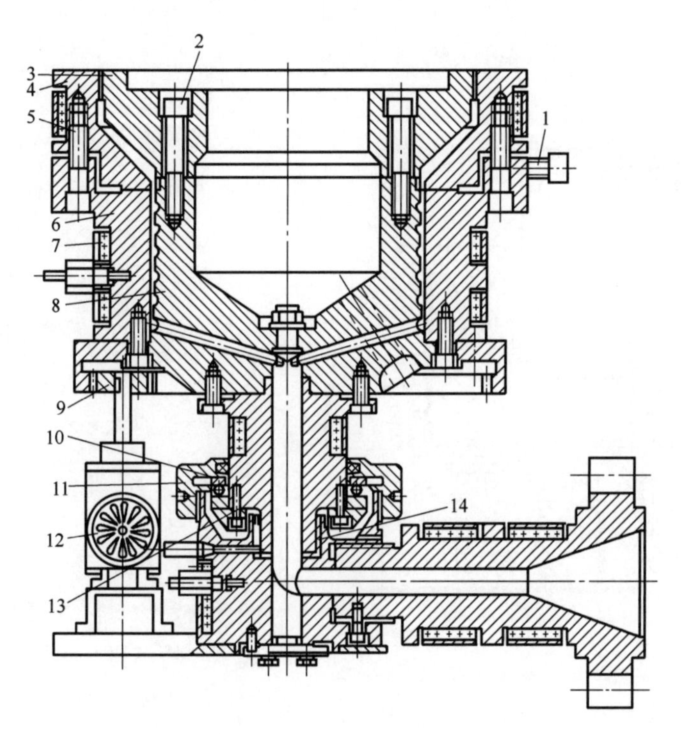

1—调节螺钉； 2、 5—螺栓； 3—芯模； 4—口模； 6—机头壳体； 7—电热圈；
8—螺旋体； 9—齿轮； 10—轴承部件； 11—大螺母；
12—电动机； 13—压紧套； 14—耐磨垫圈。

图 3-10　螺旋式旋转机头

证。大螺母11通过轴承使压紧套13向耐磨垫圈14内表面施压，以防止熔料从流道溢出。电动机12的转矩经齿轮9传递给壳体，壳体6可作270°~360°的摆动旋转。来自挤出机的塑料熔体进入机头中心后，经径向流道流入螺旋体8的分配流道，在此均匀混合后，沿成型缝隙周向进行分配。该种机头结构广泛地用于生产幅宽200~6000mm的管状膜。

十字形旋转机头亦称回转型角式机头，其典型结构如图3-11所示，主要由调节螺钉3、口模4、芯模5、芯模支架6和机头壳体7组成。由传动装置10经齿轮11驱动机头壳体7旋转。此种机头多用于折径在1000mm以下的窄幅薄膜生产，厚度公差可达±5μm。

如果不考虑其他因素的话，旋转部件的转速设定应考虑：使单位时间内沿旋转部件圆周方向流过的物料体积比从螺杆挤出机供给的体积大，当旋转部件的转速达足够高时，可消除挤出制品的分流线。

(5)共挤出复合机头　共挤出复合吹塑是将不同种类的树脂或不同颜色的树脂分别加入各台挤出机，通过同一个机头同时挤出制成多层或多种颜色的薄膜。复合薄膜可以弥补单层薄膜的缺陷，发挥每层膜的长处，达到取长补短的目的，可获得综合性能优越的复合材料。

复合机头有模内复合和模外复合两种形式。图3-12（a)为模内复合，两种熔体分别从两个进料口进入，经机头内各自的环形流道后在模口定型段汇合挤出；图3-12（b)为模外复合，熔融树脂进入机头的不同流道挤出，物料在刚出模口时立刻进行复合。值得注意的是，无论模内或模外复合都不能出现混料现象。

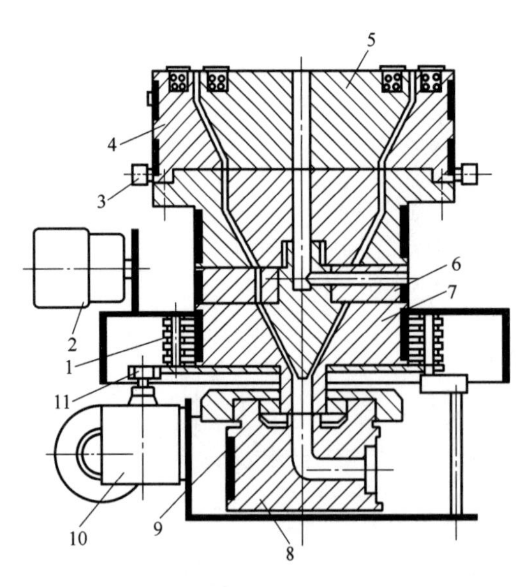

1—换向接触环；2—热电表；3—调节螺钉；4—口模；5—芯模；6—芯模支架；7—机头壳体；8—连接体；9—轴承部件；10—传动装置；11—齿轮。

图3-11　十字形旋转机头

3.3.2.2　机头工艺参数

在吹塑薄膜生产中，无论设计何种结构的吹膜机头，都必须考虑吹胀比、拉伸比、口模缝隙宽度等结构参数。

(1)吹胀比　吹塑薄膜的吹胀比(a)是指经吹胀后管泡的直径（D_p)与机头口模直径（D_k)之比。这是吹塑薄膜一个重要的工艺参数，它将薄膜的规格和机头的大小联系起来。吹胀比（a)通常为1.5~3.0，对于超薄薄膜，最大可达5~6。在生产过程中，压缩空气必须保持稳定，以保证有恒定的吹胀比。薄膜厚度的不均匀性随吹胀比的增大而增大；吹胀比太大，易造成管泡不稳定，薄膜易出现折皱现象。

吹胀比的大小不但直接决定薄膜的折径，而且影响薄膜的多种性能，因此，薄膜吹胀比的选择应从以上两个方向来考虑，同时，薄膜吹胀比还受到塑料自身性质

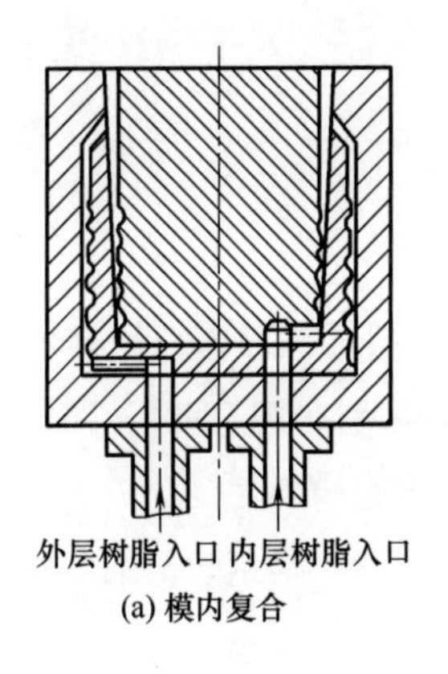

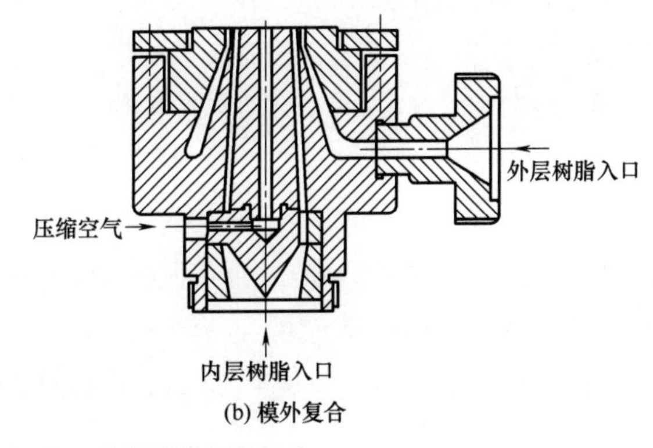

图 3-12　吹塑薄膜复合机头

(如树脂相对分子质量、结晶度、熔融张力等)的限制。不同塑料品种及不同用途的薄膜最佳吹胀比见表 3-3。

表 3-3　各种薄膜最佳吹胀比范围

薄膜种类	PVC	LDPE	LLDPE	HDPE(超薄)	PP	PA	收缩膜、拉伸膜、保鲜膜
吹胀比	2.0~3.0	2.0~3.0	1.5~2.0	3.0~5.0	0.9~1.5	1.0~1.5	2.0~5.0

(2)拉伸比（牵引比）　吹塑薄膜的拉伸比（b)是指牵引速度（v_D)与挤出速度（v_Q)之比。牵引速度（v_D)是指牵引辊的表面线速度，而挤出速度（v_Q)则是指熔体离开口模的线速度，这两种速度可用式（3-1)、式（3-2)计算：

$$v_D = Q/(2W\delta\rho) \tag{3-1}$$

式中　v_D——牵引速度，cm/min；

Q——挤出机的生产率，cm^3/mm；

W——薄膜的折径，$W=\pi \cdot a \cdot D_k/2$，cm；

δ——薄膜的厚度，cm；

ρ——熔融塑料的密度，g/cm^3。

$$v_Q = Q/(\pi D_k b\rho) \tag{3-2}$$

式中　v_Q——挤出速度，cm/min；

Q——挤出机的生产率，cm^3/min；

D_k——机头口模直径，cm；

b——口模缝隙宽度，cm；

ρ——熔融塑料的密度，g/cm^3。

由拉伸比的概念可知：

$$b = (\pi D_k h)/(2W\delta) \tag{3-3}$$

与吹胀比一样，拉伸比也是受限制的，如拉伸比太大，薄膜挤出速度跟不上牵引速度，就容易产生断膜；牵引速度越快，薄膜的纵向强度越高，就会造成纵横向强度差别增大。一般拉伸比控制在3~7。

(3) 口模缝隙宽度　由 a、b、δ 还可以推算出口模缝隙宽度：

$$h=ab\delta \tag{3-4}$$

口模缝隙宽度一般为0.4~1.2mm。口模缝隙宽度过小，则料流阻力大，影响挤出产量；若口模缝隙宽度过大，如果要得到较小厚度薄膜，就必须加大吹胀比和拉伸比，然而，吹胀比和拉伸比过大时，在生产中薄膜不稳定，容易起皱和折断，厚度也较难控制。

树脂品种不同，吹膜成型时流变性能不同，口模间隙也有差异。常用塑料的吹塑薄膜口模间隙值如表3-4所示。

表3-4　　常用塑料的吹塑薄膜口模间隙值

塑料	PVC	LDPE	LLDPE	HDPE	PP	PA
口模间隙/mm	0.8~1.2	0.8~1.2 或1.5~2 （生产宽幅膜时）	1.5~2.2	1.2~1.5	0.7~1.0	0.5~0.8

(4) 口模、芯模定型部分的长度　为了消除熔接缝，使物料压力稳定，物料能均匀地挤出，口模、芯模定型部分的长度通常为口模缝隙宽度的15倍以上。料流通道也不能过短，在通常情况下，物料从分流的汇合点到模口的垂直距离应不小于分流处芯棒直径的2倍。根据塑料流动理论，定型段的长度可用下式计算：

$$L=\frac{\Delta p}{2K'}\left[\frac{\pi(R_0+R_i)}{6q_m}\right]^n(R_0-R_i)^{2n+1} \tag{3-5}$$

式中　Δp——熔体压力，N/cm^2；

K'——塑料熔体黏度系数；

n——塑料熔体的非牛顿指数；

R_0——口模内半径，cm；

R_i——芯模外半径，cm；

q_m——体积流量，cm^3/s。

(5) 缓冲槽尺寸　缓冲槽又称储料槽，通常开在芯模定型区入口处，以消除多股熔料汇合时产生的熔接痕迹，有利于改善膜坯流动的均匀性，并提高薄膜的力学性能。该槽的截面通常呈弓形，弦长（沿芯模轴向）即槽宽为（15~30）h，弦高（沿芯模径向）即槽深为（4~8）h。

(6) 流道扩张角　塑料熔体由流道向成型段过渡，在芯模上形成的倒锥角称为流道扩张角。常取80°~100°，但最大不超过120°。

机颈的流道断面积应比机头出口的环状断面积大1~2倍，以保证机头流道内具有一定的挤出压力。

学习活动

讨论与思考：

1. 比较不同种类吹膜机头的性能特点。
2. 模具折装的过程须特别注意哪些问题？

实操：

1. 了解实训室的吹塑薄膜机头的构造，制订装拆机头方案。
2. 遵守安全及防护规定，按所制订的操作规程完成机头装拆。

3.3.3　冷却装置

膜管刚从机头挤出时温度较高（160℃以上），呈半流动状态，从吹胀到进入牵引夹辊的时间较短，仅几秒到一分钟左右的时间。在这段时间里，膜管要达到一定的冷却程度，单靠自然冷却是不够的，必须强行冷却，否则膜管不稳定，薄膜厚度和折径很难均匀，牵引、卷取时薄膜易粘连。

吹塑薄膜用的冷却装置应当满足生产能力高、制品质量好、生产过程稳定等项要求。该冷却装置必须有较高的冷却效率，冷却均匀，且能对薄膜厚度不均匀性进行调整，挤出过程中保证管泡稳定、不抖动，生产出的薄膜具有良好的物理力学性能。

常用冷却装置有普通风环、双风口减压风环、自动风环、水环、内冷装置等。

3.3.3.1　普通风环

普通风环的结构见图 3-13。

扫码观看普通风环动画

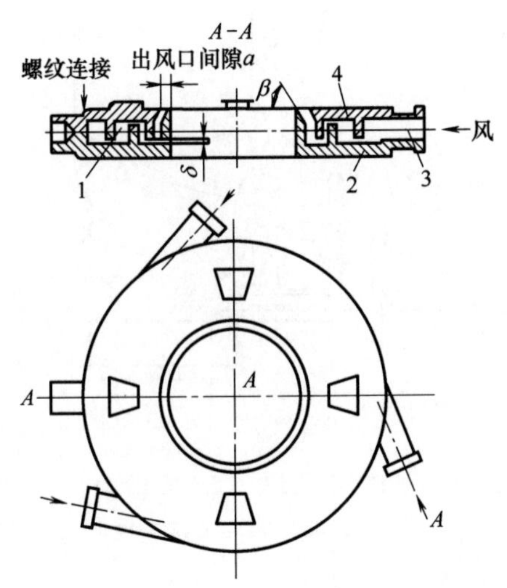

1—内室；2—风环体；3—进风口；4—风环盖。

图 3-13　普通风环

风环一般距离机头 30～100mm，薄膜直径增加时选大值。风环的内径比口模的内径大 150～300mm，小口径时选小值、大口径时选大值。

普通风环的作用是将来自风机的冷风沿着薄膜圆周均匀、定量、定压、定速地按一定方向吹向管泡；普通风环由上下两个环组成，有2~4个进风口，压缩空气沿风环的切线（或径线）方向由进风口进入。在风环中设置了几层挡板，使进入的气流经过缓冲、稳压，以均匀的速度吹向管泡。出风量应当均匀，否则管泡的冷却快慢就不一致，从而造成薄膜厚度不均匀。

风环出风口的间隙一般为1~4mm，可调节。风从风环吹出的方向与水平面的夹角（一般称为吹出角）应有适当的大小，如果该角度太小，大量的风近似垂直方向吹向管泡，会引起管泡周围空气的骚动。骚动的空气引起管泡飘动，使薄膜产生横向条纹，影响薄膜厚薄的均匀性，有时甚至会将管泡卡断；角度太大，会影响薄膜的冷却效果，最好选择为40°~60°，这样角度吹出的风还有托膜的作用。出风口和薄膜之间的径向距离应调整到能得到合适的风速，压缩空气的量一般为5~10m³/min，调节风环中的风量，可用于各种薄膜的冷却，还可控制薄膜的厚度。

普通风环的冷却效果是比较差的，目前大多数吹塑机械都配置双风口风环。

3.3.3.2　双风口减压风环

双风口减压风环工作原理见图3-14。这是一种负压风环，有两个出风口，分别由两个鼓风机单独送风，出风口的大小可调节。风环中部设置的隔板将其分为上、下风室；在上、下风室间设置了减压室。双风口减压风环的主要结构参数包括风环内径和风口吹出角度。为了使风环产生足够的负压并便于开车时引膜操作，推荐下风口的直径（$D_{下}$）比口模直径大100mm，上风口的直径（$D_{上}$）根据薄膜的吹胀比而定，一般取（1.1~2.0）$D_{下}$。当吹胀比较高时，取上限；反之取下限。风口吹出角推荐如下：上风口的吹出角为60°~70°，下风口的吹出角为30°~40°。

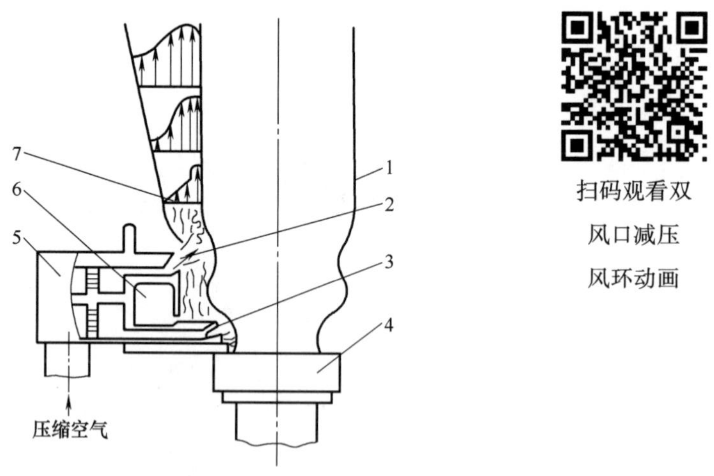

1—管泡；2—上风口；3—下风口；4—机头；5—减压风环；6—减压室；7—气流分布。

图3-14　双风口减压风环工作原理图

双风口减压风环具有两方面的优点：①利用“负压效应”使管泡在风环内提高膨胀程度，以增加薄膜吹胀的换热面积。管泡提早膨胀，减少了熔膜的厚度，使换热效应得到加强，从而降低管泡的冷却线，增加管泡的刚性和稳定性。②通过“负压效应”，加快了冷却空气的流动，使其沿管泡的流动状态趋于最佳化，促进了换热效应。

3.3.3.3　自动风环

自动风环为射流式双风口风环，即在双风口风环上增加射流环的风环，由风环体、内外风口、射流环、自动风门等零部件组成。当挤出量到达一定的程度，常规风环和风机在管泡吹塑过程会产生“坠膜”现象，无法适应大挤出量管泡的冷却要求，从而限制薄膜产量的提高；射流式双风口风环可在不增大风机功率和风量的前提下，有效提高管泡冷却效果和薄膜产量。射流环安装在外风口的外唇面，当管泡接近射流环时，气流在环内与管泡之间运动，环内气流由风机产生，气压大，流速快；环外为环境自然气流场，气压小，流速慢，导致环内气流出现射流效应，把环外的自然空气通过射流环的进气孔强行吸入环内，从而增大环内的气流量，提高风环的冷却能力，并达到一定的节能效果。

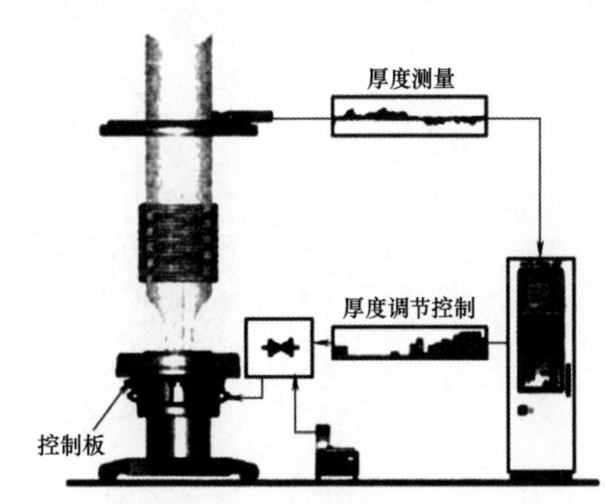

图 3-15　薄膜厚度自动控制系统

自动风环体根据风环直径大小均匀地分隔成若干个独立的风道，每个风道都设置有能够自动调节开启度的独立风门。

自动风环、薄膜厚度自动检测以及计算机控制系统组成了薄膜厚度自动控制系统，见图 3-15。膜泡成形后，薄膜厚度自动检测系统对膜泡进行在线连续巡回检测，测量薄膜的径向厚度，并反馈到控制计算机，自动风环的圆周分为若干个控制区，根据控制计算机的控制信号可以自动调节各个控制区的冷却风量，对泡管周围各段进行分区控制，从而使薄膜的径向厚度得以被控制在允许的误差范围内，最终控制薄膜横向厚度的分布。

3.3.3.4　水环

在平挤下吹的生产线中，熔体刚离开口模时先用风环冷却，使管泡稳定；然后立即用水环冷却，才能得到透明度较高的薄膜。冷却水环的结构如图 3-16 所示。

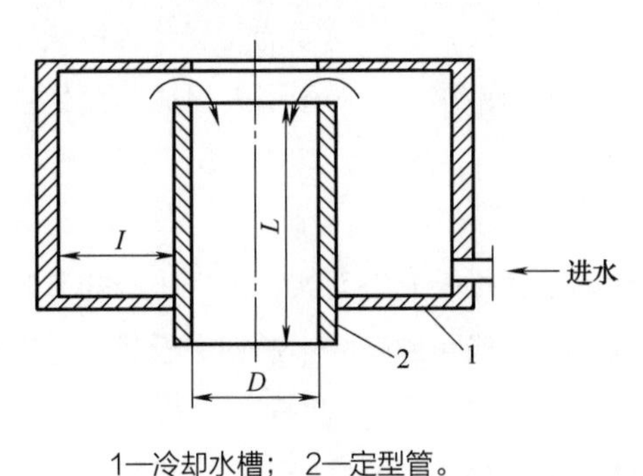

1—冷却水槽；　2—定型管。

图 3-16　冷却水环结构图

由图 3-16 可知，冷却水环是内径与膜管外径相吻合的夹套。夹套内通冷却水，冷却水从夹套上部的环形孔溢出，沿薄膜顺流而下。薄膜表面的水珠通过包布导辊的吸附而除去。

3.3.3.5　内冷装置

管泡的内冷装置与风环或水环共用，可对管泡的内、外表面同时进行冷却，以提高管泡冷却效率。

内冷装置从理论上讲可分为水冷和空气冷却，现在实际应用较多的是空气冷却。图 3-17 为管泡内热交换器式空气内冷装置，在机头芯棒上安装一个圆筒式热交换器，且在其顶端开有进风门，并装有电风扇。下端为一环形空气出口，开动电风扇使空气在膜管内循环，而流经热交换器时则被冷却。热交换的冷却介质通常为常温或经冷却的冷水，通过穿过机头芯棒的套管进入和排出。

因为内部和外部空气都必须经过机头，机头设计必须保证进入和排出空气的畅通。应用内冷装置的关键是使进、出膜管的空气流量一致，如果失去平衡，管泡会变形，薄膜最终宽度和厚度会发生变化。另外，由于膜内有大型构件，开机时围绕此构件拉起熔体引膜稍为困难，要有较高的操作水平。

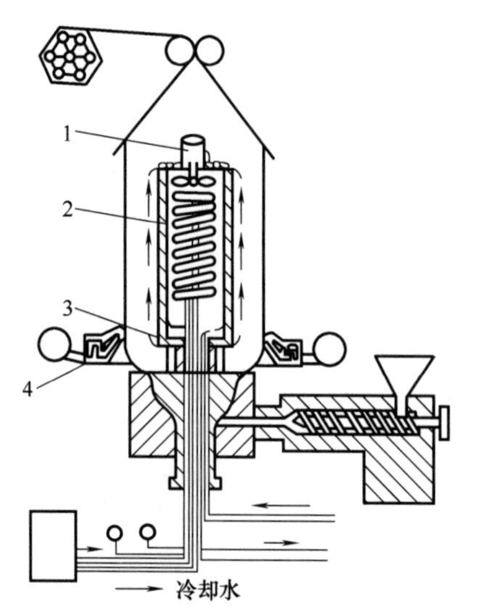

扫码观看管泡内热交换器式空气内冷装置动画

1—电风扇轴；2—热交换器；3—内风环；4—外风环。

图 3-17　管泡内热交换器式空气内冷装置

3.3.4　牵引系统

定型好的膜管被一对安装在牵引架上的牵引辊以恒定的速度向上牵引，经固定在牵引架上、牵引辊下方的人字板展平，最后进入牵引辊辊隙而被压紧，成为连续的双层薄膜被送往卷取装置。牵引系统一般由牵引架、人字板、牵引装置的传动系统和一对牵引辊组成。此处主要介绍人字板和牵引装置。

3.3.4.1　人字板

人字板的作用有三个：稳定膜管；逐渐将圆筒形的薄膜折叠成平面状；进一步冷却薄膜。

人字板的种类较多，常用的有导辊式、抛光的硬木夹板式和抛光的不锈钢夹板式。导辊式和夹板式人字板如图 3-18 所示。

导辊式人字板由铜管或钢辊组成，它对膜管的摩擦阻力小，且散热快。但由于膜管内气体压力的作用，易使薄膜从辊之间胀出，引起薄膜折皱，折叠效果差，其结构也较复杂，成本高。硬木夹板式人字板散热性能差，不锈钢夹板式的散热性能好。为了提高冷却效果，金属夹板式人字板还可通水进行冷却。

人字板在压平膜管的过程中，膜管同一圆周上的各点与其接触前后不一致，因此冷却有前有后，造成薄膜收缩不一致，形成皱纹，特别是采用冷却效果较好的水冷却式人字板以及膜管不稳定颤动时，薄膜产生的皱纹更为严重。在接触人字板前膜管应充分冷却，才可能避免严重的皱纹产生。

薄膜在光滑的人字板上滑动时，由于摩擦而发生静电，加之膜管内压缩空气的作用，使薄膜紧紧地贴合在两块夹板上，产生了一定的摩擦阻力。当薄膜受到牵引辊牵伸时，贴合在夹板上的薄膜有被拉长的趋势，这也是薄膜产生皱纹的一个原因。采用气垫式夹膜装置可改善此问题，气垫式夹膜装置为由金属导板构成的帐篷状框架，导板表面涂有氟聚合物，在框架导板上钻有一组小孔，从这些孔中吹出一股均匀的空气流。这股气流使膜泡与金属导板之间保持一处像刀片一样薄的气隙，形成气垫，直至夹辊处。由于膜泡不与框架导板直接接触，可防止两者之间发生粘连，避免薄膜起皱。

人字板之间的夹角大小对吹塑薄膜皱纹的产生也有直接的影响，薄膜上产生的皱纹对卷取质量和薄膜的使用都有不良的影响。

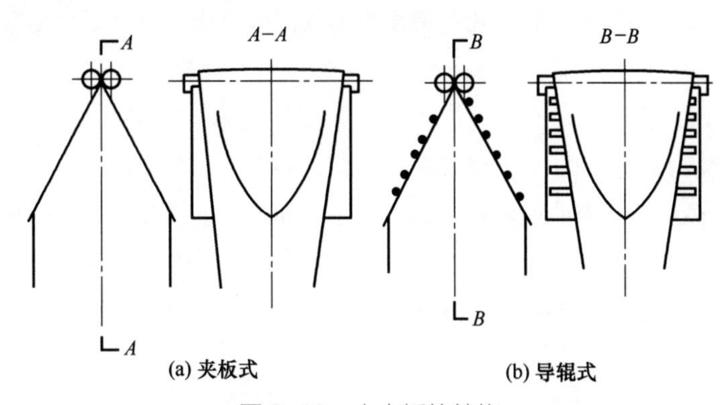

图 3-18 人字板的结构

在薄膜被人字板从圆筒状压平成两层贴合的平膜过程中，膜管上各点经过的距离是不同的。人字板的夹角可用调节螺钉调节，夹角越大，膜管上各点通过的距离的差值越大，膜管表面与人字板之间产生的摩擦力的大小差异也越大，产生皱纹的可能性也越大。夹角太小，虽然膜管夹扁顺畅不易起皱，但是又会使人字板过长，从而使辅机的高度增加。

通常，人字板夹角范围大致在 15°~45°（平吹法人字板的夹角通常为 30°，上吹法和下吹法也可为 50°）。人字板夹角、牵引辊及薄膜折径之间的关系见表 3-5。

表 3-5 人字板夹角与牵引辊长度及薄膜折径之间的关系

工艺参数	数值				
牵引辊长度/mm	400	800	1100	1700	2200
最大成膜折径/mm	300	700	1000	1500	2000
人字板长度/mm	500	1000	1500	1700	2200
计算膜管直径/mm	190	446	640	958	1280
人字板计算夹角/°	18	25	25	30	35

3.3.4.2 牵引装置

牵引装置的作用是将人字板压扁的薄膜压紧并送至卷取装置，以防止管泡内空气泄漏，保证管泡的形状及尺寸稳定，并牵引、拉伸薄膜，使挤出物料的速度与牵引速度有一定的比例（即拉伸比），从而达到塑料薄膜所应有的纵向强度。通过对牵引速度的调整可控制薄膜的厚度。

牵引辊通常由一个橡胶辊（或表面覆有橡胶的钢辊）和一个镀铬钢辊组成。镀铬钢辊为主动辊，与可无级变速的驱动装置相连。

牵引辊间的接触线中心应与人字板中心、机头中心对准，以保证膜管稳定不歪斜，否则会造成膜管周围上各点到牵引辊距离之差增大而更易折皱。两牵引辊间应有一定压力，以保证能牵引和拉伸薄膜，防止膜管漏气。该压力可靠弹簧或汽缸加载产生，而压缩的程度用螺丝来调节，以适应厚薄不同的薄膜。两牵引辊之间的压力应当在满足牵引和拉伸薄膜、防止膜管漏气的前提下尽可能小，因为作用于胶辊的压力大，胶辊中部的变形也大，形成膜片的边缘被压紧而中部压不紧的现象，同时压力较小还可减小较厚的薄膜边缘部分（折缝处）易裂口的倾向。

为了使薄膜能更充分冷却，牵引辊（光辊）内部也可通冷却水进行冷却。

牵引辊筒（光棍）可采用无缝钢管加工制成，表面镀铬，铬层厚度 0.03~0.05mm，并抛光，辊筒表面粗糙度 $Ra \leq 0.80\mu m$。橡胶辊的胶层硬度应保证在（邵尔 A）60~70 度，硬度过高胶辊弹性不足，硬度太低则使胶辊不耐磨。使用时间较长后，胶辊表面磨损，甚至变成马鞍形，这时可进行上胶或磨削处理。

牵引辊筒直径的确定主要是从刚度及强度来考虑的，目前牵引辊筒长度在 1700mm 以下的多采用直径 150mm。

牵引辊的转动应能无级变速，以适应各种规格的吹塑薄膜在实际生产中调节牵引速度的需要；此外，应有较大的调速范围，其最大速度应稍高于整个吹膜机组在达到最大生产能力时所需的最高牵引速度，其最低速度应便于引膜操作。国产吹塑薄膜辅机牵引速度范围多为 2~20m/min。目前，有些高速吹膜机组的最高牵引速度已达 60m/min，甚至更高。

牵引辊筒中心高是指牵引辊中心到塑料挤出机地基平面的距离，它是决定整个辅机能否保证吹塑薄膜充分冷却的主要因素之一，尺寸过小不但薄膜冷却不充分，会造成膜层的粘连，而且膜管圆周上各点从机头出口处到牵引辊之间所经路程差增大，膜压扁时易出现折皱；尺寸太大则辅机高度大且笨重，操作不方便，也增加了厂房高度，增大了投资。

随着吹塑薄膜向多层、宽幅化发展，机头或挤出机旋转或摆动较困难，越来越多的生产厂家采用摆动式牵引装置，见图 3-19，以分布膜厚误差，使薄膜卷取平整。

3.3.5 卷取装置

薄膜从牵引辊出来后，经过导向辊而进入卷取装置。导向辊的作用是稳定薄膜位置和卷取速度，支承薄膜和展平薄膜。导向辊安装应相互平行，否则薄膜会左右移动，卷取不平整。

薄膜卷取质量的好坏对以后的裁切、印刷等影响很大。卷取时，薄膜应平整无皱纹，卷边应在一条直线上，薄膜在卷取轴上的松紧程度应该一致。因此卷取装置应能提供可无级调速的卷取速度和松紧适度的张力。卷取装置有中心卷取和表面卷取两种类型，如图 3-20 所示。

3.3.5.1　中心卷取装置

中心卷取装置又称主动卷取装置，如图 3-20（a）所示。驱动装置直接驱动卷绕辊。这种装置可用于多种厚度薄膜的卷取，薄膜的厚度变化对卷取影响不大。薄膜在收卷过程中，出于卷绕，直径不断变化，为了保持恒定的收卷线速度和张力，一般说来，卷取轴的转速应随着膜卷直径的增加而相应变小，采用力矩电机作为收卷轴的动力可满足这种需求。

最简单的办法是利用摩擦离合器调节卷取辊的转速，使其随膜卷直径的增大而减小。

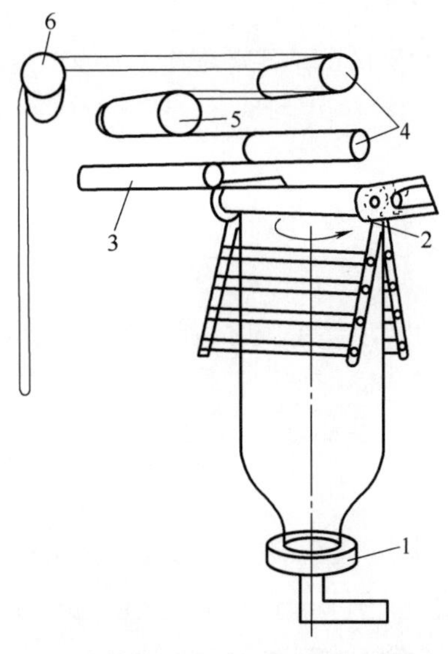

1—机头；2—摆动式夹膜架/牵引辊；3—固定在牵引辊上的导辊；4—摆动式转辊；5—摆动式导辊；6—固定式转辊。

图 3-19　摆动式夹膜/牵引装置

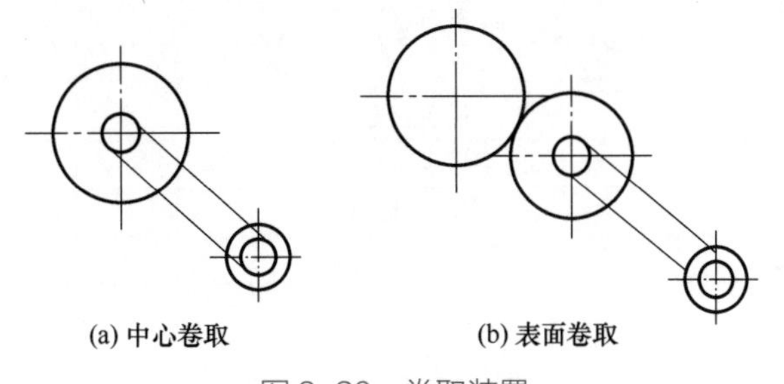

图 3-20　卷取装置

3.3.5.2　表面卷取装置

表面卷取装置如图 3-20（b）所示。电动机由皮带把动力和速度传到表面驱动辊，卷取辊与驱动辊相接触，靠两者之间的摩擦力带动卷取辊将薄膜卷在卷取辊上。其卷绕速度由表面驱动辊的圆周速度决定，不受卷绕辊直径变化的影响，因而能与牵引速度保持同步。

这种卷取装置结构简单，维修方便，卷取轴不易弯曲。但该装置易损伤薄膜。它适合于卷取厚膜和难以实现中心卷取的宽幅薄膜。

随着自动化程度的提高以及生产上的要求，自动卷取发展了双工位自动卷取装置。该种装置由强力调节机构，切割机构和卷取机构三部分组成。

学习活动

查找：

查找吹塑薄膜厚度的控制技术的新进展。

思考：

吹塑法生产薄膜的产量不够高，如何通过改进辅机来实现高速挤出薄膜？

3.4 匹配挤出机与模具

生产吹塑薄膜时，首先得知的是材料品种、薄膜折径与厚度，据此选择挤出机与模具。

3.4.1 挤出机规格和螺杆形式

吹塑薄膜一般采用单螺杆挤出机，挤出机规格根据薄膜折径及厚度选择，以便取得好的经济效益。例如，用大型挤出机生产薄而窄的塑料薄膜，挤出量高，但不易实现快速牵引下的冷却；反之，厚而宽的薄膜使用小型挤出机，会使塑料处于高温的时间太长，对薄膜的质量损害就大，同时生产率也达不到要求。所以，一种挤出机只能适合于挤出少数几种规格的产品。表3-6为挤出机规格与薄膜尺寸之间的关系。

表 3-6　挤出机规格与薄膜尺寸之间的关系

螺杆直径/mm×长径比	薄膜折径/mm	薄膜厚度/mm
30×20	30~300	0.01~0.06
45×25	100~500	0.015~0.08
65×25	400~800	0.01~0.12
90×28	700~1500	0.01~0.15
120×28	1000~2500	0.04~0.18
150×30	1500~4000	0.06~0.20
200×30	2000~8000	0.08~0.25

挤出机螺杆构型的选择要考虑被加工物料的物理性能。生产非结晶性的塑料薄膜应采用渐变型螺杆，生产结晶性的塑料薄膜则应采用突变型螺杆；加工热敏性 PVC 塑料时，要避免物料在料筒内停留时间过长，避免螺杆头与多孔板之间的积料，螺杆头应设计为尖头的，不能选择屏障型的螺杆，以免因剪切力过大，而导致物料分解；对于聚烯烃类物料，则可采用高效螺杆提高质量及产量。

挤出机长径比通常为20~30，为了提高混炼效率，有时在螺杆头部增加混炼装置，螺杆的长径比应该比较大，取25以上。但挤出 PVC 薄膜的挤出机长径比不宜大，通常为20。另外，树脂特性和外形尺寸不同，所需螺杆的压缩比也不一样。成型各种塑料薄膜时螺杆的压缩比见表3-7。

3.4.2 挤出机与口模的匹配

首先按不同塑料的特性选择吹膜机头的类型，例如聚氯乙烯塑料不宜采用螺旋机头。由

表 3-7　成型各种塑料薄膜时螺杆的压缩比

薄膜品种	螺杆压缩比	薄膜品种	螺杆压缩比
聚苯乙烯	2~4	聚氯乙烯,粉料	3~5
尼龙	2~4	聚乙烯	3~4
聚碳酸酯	2.5~3	聚丙烯	3~5
聚氯乙烯,粒料	3~4		

薄膜的折径、各种薄膜最佳吹胀比（参见表 3-3），可得到吹膜机头的直径，吹塑薄膜挤出机选择除考虑挤出机规格与薄膜尺寸之间的关系之外，还要考虑螺杆直径与吹膜机头直径尺寸的匹配，挤出机螺杆直径与吹膜机头直径的关系见表 3-8。

表 3-8　螺杆直径与吹膜机头直径的关系

螺杆直径/mm	45	50	65	90	120	150
机头直径/mm	<100	75~120	100~150	150~200	200~300	300~500

通常吹模机头设计时必须同时完成薄膜冷却风环的设计或选用，聚乙烯薄膜冷却风环直径与口模直径的关系见表 3-9。

表 3-9　风环直径与口模直径的关系

口模直径/mm		40~60	70~80	100	150	200	250	350	500
风环直径/mm	LDPE	120~180	160~200	160	240~300	300~400	400~500	650~700	750
	HDPE	60~80	110	160~250	200~240	260~300	—	—	

学习活动

查找：

我国有哪些主要的吹塑薄膜设备生产企业？查找其所生产的挤出机及吹膜辅机规格型号、技术参数、结构性能特点。

思考：

实训室现有的吹塑薄膜机头与挤出机应如何匹配？能生产何种原料、哪些规格的薄膜？

3.5 吹塑薄膜成型工艺

3.5.1 成型工艺流程

吹塑薄膜中，目前使用较多的是平挤上吹法，故下面以平挤上吹法进行介绍。上吹法吹塑薄膜生产工艺流程如图 3-21 所示。

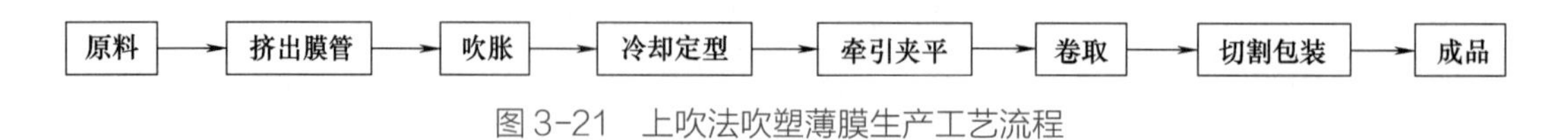

图 3-21　上吹法吹塑薄膜生产工艺流程

其生产操作流程如图 3-22 所示。

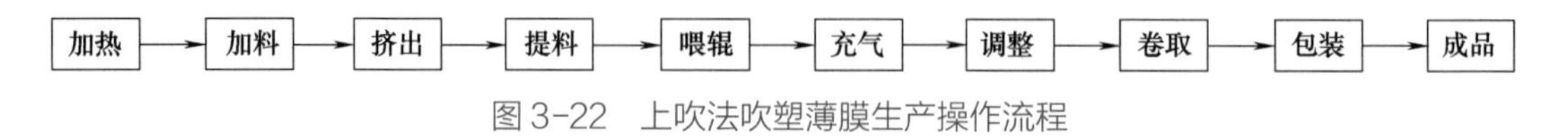

图 3-22　上吹法吹塑薄膜生产操作流程

(1)加热　通过加热器将挤出机和机头加热到所需的温度，并保温一段时间。

(2)加料及挤出　当挤出机和机头达到保温要求后，启动挤出机，向料斗加入少量的塑料(粉料或粒料)，开始时螺杆以低速转动，当熔融料通过机头并吹胀成管泡后，逐渐提高螺杆转速，同时把料加满。

(3)提料　将通过机头的熔融物料汇集在一起，并将其提起，同时通入少量的空气，以防相互黏结。

(4)喂辊　将提起的管泡喂入夹辊，通过夹辊将管泡压成折膜，再通过导辊送至卷取装置。

(5)充气　塑料管泡喂辊后，即可将空气吹入管泡，直到达到要求的幅宽为止。由于管泡中的空气被夹辊所封闭，几乎不渗透出去，因此，管泡中压力保持恒定。

(6)调整　薄膜的厚薄公差可通过口模间隙、冷却风环的风量以及牵引速度的调整得到纠正，薄膜的幅宽公差主要通过充气吹胀的大小来调节。

(7)卷取　在卷取装置上安装好卷轴，调节卷取速度和卷取张力，使薄膜按要求收卷。

(8)包装　将每卷薄膜用薄膜或者牛皮纸等包装材料包好捆牢，在合格证或外包装上应标注产品名称、商标或制造厂名、规格、净重、批号或生产日期、执行标准、检验员章等信息。

3.5.2　成型工艺控制

3.5.2.1　工艺参数

(1)温度控制　温度控制是吹塑薄膜工艺中的关键，直接影响着制品的质量，必须对物料的性能和加工条件充分了解，才能更好地掌握加热温度的控制。对热敏性塑料，如 PVC 吹塑薄膜，温度控制的要求极为严格，正确地选择加热温度与加热时间之间的配合十分重要。

加工温度的设定，主要是控制物料在黏流态的最佳熔融黏度，以生产出合格的制品为基本原则。挤出不同的原料，采用的温度不同；使用相同原料，生产厚度不同的薄膜，加工温度不同；同一原料，同一厚度，所用的挤出机不同，加工温度不同。厚度较薄的薄膜要求熔体的流动性更好，采用同样的物料，成型 20μm 的薄膜的加热温度比 80μm 的薄膜所需温度要高得多。

控制温度的方式可分为两种：一种是从进料段到口模温度逐步递升；第二种是送料段温度低，压缩段温度突然提高（控制在物料最佳的塑化温度)，到达计量段时，温度降至使物料保持熔融状态，但口模温度应以使物料保持流动状态为宜，口模温度视挤出机螺杆长径比而确定，可与料筒末端温度一致或比后者低 10~20℃。

对热稳定性较低的 PVC，料筒温度应低于机头温度，否则，物料在温度较高的料筒中容易过热分解。对于 PE 和 PP 等不易过热分解的塑料来说，机头温度可低于料筒温度。这样，既对膜管的冷却定型有利，又能使膜管更稳定，提高薄膜质量。

吹塑薄膜的挤出温度范围见表 3-10。成型温度对 LDPE 薄膜的性能的影响见图 3-23 至图 3-25。

表 3-10　　吹塑薄膜的挤出温度范围　　单位：℃

薄膜品种		料筒	连接器	机头
PVC(粉料)	高速吹膜	160~175	170~180	185~190
	热收缩薄膜	170~185	180~190	190~195
PE		130~160	160~170	150~160
PP		190~250	240~250	230~240
复合薄膜	PE	120~170	210~220	200
	PP	180~210	210~220	200

料筒和机头的加热温度对成型和薄膜性能影响显著。图 3-23 表明，LDPE 成型温度过高会导致薄膜发脆，尤其是纵向拉伸强度下降显著。此外，温度过高还会使泡管沿横向出现周期性振动波。成型温度太低，则不能使树脂得到充分混炼和塑化，从而产生一种不规则的料流，使薄膜的均匀拉伸受影响，因此，光泽、透明度下降。图 3-24 表现成型温度和雾度的关系。成型温度太低，还会使膜面出现以晶点为中心周围呈年轮状纹样、晶点周围薄膜较薄的现象，这就是所谓“鱼眼”。另外，温度太低，还会使薄膜的断裂伸长率和冲击强度下降，如图 3-25 所示。

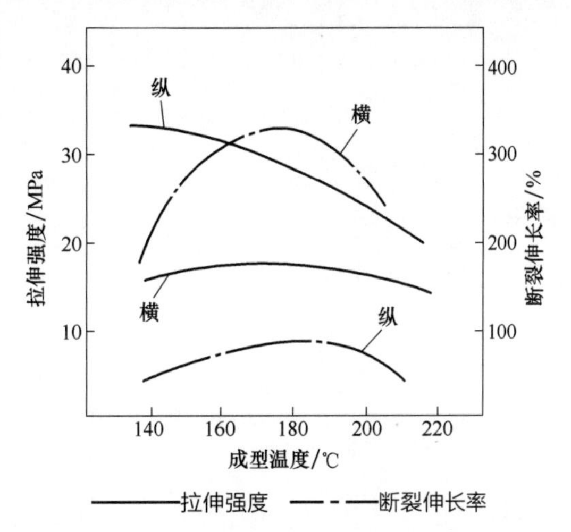

图 3-23　成型温度对 LDPE 薄膜拉伸性能的影响

(2) 吹胀比　根据拉伸取向的作用原理，吹胀比大，则薄膜的横向强度高，但实际上，膜泡直径胀得太大会引起蛇形摆动，造成薄膜厚薄不均，产生皱褶，通常控制吹胀比在 2.5~3.0，操作容易，同时薄膜横向、纵向强度接近。当薄膜尺寸较小（折径小于 1m）时，吹胀比也可达到 6。

吹胀比越大，薄膜的光学性能越好，这是因为在熔融树脂中，包括那些塑化较差的不规则料流可以纵横延伸，使薄膜平滑。图 3-26 表示吹胀比对薄膜雾度的影响。吹胀比的增加还可以提高冲击强度，如图 3-27 所示。

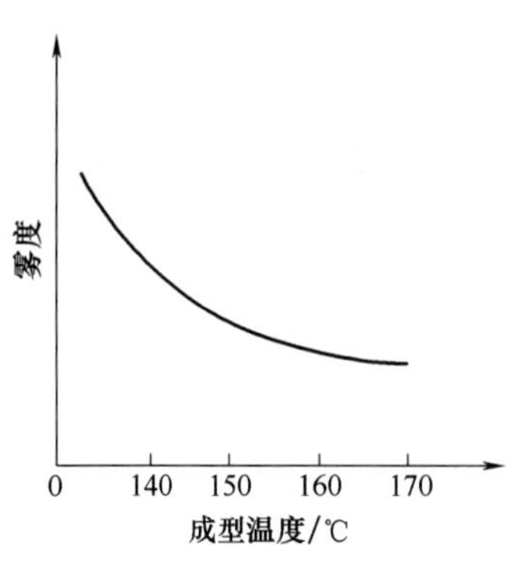

图 3-24 成型温度与雾度

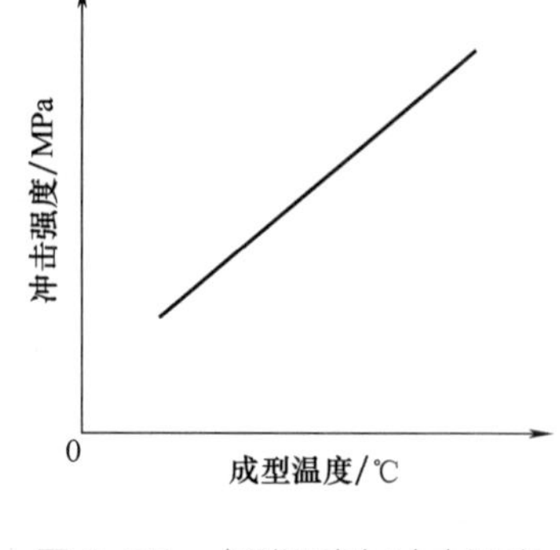

图 3-25 成型温度与冲击强度

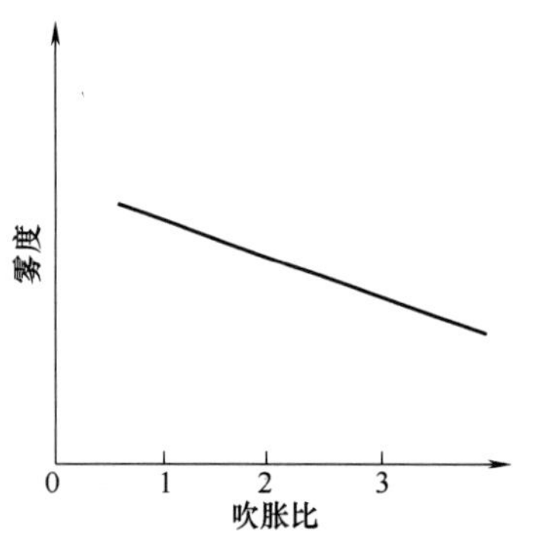

图 3-26 吹胀比与雾度的关系

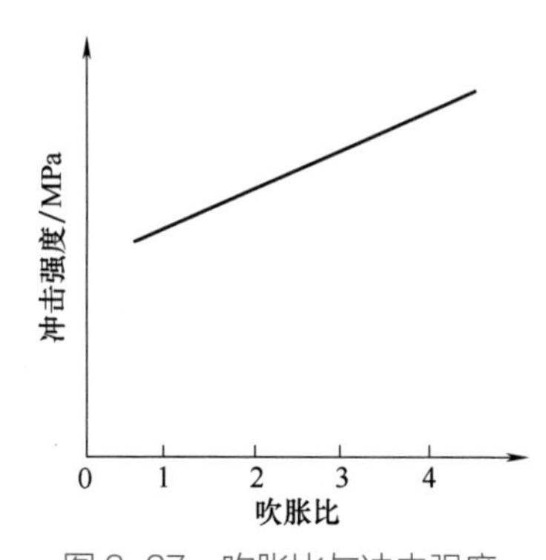

图 3-27 吹胀比与冲击强度

如图 3-28 和图 3-29 所示，横向拉伸强度和横向撕裂强度随吹胀比增加而上升；纵向拉伸强度和纵向撕裂强度却相对下降，两向的撕裂强度在吹胀比大于 3 时趋于恒定。如果采用的吹胀比不同，随吹胀比增加，纵向伸长率下降，而横向变化不大。只有当机头环形间隙增大时，横向伸长率才开始上升。

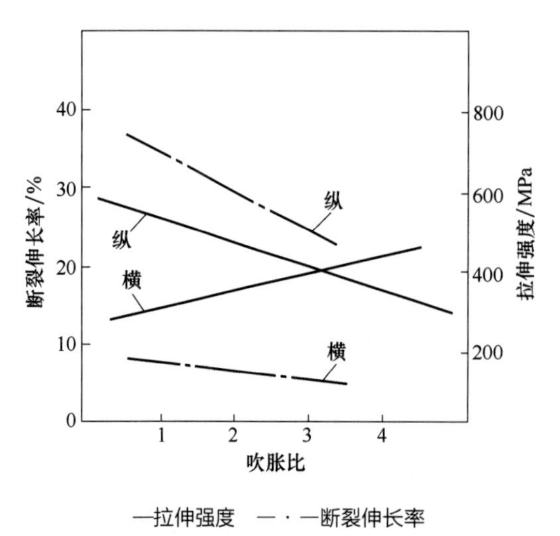

图 3-28 吹胀比与拉伸性能的关系

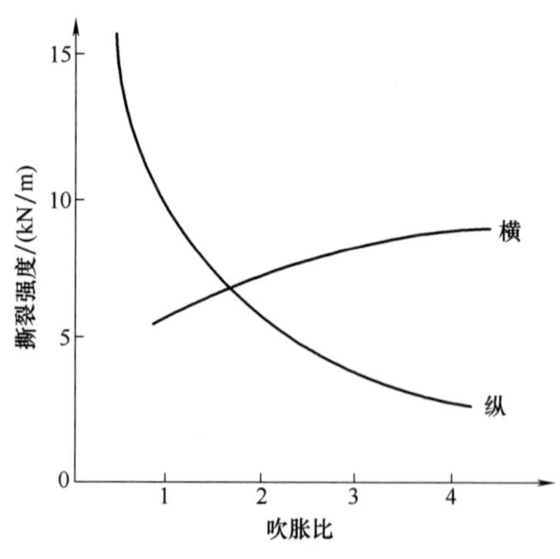

图 3-29 吹胀比与撕裂强度的关系

(3)拉伸比　吹塑薄膜的拉伸比是薄膜在纵向被拉伸的倍数。拉伸比使薄膜在引膜方向上具有取向作用，增大拉伸比，薄膜的纵向强度随之提高。但拉伸比不能太大，否则难以控制厚薄均匀度，甚至有可能将薄膜拉断。一般拉伸比为4~6。

当加快牵引速度时，从模口出来的熔融树脂的不规则料流在冷却固化前不能得到充分缓和，故光学性能较差，如图3-30所示。即使增加挤出速度，也不能避免薄膜透明度（film clarity)的下降。

在挤出速度一定时，若加快牵引速度，纵横两向强度不再均衡，而导致纵向强度上升，横向强度下降，如图3-31所示。

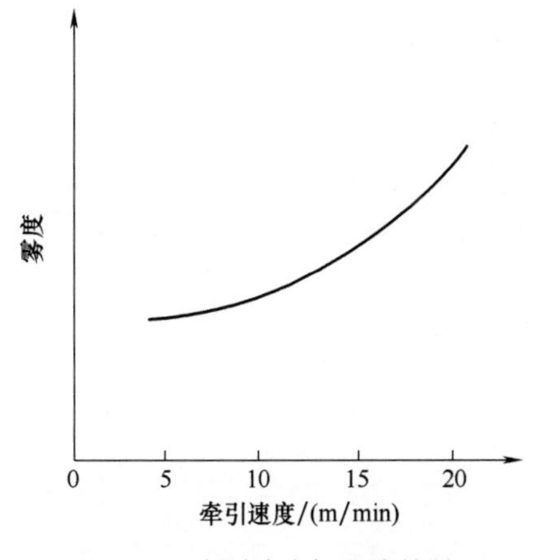

图3-30　牵引速度与雾度的关系

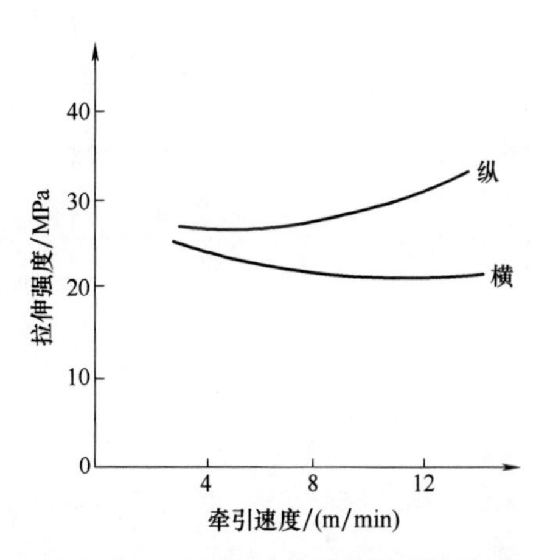

图3-31　牵引速度与拉伸强度的关系

吹胀比和拉伸比分别为薄膜横向膨胀的倍数与纵向牵伸倍数，若二者同时加大，薄膜厚度就会减小，而折径却变宽，反之亦然。所以吹胀比和拉伸比是决定最终薄膜尺寸和性能的两个重要参数。

(4)薄膜冷却　吹塑薄膜的冷却与制品质量的关系很大。管泡自口模到牵引的运行时间一般为1min多一些（最长也不超过2.5min），在这么短的时间内必须使管泡冷却定型；否则，管泡在牵引辊的压力作用下就会相互粘接，从而影响薄膜的质量。

调整冷却风环的工艺参数，可以稳定管泡，控制冷固线高度（frost line height），提高薄膜的精度与生产速度。

吹塑薄膜的管膜形状通常有三种形式，如图3-32所示。图3-32（a)是冷却速率较为缓慢时所获得的管膜形状。此时风环位置较低，风量不大，空气温度较高，可以形成这种形状。图3-32（b)是管膜离开口模后快速冷却的形状，这时的冷固线较低。图3-32（c)是管膜离开口模一定距离后快速冷却的形状，此时风环位置高，风量大，并在低气温下才能形成这种形状。

冷固线高度及泡型影响薄膜的物理及机械性能，因为薄膜在纵、横两个方向上的拉伸取向程度不仅与纵向拉伸比、横向吹胀比有关，还与模口至冷固线之间管状熔体的黏度变化和纵横向拉伸顺序有关。

一般无其他外加热时，膜泡的温度离口模越远越低，拉伸应力则在高温时比低温时更易松弛。上述三种不同的管膜形状的聚合物分子取向情况不同：图3-32（b）中管泡先横向后纵向拉伸，纵向取向程度高，但纵、横向均衡性最差；图3-32（c）中的管泡先纵向后横向拉伸，横向取向程度高，纵、横向均衡性最好；图3-32（a）介于图3-32（b）与图3-32（c）之间，纵横两向几乎是同时进行拉伸的，是一般吹塑薄膜常采用的一种泡型。

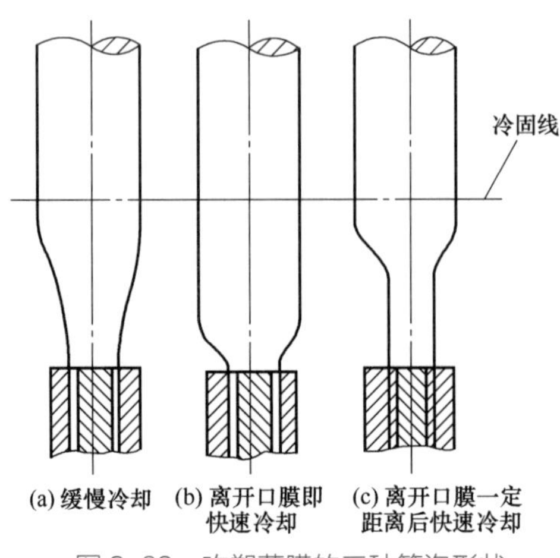

扫码观看膜管形状形成因素

图3-32　吹塑薄膜的三种管泡形状

3.5.2.2　工艺操作

工艺操作规程如下：①用铜质塞尺调整口模与芯模间环形缝隙的宽度，保证各处一致。②观察刚挤出的管泡四周挤出量是否均匀。若管泡歪斜，出现单边厚薄，应调整四周温度及间隙宽度，出料快之处降温、拧紧螺钉；反之则升温、松开螺钉。③开压缩空气吹胀管泡，压紧管泡引至卷取装置，调节牵引速度、吹胀比，使薄膜的折径、厚度基本符合要求。④调整薄膜厚度均匀度，调整冷却风环的位置及风量，稳定冷冻线（模口到管泡定型处的位置）的长度，在卷取装置前逐点取样，测定厚度，找出产生厚薄的部位，以便调整。

3.5.3　几种吹塑薄膜的成型工艺

3.5.3.1　低密度聚乙烯（LDPE）膜

用于吹塑薄膜生产的乙烯类聚合物和共聚物有很多种， LDPE 膜和 LLDPE 均为其中重要的树脂品种。 LDPE 有较好的力学性能、光学性能、热封合性能等，适当牌号的 LDPE 对吹膜加工有很好的适应性，操作容易。 LLDPE 的相对分子质量分布窄，平均相对分子质量较大，加工流动性不如 LDPE，但拉伸强度、伸长率、耐穿刺性、耐撕裂性等都优于 LDPE。 LLDPE 可以单独吹膜，但需对有关设备进行改进，才能满足吹塑成型要求。因此， LLDPE 常以共混组分的形式在吹膜工艺中出现， LLDPE 的加入可以有效地提高 LDPE 薄膜的强度和韧性。

（1）树脂　生产普通包装膜、手提袋的 LDPE 选用熔体流动速率为 0.7~1.0g/10min 的树脂， LLDPE 的熔体流动速率为 1~2g/10min。

（2） LDPE 和 LLDPE 吹塑薄膜工艺及设备　折径为 300mm 以上的普通 LDPE 膜采用平挤

上吹法成型。螺杆直径为 40~200mm；螺杆长径比为 20~30。螺杆挤出速度不超过最大线速度 0.8~1.2m/s。表 3-11 列出了吹膜挤出机规格与产量、功率的关系。

表 3-11 LDPE 高性能吹膜生产线产量数据

螺杆直径 D/mm	最大产量/(kg/h)	挤出机驱动功率/kW	螺杆直径 D/mm	最大产量/(kg/h)	挤出机驱动功率/kW
50	100	30	90	380	110
60	180	55	120	600	210
70	250	78	135	800	310

LDPE 吹膜挤出机多采用螺旋式机头或支架式机头，口模直径 100~1000mm。风环采用堤坝式铸铝风环，鼓风机压力为 4000~8000Pa，流量为 15~75m^3/min。

LDPE 吹膜挤出机和机头的温度控制是薄膜生产中的关键，它直接影响产品质量，应使物料熔融充分，熔体黏度均匀一致，且黏度适当。可控制机身从料斗向机头方向的第一段温度为 140~150℃，第二段温度为 170~180℃，第三段温度为 180~190℃，机头温度 180℃左右。

LDPE 和 LLDPE 吹膜工艺中，熔融物料从机头口模被挤出后形成管坯，立即吹胀而被横向拉伸，同时在牵引辊的作用下被纵向拉伸，因此分子链在纵横向发生取向，取向程度对薄膜强度有显著影响，取向度大，强度高。为了使薄膜纵横向强度均等，应使吹胀比与拉伸比相同，但实际生产中为扩大机头的适用范围，通过调节吹胀比与牵伸比使同一规格的机头在一定范围内吹制不同折径、不同厚度的薄膜。吹胀比通常控制在 1.5~3，拉伸比控制在 3~7。

薄膜从机头挤出吹胀后立即进行冷却，若冷却效果不好，则薄膜发黏而无法引膜。为提高产量，可采用双风环冷却；较为先进的冷却方法是内冷法，通过改变内部气流进行内部冷却，对薄膜质量有着重要的改善效果。

（3）LLDPE 吹塑薄膜设备的改进 LLDPE 较 LDPE 的力学性能优异，如承受相同强度，LLDPE 的膜厚可比 LDPE 减少 25%~50%， LLDPE 的拉伸断裂强度要比 LDPE 薄膜高 2 倍，而 LLDPE 薄膜的加工成本并不高，因此，越来越多的 LDPE 薄膜被 LLDPE 所取代， LLDPE 还被用来加工拉伸膜和共挤出膜。

加工 LLDPE 薄膜与加工 LDPE 的设备有所不同，这是由于 LLDPE 的分子结构和流变性特点。图 3-33 是 LDPE 和 LLDPE 的黏度（η）和剪切速率（$\dot{\gamma}$）曲线的比较。 LLDPE 的黏度高于 LDPE，所以需要螺杆承受较高的扭矩和更大的驱动功率。为了尽可能地降低熔融温度，还应修改螺杆的几何参数设计。

LLDPE 和 LDPE 的机头设计有所区别，图 3-34 是 LDPE 和 LLDPE 机头口模形状和尺寸的比较，其中图 3-34（a）是 LDPE 口模，图 3-34（b）是 LLDPE 口模。口模间隙的增加，可以消除 LLDPE 物料离模时的熔体破裂现象。

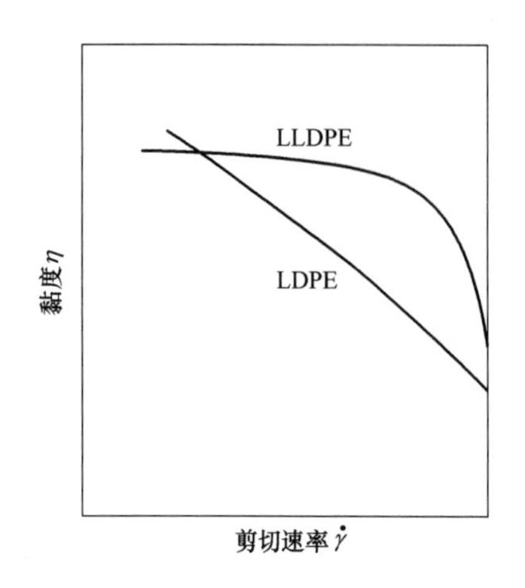

图 3-33 LDPE 和 LLDPE 的 $\eta-\dot{\gamma}$ 关系

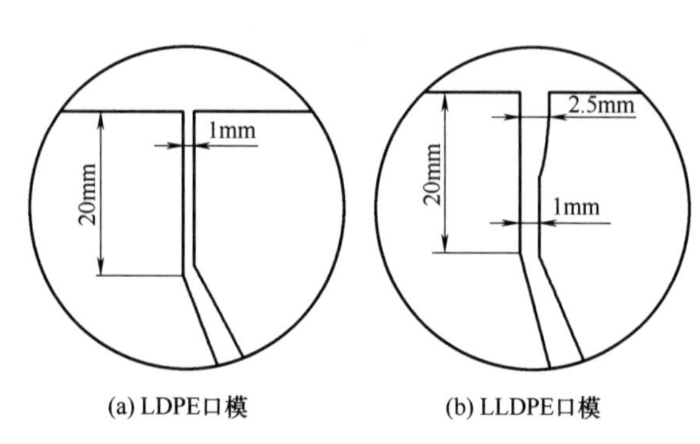

图 3-34 LDPE 和 LLDPE 口模的比较

在塑化状态下，LLDPE 熔体强度低，导致膜泡难以稳定。用双风口冷却风环和内冷却装置有利于膜泡的稳定和冷却。

3.5.3.2 高密度聚乙烯（HDPE）包装膜

由于 HDPE 分子链较为规整，结晶度高，HDPE 生产的吹塑薄膜在力学性能、耐热性和阻隔性方面与 LDPE 薄膜不同，见表 3-12。

表 3-12　　LDPE 与 HDPE 性能比较

材　料	参考标准	LDPE	HDPE
密度/(g/cm³)	—	0.91~0.94	0.94~0.97
拉伸强度/MPa①	DIN 53455	150~200	450~350
断裂伸长率/%①	DIN 53455	600	650~450
撕裂强度/(N/100mm)①	DIN 53455	8	32~27
拉伸冲击韧性/MPa②	DIN 53448	2000	2000~1800
透水蒸气性/(g/m²)(24h)③	DIN 53122	3	1~1.5
最高使用温度/℃	—	≈80	110~115

注：① 使用 DIN 53455。
② 使用 DIN 53448。
③ 使用 DIN 53122。

（1）树脂及加工特性　用于吹塑薄膜的 HDPE 树脂的熔体流动速率为 0.2~0.6g/10min。树脂的熔融温度较高，且在剪切速率变化范围内黏度很高。由于分子结构为线型，流动取向性很强。

（2）成型工艺特点　与 LDPE 和 LLDPE 吹塑薄膜相同，HDPE 薄膜采取平挤上吹法成型，但膜泡的形状与 LDPE、LLDPE 的形状截然不同。图 3-35 为 HDPE 的膜泡形状和冷却定型装置。可见，薄膜的吹胀发生在离开口模一段距离之后，膜泡的下部是一段细长的管状结构，其长度约为口模直径的 5~8 倍。这是 HDPE 的熔体特性和拉伸比决定的。实际上，这种泡形的产生是由于在工艺上先成型出一段管，再在一定的温度下对其进行双向拉伸，因此，取向效果显著，薄膜获得较高的强度。薄膜的吹胀比为4~6，拉伸比为3~7。

(3)成型设备与操作　HDPE薄膜的生产适合用小规格的挤出机，表3-13是螺杆直径与产量的关系，其长径比为16~25，螺杆结构带有剪切段与混炼段。螺杆最大挤出线速度为1.4m/s。料筒中熔体温度为240℃左右。

机头采用螺旋芯棒式机头，需注意的是，应在流道、螺线和口模的结构和尺寸上避免过大的剪切速率，否则易出现熔体破裂现象。由于HDPE的上述成型特点，HDPE薄膜口模尺寸相对较小，一般为30~200mm。同样是用冷却风环来冷却和固定带有长细颈的膜泡形状，必须设置能调节高度的稳泡板（图3-35），芯部的支承管也有稳定膜泡的作用。

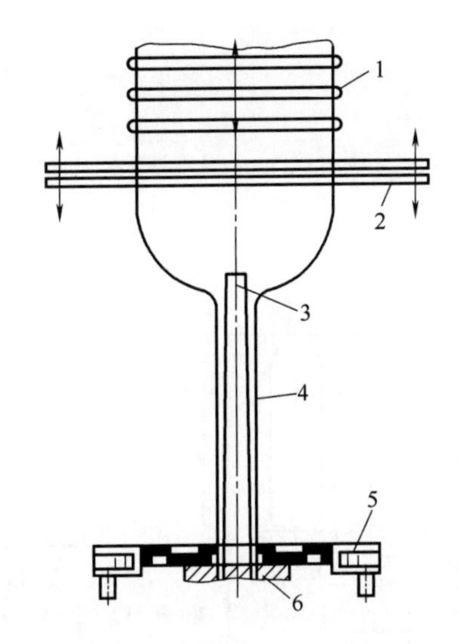

1—可调节高度的定型装置；2—能调节高度的稳泡板；3—芯部支撑；4—泡颈；5—冷却风环；6—机头。

图3-35　HDPE吹塑薄膜的泡形及冷却定型示意图

表3-13　挤出机螺杆直径与产量的关系

螺杆直径 D/mm	最大产量/(kg/h)	螺杆直径 D/mm	最大产量/(kg/h)
35	55	75	270
50	115	90	380
65	200		

学习活动

思考：

为什么聚乙烯薄膜的印刷性较差？

查找：

电晕处理的原理、设备、工艺控制及对薄膜性能的影响。

3.5.3.3　高密度聚乙烯（HDPE）扭结膜

采用特殊生产工艺生产的单向拉伸扭结膜具有高强度、高光泽、高透明度等优异性能，并具有几乎与玻璃纸相当的扭结性能，且价格较低，在糖果等食品包装领域中可替代玻璃纸。

扭结膜原料采用HDPE，熔体流动速率为1.0g/10min左右。

单向拉伸HDPE扭结膜的生产方法有两种，一种是T型机头挤出流延成型法，另一种是挤出管膜吹塑法。下面介绍挤出管膜吹塑法。

管膜吹塑法单向拉伸HDPE扭结膜的生产工艺路线如图3-36所示。

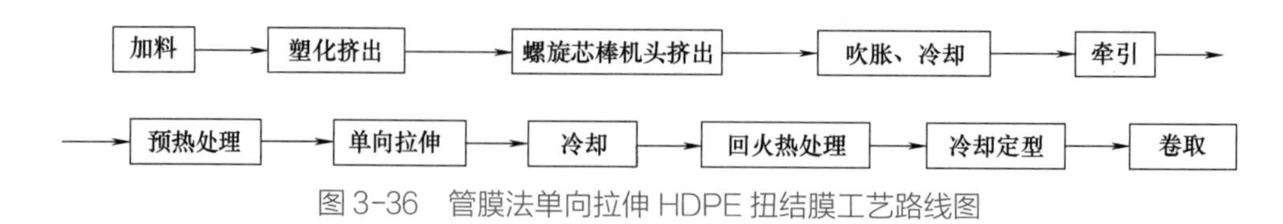

图 3-36 管膜法单向拉伸 HDPE 扭结膜工艺路线图

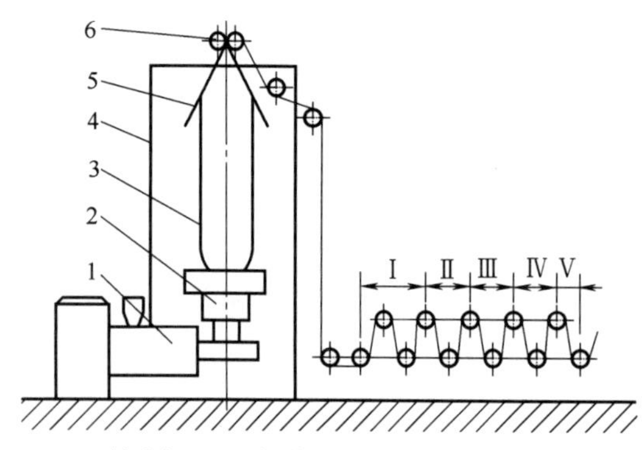

1—挤出机；2—机头；3—管膜；4—支架；
5—人字板；6—牵引辊；
Ⅰ—预热辊；Ⅱ—拉伸辊；Ⅲ—定型辊；
Ⅳ—回火热处理辊；Ⅴ—定型辊。

图 3-37 管膜法单向拉伸 HDPE 扭结膜工艺流程示意图

其工艺流程图示意如图 3-37 所示，生产中的主要设备是直径为 65mm 的单螺杆挤出机，螺杆为双螺纹混料式，长径比 $L/D=26/1$。机头为螺旋进料式机头，且低速均匀旋转，出料均匀。口模直径为 300mm，口模间隙为 2.8mm。

生产工艺控制如下：

(1) 挤出温度　挤出机温度依次为 170，180，200，215，215℃，机颈温度为 205℃，口模温度为 205℃。

(2) 螺杆转速　挤出机螺杆转速应与挤出量、冷却速度、牵引速度等匹配，一般为 30～35r/min，此时熔体塑化良好，出料均匀，晶点少。

(3) 辊温与辊速控制　在工艺流程简图中，Ⅰ区前的拓展辊之后共有 11 个辊。其中Ⅰ区的 4 个辊为预热辊，Ⅱ区的 2 个辊为拉伸辊，Ⅲ区的 2 个辊为定型辊，Ⅳ区的 1 个辊为回火热处理辊，Ⅴ区的 2 个辊为定型辊。在生产过程中，各区辊的温度和辊速要严格控制，否则会出现断膜现象，以致无法正常生产。

Ⅰ区四辊的温度依次为 80～85，90，100，102℃，各辊间速度相等。拉伸区的两辊之间的速率差实现对薄膜的单向拉伸作用，其中的第一辊为高温低速辊，第二辊为低温高速辊，两个辊温分别是 105℃和 50℃，辊速之比（拉伸比）控制在 5.0～7.0；回火热处理区的温度应控制在 HDPE 的软化点附近，这样才能使高分子有足够的能量得以恢复部分拉伸而消除内应力，辊温一般在 110～120℃，辊速与其他辊匹配即可；定型区应保证薄膜经过回火热处理后，还要充分冷却，否则卷取后易粘连，薄膜不易打开，影响正常使用。一般采取自然冷却，辊速与其他辊速匹配即可。

3.5.3.4 聚丙烯（PP）膜

(1) 原料选择　PP 吹塑薄膜应选择熔体流动速率为 6～12g/10min 的吹塑级树脂。由于 PP 吹塑薄膜是将筒膜压扁后再收卷，若在树脂中不加润滑剂，会使薄膜粘连，不易揭开；一般情况下，树脂生产厂家已在吹塑级树脂中加入了润滑剂。

用于吹塑薄膜的树脂有均聚物和共聚物两种。均聚物的价格较之共聚物便宜。应根据产品应用条件选择合适的原料。用共聚物生产的薄膜宜在冬天使用，用均聚物生产的薄膜可在夏天使用。因为均聚物的耐寒性差，所以用其生产的薄膜在冬天应用时脆性大，包装易破裂。相反，共聚物薄膜在夏天使用时，薄膜刚性差，影响包装质量。

(2)设备选择 生产PP吹塑薄膜的设备主要包括挤出机、机头、风环、冷却水环、牵引辊、干燥装置和卷取装置等。

挤出机的选择视所生产薄膜的规格而定。对PP吹塑薄膜的生产，一般选择直径为45mm或65mm的挤出机。螺杆多选择长径比为25，压缩比为3~5的突变型螺杆。

机头可选用十字架式或螺旋式。按薄膜规格选用模口尺寸。

膜管的冷却是PP吹塑膜生产的关键环节。可采用风环和水环同时冷却。膜管先通过风环冷却，使膜管稳定后再进入水环冷却。冷却用水在水环内壁和膜管外径之间形成一层非常薄的水膜，因此，水环内壁的粗糙度对薄膜的外观性能影响较大。实际上，内壁太光滑和太粗糙都对产品质量不利。若太粗糙，薄膜表面易起毛，而太光滑又会使膜管外径和水环内壁完全吻合，易隔断水膜而互相吸住，所以，应按经验选择合适的水环内壁粗糙度。

薄膜在收卷前必须进行干燥处理。因为水冷却后的膜管常常吸附着微量的水分，这些水在膜面上不仅对透明度有影响，还会在印刷前的电晕处理中因膜上含水造成导电后被击穿。

薄膜的干燥形式有热风干燥和热辊加热干燥两种。

(3)生产工艺

① 工艺流程 PP吹塑薄膜可选择平挤下吹法，用水环冷却方式对薄膜进行冷却。

② 工艺控制

a. 挤出温度 挤出温度控制既要保证薄膜的透明性，又要确保薄膜具有良好的开口性。虽然PP薄膜的透明性随挤出温度的提高而提高，但是，如果挤出温度过高，薄膜层与层会发黏，难以揭开，所以，成型过程中温度控制很重要。一般来说，挤出温度可控制在180~240℃。

b. 冷却水环的水温 在PP薄膜的生产中，冷却水环的水温也是关键因素。PP薄膜冷却时，如果冷却水温度上升，冷却就变得缓慢，这时薄膜的结晶度提高，透明度下降，薄膜发脆。冷却水温一般以15~25℃较合适，若大于30℃，透明度将明显下降。

c. 冷却水环与机头的间距 在一定的水温下，增加水的流量也能达到提高冷却效果的目的，但水量过大会对膜管产生冲击作用，使薄膜出现皱褶。冷却水环与机头的距离通常为250~300mm。

d. 干燥温度 干燥的形式有热风干燥和热辊加热干燥。膜的干燥温度约为50℃。

e. 吹胀比 PP吹塑薄膜的吹胀比较PE小，一般控制在1~2，最大不超过2.5。尽管提高吹胀比能使光泽度和冲击强度提高，但增大吹胀比也可导致一些性能变差，如开口性、纵向拉伸强度等。

3.5.3.5 乙烯-醋酸乙烯共聚物吹塑膜

乙烯-醋酸乙烯共聚物（EVA)吹塑薄膜是一种弹性膜，它的弹性使它在包装物品时有很强的缚紧力。EVA薄膜有很好的自黏性、透明性、耐低温性，无毒，是良好的集装物包裹材料。EVA还可以用作性能良好的农用薄膜，其虽柔软，但不会像PVC那样渗出增塑剂而附着尘土，与PE相比，它有更好的保温性，所以，EVA适合覆盖温室和塑料棚，也可以用作地膜。

（1）树脂及原料组成　EVA由乙烯与醋酸乙烯共聚而成，它的性能取决于醋酸乙烯的含量及其熔体流动速率。醋酸乙烯含量越高，材料弹性越大；其含量越低，性能越类似LDPE。当醋酸乙烯含量小于5%，熔体流动速率小于5g/10min时，EVA树脂的结晶度高、柔软性差、自黏性低，所制得的薄膜表面粗糙，光泽度和透明度差，拉伸弹性也差。当醋酸乙烯含量大于30%，熔体流动速率大于5g/10min时，树脂的流动性大，熔体强度低，很难成膜。因此，选用醋酸乙烯含量5%~20%，熔体流动速率为1~5g/10min的EVA树脂生产吹塑薄膜为宜。

典型配方为每100质量份EVA中加入少量防黏剂及防雾剂，两种助剂总量为0.1~3.0质量份。防黏剂是一种至少含有两个羟基的聚烷基醚多元醇；防雾剂是一种多元醇酯的脂肪酸衍生物，它是一种非离子型表面活性剂。加入防黏剂及防雾剂的目的是适当地改善薄膜的自黏性、防雾性和透明度，以适应薄膜应用的需要。

（2）生产工艺　EVA薄膜的生产工艺流程与普通LDPE相同。EVA薄膜采用平挤上吹工艺，与LDPE不同的是，EVA要有较大的吹胀比和较高的纵向拉伸比，从而使薄膜大分子于纵横方向上迅速取向。取向程度高，热收缩率大。吹胀比一般控制在3~5。纵向拉伸比对薄膜的拉伸特性影响较大，控制在7~15为好，拉伸比小，纵向取向程度低，反之，拉伸过分则横向热收缩率可能出现负值。总之，纵向拉伸速比过大或过小对薄膜的性能均有不良的影响。

挤出机的温度控制由料斗向机头方向分别为：第一段120~140℃，第二段170~180℃，第三段180~190℃，机头温度190~210℃。

（3）主要生产设备　EVA与助剂的混合使用高速混合机。挤出机螺杆直径为45mm，长径比为25，压缩比为3。机头可以是十字形机头，口模直径为85mm，口模间隙为0.8mm。

3.5.3.6　软质聚氯乙烯（SPVC）膜

PVC加入增塑剂可吹塑成型软质PVC膜，按使用稳定剂的不同可制成透明膜和半透明膜，前者主要用于农业棚膜，后者主要用于工业包装。PVC吹塑膜的性能因增塑剂及其他助剂添加的数量与品种不同而异，一般增塑剂含量越高，薄膜的伸长率、撕裂强度和耐低温性越好，但硬度、拉伸强度和冲击强度随之下降。

（1）原料组成　软质PVC吹塑膜配方有两类：一类是农业用，主要用于农用棚膜和育秧膜；另一类是工业用，主要用作防潮、防水覆盖膜和工业包装膜。两类软质PVC膜配方见表3-14。

表3-14　软质PVC膜配方举例

物料名称	配比（质量份）	
	农业用	工业用
PVC①	100	100
邻苯二甲酸二辛酯（DOP）	22	22
邻苯二甲酸二丁酯（DBP）	10	10

续表

物料名称	配比(质量份)	
	农业用	工业用
癸二酸二辛酯(DOS)	6	3
石油脂(M-50)	—	4
环氧大豆油	4	—
三盐基硫酸铅	—	1.5
二盐基亚磷酸铅	—	1
硬脂酸钡	1.8	1.5
硬脂酸镉	0.6	—
有机锡稳定剂	0.5	—
石蜡	0.2	0.5
碳酸钙	0.5	1

注：① 采用 SG-2 或 SG-3 型树脂。

(2)生产工艺　PVC 吹膜工艺流程有两种：一种采用粉料直接挤出吹塑成型，此法使用双螺杆挤出机或适于粉料加工且长径比较大的单螺杆挤出机；另一种方法是先造粒再吹膜的工艺，这一工艺的流程如图 3-38 所示。

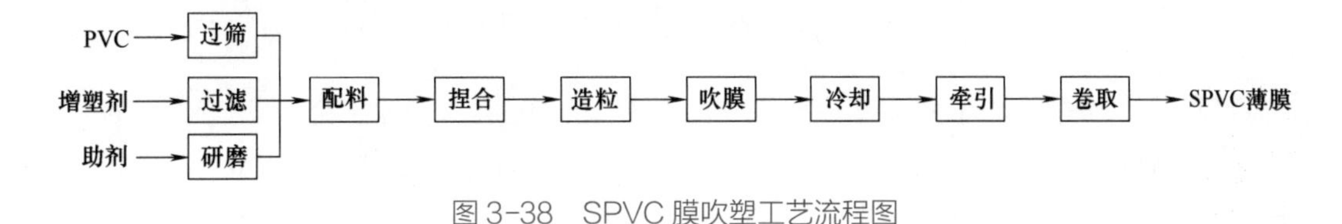

图 3-38　SPVC 膜吹塑工艺流程图

① 配料与造粒　为了除去物料中的杂质，PVC 树脂需过 40 目筛，增塑剂通过 100 目铜网，其他助剂用增塑剂稀释，以三辊研磨机研磨，其细度达 80 μm 以下，然后按配方计量放入捏合机中，捏合温度 100～120℃，待物料松散有弹性即可出料。捏合好的物料投入挤出造粒机造粒，温度控制在 150～170℃，不宜过高。

② 挤出吹膜　为保证吹膜质量，最好使用预热的粒料，有利于降低吹膜能耗，提高薄膜塑化质量。从挤出机加料口向机头方向的温度分别控制为：第一段 150～160℃，第二段 170～180℃，第三段 170～180℃，机头温度 170℃左右。为减少因“糊料”而拆洗机头的次数，机头温度应低于机身温度。吹胀比通常为 1.5～2.5，拉伸比为 2～5。吹膜应予以良好的冷却，否则薄膜发黏。

(3)主要生产设备　三辊研磨机的辊筒直径为 400mm，通水冷却；高速混合机为 200L 容积；挤出造粒机螺杆直径为 65mm，长径比为 15～20，渐变型螺杆；挤出吹膜机组中挤出机螺杆直径为 65mm，长径比为 20～25，渐变型螺杆；机头多采用芯棒式结构。

3.5.3.7　硬质 PVC 膜

挤出吹塑法是成型硬质 PVC 薄膜的方法之一，由这一工艺生产的薄膜可达到较高的透明度，挺括，强度、韧性好，抗冲击和抗撕裂性优良，有很好的气密性，可以做到无毒、无臭、无味，保持包装物的鲜度和香度。透明的硬质PVC吹塑膜外观似玻璃纸（俗称赛璐玢），可作香烟、糖果包装。

（1）原料组成　硬质PVC透明包装膜是一种不加增塑剂的硬质PVC产品，因此选用型号为SG-6的树脂有利于加工流动性。若用于食品的包装，应选用卫生级，其树脂中氯乙烯单体残留量应小于5mg/kg。典型配方见表3-15。

表3-15　硬质PVC透明包装膜配方

物料名称	配比(质量份)	物料名称	配比(质量份)
PVC	100	滑爽剂	0.5~1.0
MBS	5~10	润滑剂	3~4
加工改性剂	1~3	着色剂	适量
稳定剂	2~4		

（2）生产工艺　硬质PVC透明膜工艺流程如图3-39所示。

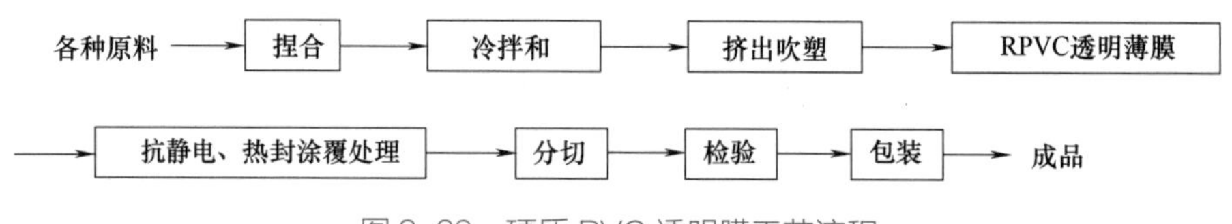

图3-39　硬质PVC透明膜工艺流程

上述工艺流程为粉料直接吹塑成型流程。若挤出机不适合直接加工粉料，可先行造粒，造粒过程温度不宜过高。吹塑成型的透明PVC薄膜可直接使用，也可经抗静电、热封涂覆处理。当用于香烟包装时，为改善PVC膜的热封合性，表面需涂覆一层低温热封合材料，其主要成分为氯乙烯和醋酸乙烯共聚树脂。

硬质PVC透明包装膜一般采用平挤上吹法成型。主要操作条件如下：

① 配料捏合　按配方称量物料，放入搅拌，捏合5~8min，温度为102℃左右，捏合后放入低速捏合机中冷却降温至40~50℃。

② 挤出吹膜　使用粉料吹膜，方法与普通吹膜相似，挤出机温度为160~180℃，机颈温度为180~190℃，机头190~210℃。薄膜吹胀比为2~3，牵引速度为10~30m/min。

③ 主要生产设备　高速混合机，挤出机组中挤出机螺杆直径为100mm，长径比为25，压缩比为3。机头口模直径为250mm，间隙为1.3mm。

3.5.3.8　聚氯乙烯（PVC）热收缩膜

热收缩薄膜（heat shrinkable film）具有在加热后发生纵横向显著收缩的特性，通常收缩率为30%~50%。这种薄膜主要用于热收缩包装。热收缩包装是将具有热收缩特性的薄膜以适当的大小套在被包装的物品外面，然后将其加热到适当的温度，使薄膜在长度和宽度方面急剧收缩，紧紧包裹被包装物。包装后的产品密封性、防潮性良好，可作电器、工业产品以及食品的包装，尤其适宜包装形状不规则的异型产品。除独立包装外，还可用于多个产品的集合包装和大型托盘式包装。可以生产热收缩包装薄膜的树脂种类很多，常见的有 PVC 和 PE 热收缩膜。

PVC 热收缩膜的成型原理为将薄膜在软化点以上熔点以下的温度条件进行拉伸，分子产生取向排列，当薄膜急剧冷却时，分子被“冻结”；当薄膜重新加热到被拉伸时的温度时，已取向的分子发生解取向，就会使薄膜产生收缩，取向程度大则热收缩率大，取向程度小则热收缩率小。

热收缩 PVC 膜是半硬质透明膜，故采用热稳定性好的 SG-4 或 SG-5 树脂。为提高透明度和增大收缩张力，在配方中加入适量的 MBS 树脂。典型的 PVC 热收缩膜配方见表 3-16。

表 3-16　PVC 热收缩膜配方

物料名称	质量份	物料名称	质量份
PVC	100	环氧酯	2
MBS	4	螯合剂	0.5
DOP	4	硬脂酸	0.2
DBP	3	碳酸钙	0.2
有机锡稳定剂	2		

PVC 热收缩膜生产的主要设备：挤出机螺杆直径为 45~65，长径比为 20~25，压缩比为 3，渐变型螺杆结构，机头为十字形机头。加热、冷却定型装置内壁光滑、镀铬。

工艺流程如图 3-40 所示。挤出管坯稍微吹胀后经冷却，进入第一对牵引辊，然后经过加热，双向拉伸，进入冷却定型套。这一环节的双向拉伸是通过二次吹胀和第三对牵引辊与第二对牵引辊间的速比形成的纵向拉伸完成的。经双向拉伸的薄膜通过冷却定型形成热收缩膜。

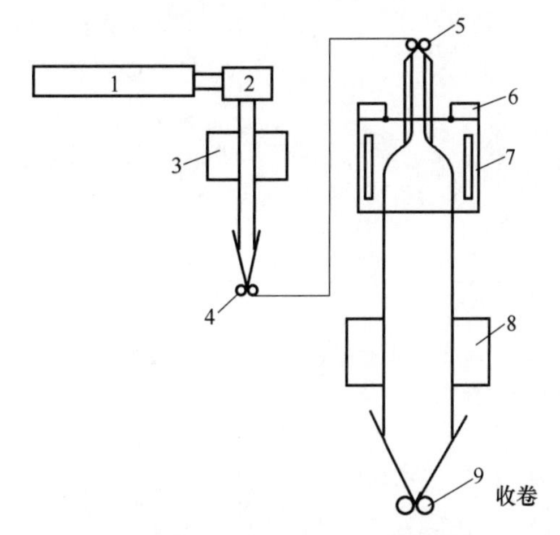

1—挤出机；2—机头；3—冷却水；4—第一牵引辊；5—第二牵引辊；6—风环；7—加热器；8—冷却定型装置；9—第三牵引辊。

图 3-40　PVC 热收缩膜工艺流程图

PVC 热收缩膜可采用粉料直接挤出吹塑成型，其主要控制条件如下。

① 塑化温度：将捏合好的物料送入挤出机，挤出机温度为第一段 170~175℃，第二段 180~185℃，第三段 180~185℃，机头温度 180℃左右。

② 拉伸与冷却定型：管膜在加热拉伸定型套中加热，加热温度为 85~95℃，在此管膜得到双向拉伸，然后进冷却定型套中冷却定型，冷水为自来水水温，15~20℃。

3.6 吹塑薄膜成型中的常见故障排除

吹塑薄膜生产过程中异常现象的产生原因及解决方法见表3-17。

表3-17 吹塑薄膜生产异常现象的产生原因及解决方法

序号	异常现象	产生的原因	解决的方法
1	厚度不均匀	①机头设计不合理 ②芯模“偏中”变形 ③机头四周温度不均匀 ④吹胀比太大 ⑤冷却不均匀 ⑥压缩空气不稳定	①改进机头工艺参数 ②调换芯模 ③检修机头加热圈 ④减小吹胀比 ⑤调整冷却装置工艺参数 ⑥检修空气压缩机
2	薄膜褶皱	①机头安装不平 ②薄膜厚度不均匀 ③冷却不够或不均匀 ④人字板、牵引与机头未对中 ⑤人字板角度太大 ⑥牵引辊松紧不一 ⑦卷取装置张力不恒定	①校正机头水平 ②调整薄膜厚度均匀性 ③调整冷却装置或降低速度 ④对准中心线 ⑤减小人字板角度 ⑥调节牵引辊 ⑦调节卷取张力
3	薄膜表面发花	①机身或口模温度过低 ②螺杆转速太快 ③螺杆温度过高或过低 ④配方不合理	①适当升高机身或口模温度 ②适当降低螺杆转速 ③调节螺杆冷却介质流量 ④改进配方
4	薄膜有白点或焦点	①原料中有杂质 ②过滤网破裂 ③树脂分解 ④混料不均匀	①原料过筛 ②更换过滤网 ③清理机头 ④严格控制捏合、塑炼工艺
5	管泡歪斜	①机身、口模温度过高 ②连接器温度过高 ③厚薄不均匀	①适当降低机身或口模温度 ②适当降低连接器温度 ③调整薄膜厚度
6	拼缝线痕迹明显	①机头或连接器温度过高 ②机头设计不合理 ③芯棒分流处料分解	①适当降温 ②修改机头 ③修改芯棒分流器形状
7	薄膜黏着(即开口性差)	①冷却不够 ②牵引速度过快 ③配方不合理	①加强冷却 ②降低牵引速度 ③改进配方
8	拉不上牵引	①机头温度过高或过低 ②单边厚度相差大	①调整机头温度 ②调整单边厚度

续表

序号	异常现象	产生的原因	解决的方法
9	透明度差	①机身或机头温度过低 ②冷却不够	①适当升温 ②加强冷却
10	薄膜有气泡	原料潮湿	烘干原料

学习活动

讨论：

1. 根据实训室的吹塑薄膜生产设备结构、薄膜相关标准，确定所要生产的塑料薄膜品种与规格。

2. 制订薄膜生产操作规程、工艺参数、安全及防护规定。

实操：

1. 熟悉设备的结构与操作规程。

2. 准备原材料、装好机头。

3. 遵守安全及防护规定，按操作规程、工艺方案进行操作，改变工艺条件（料温、螺杆转速、风环位置、压缩空气流量、牵引速度等），观察和记录泡管外观质量变化情况。

4. 分析、解决实操过程中出现的故障与质量问题。取样，测试薄膜性能。

3.7 延伸阅读

3.7.1 共挤吹塑薄膜

多层共挤复合吹膜技术近年来得到很大的发展，要求厚度薄，强度高，成本低，还具有某些优异特性，如无毒和具有水、气阻隔性的薄膜，通常采用共挤复合技术生产。共挤复合薄膜以其独特优异的性能在食品包装、医药、化学物品及工业、农业等多个领域得到越来越广泛的应用。

吹塑薄膜一般都不是最终产品，生产的薄膜还涉及后续的加工，如印刷、压花、分切、封口等，因此对薄膜厚薄的均匀性、膜卷的圆柱度（不能起皱及有暴筋）都有很高的要求。采用共挤复合技术时，在共挤复合的同时还需配合采用旋转吹膜技术。随着生产效率的不断提高，在共挤旋转的同时，普遍应用膜泡内部冷却（IBC）法提高薄膜成型速度，利用 IBC 吹膜法的产量比传统吹膜法（只用风环外冷）提高 50%～70%。目前采用该方法的吹膜线速度已达到 200m/min，在高速高效的同时，对整条生产线的稳定性提出了更高的要求。目前国外的吹膜生产线在电气控制方面普通采用了计算机自动控制技术。下面以三层共挤为例介绍共挤复合吹膜设备的一些特点。

3.7.1.1 共挤吹膜设备及工作原理

图 3-41 为三层共挤吹膜设备原理图。由图可见，质量配料器把物料按要求的配比混合好并加进挤出机进行塑化挤出；三台不同角度摆放的挤出机 2 分别供给三种不同的物料并送至机头，分别形成薄膜芯层及内外层，且每层物料可能是由几种物料按一定的配比混合加入挤出机的；为了保证生产连续性和稳定性，在机头与挤出机之间安装了自动快速换网机构 3，塑化好的物料经 IBC 机头 4 挤出，吹胀；膜泡采用内外同时冷却的方法，由风环 5 进行外冷，通过机头里的通风道一面向膜泡内部鼓进冷风，一面把膜泡上部的热风抽走，通过调整进气量保证一定的气压，达到吹胀效果；膜泡经风环后进入稳泡架 6，此稳泡架可以上下调节；膜泡在进入人字架 13 前经膜泡测量仪 15 测量其直径及厚度分布，然后把信号传送到计算机，再由计算机进行反馈控制，保证薄膜的宽度及厚度的偏差。膜泡测量仪作 360°的转动，约 2min 转一周。人字架随旋转牵引台 12 作 360°回转，通过旋转可把薄膜厚度的不均匀性分散到整个膜泡圆周上，使收卷的薄膜卷平直、整齐，不起皱褶。薄膜经牵引辊后进入上方的一组水平换向辊，实现薄膜的换向，薄膜经导辊进入分切机 10（如需分切）进行分切，若不需分切，可调节为不分切，然后进入预处理装置 9，由电火花机进行表面电晕处理、除去静电，以利于后工序的印刷，最后到收卷机构进行收卷。

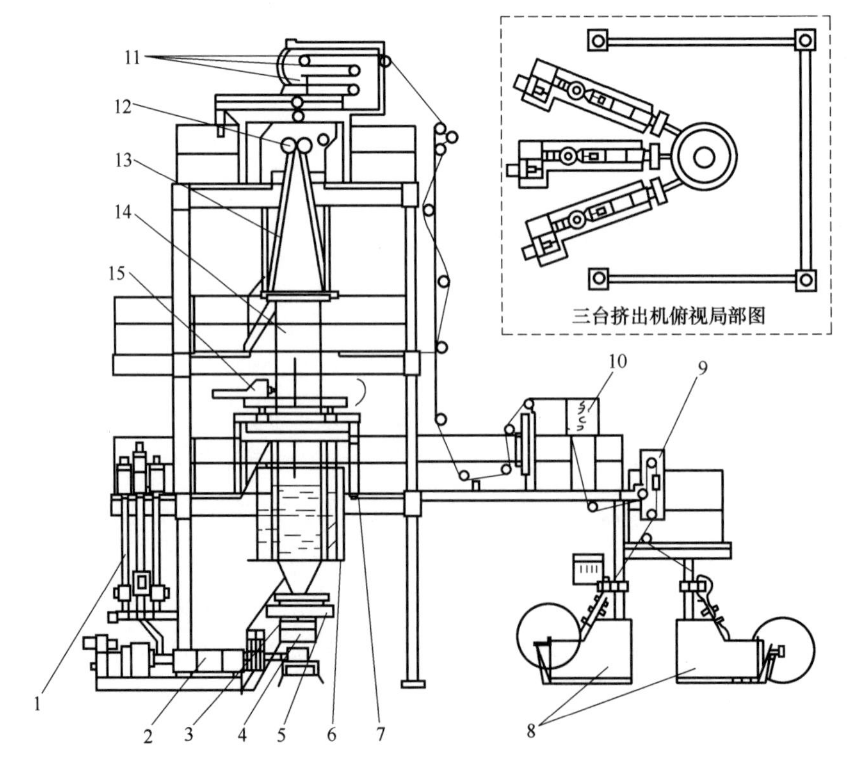

1—质量配料器；2—挤出机；3—快速换网机构；4—机头；5—风环；6—稳泡架；7—膜架；8—收卷机构；9—预处理装置；10—分切机；11—水平转向辊；12—旋转牵引台；13—人字架；14—膜泡；15—膜泡测量仪。

图 3-41 三层共挤吹膜设备原理图

3.7.1.2　IBC 机头

图 3-42 是 IBC 机头结构原理图，机头里有两条风道，外层风道为进气风道，冷风经机头外的棒芯上的缝隙（或小孔）吹出对薄膜进行冷却，热风经芯部的风道被抽走。因为热空气往上升，所以排气的芯棒延伸到膜泡的较高位置。

3.7.1.3　共挤吹膜成型工艺

与单层薄膜的挤出吹塑一样，共挤吹塑薄膜的物料必须塑化良好，薄膜的厚度、强度、收缩性等可通过吹胀比和拉伸比的调节而改变。

对不同的物料，挤出机的螺杆和加工温度均不相同。挤出机的设计和选择根据物料特性而定，各挤出机对物料的塑化和输送的操作条件由物料特性、输送量来决定，机头中不同物料汇合处的温度设定为几种物料中成型温度最高物料的加工温度。这样一来，由于采用了较高的机头温度，冷却效率降低，从而使产量降低。此外，由于提高熔体温度导致膜泡稳定性下降，只能选择减少冷却空气流量，通过进一步冷却空气来补偿。采用膜泡内部冷却（IBC）法可提高薄膜冷却效率。

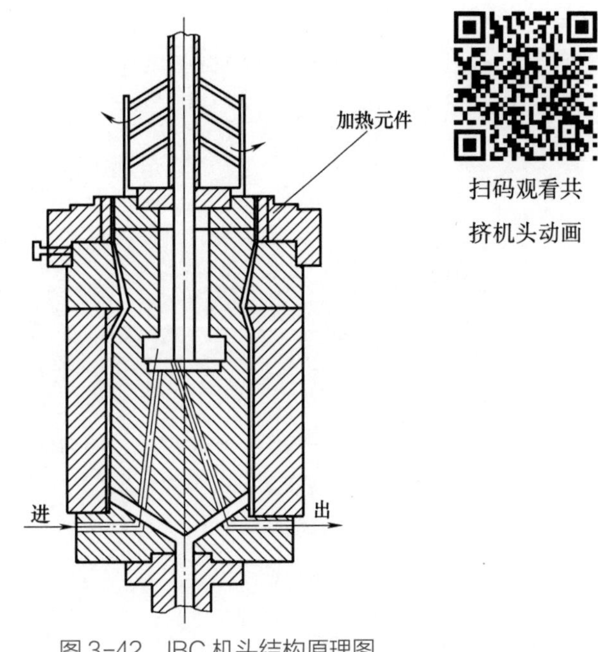

图 3-42　IBC 机头结构原理图

3.7.2　流延薄膜

流延最早用于醋酸纤维素等树脂的加工，先将溶解在溶剂中的树脂均匀地分散到衬垫上，待溶剂挥发干燥后，再从衬垫上剥离出薄膜。该工艺需要大量溶剂，且溶剂回收成本高，能耗多，生产速度慢，薄膜强度差。

挤出流延膜生产是将塑料经挤出机熔融塑化，从机头通过狭缝式模口挤出，浇注到冷却辊筒上，使塑料急剧冷却，然后再拉伸、分切、卷取。挤出流延薄膜的特点是易于大型化、高速化和自动化。所生产的塑料薄膜的透明性好于吹塑薄膜，强度可提高 20%~30%，厚度均匀，可应用自动化包装，但设备投资大。

由于流延膜具有透明、高强度、膜面坚挺、良好的热封性和扭结性等优点，多层流延膜具有高的阻隔性、抗潮性等特点，在包装中使用广泛。流延薄膜所用树脂主要有 PP、PE、PA 等，对氧气、水蒸气的透过有良好阻隔作用的 EVOH 和 PVDC 常用于多层共挤流延膜中。如：PP/EVA、PP/PP 共聚膜，膜面坚挺，具有良好的热封性能，被广泛用作自动包装机用膜、纺织品包装膜、蒸煮用食品包装袋和食品复合包装基材； PP/HDPE/PP 膜具有良好的扭结性、膜面坚挺，广泛应用于糖果包装；PP/黏结剂/EVOH/黏结剂/PP 共聚膜，可进行消毒处理，具有阻隔香味、抗潮湿、阻气等优良性能，大量用于快餐熟食包装、果汁包装。

典型的流延薄膜成型设备由挤出机、机头、冷却装置、测厚装置、切边装置、电晕处理装置、收卷装置等组成，挤出流延成型时，薄膜呈平片状。

流延薄膜工艺流程如图 3-43 所示，流延薄膜靠气刀中吹出的压缩空气将其吹向冷却辊表面。由于贴紧了冷却辊，可提高冷却效果；然后再通过两个冷却辊将薄膜两面进一步冷却。流延薄膜的冷却充分，所以，生产线速度比吹塑法更高，可达 60~100m/min，为吹塑薄膜生产线速度的 3~4 倍。

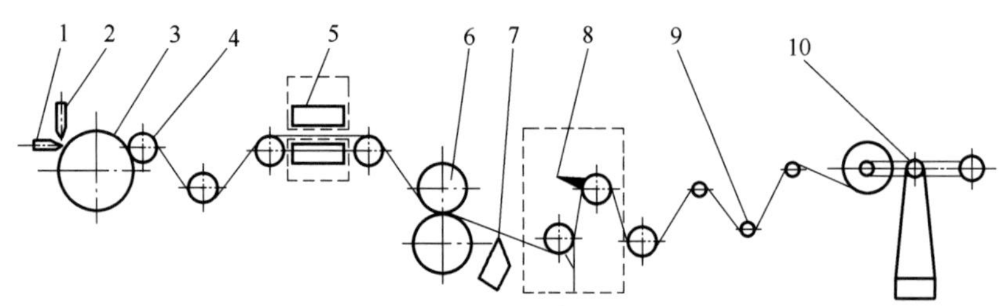

1—机头； 2—气刀； 3—冷却辊； 4—剥离辊； 5—测厚仪； 6—牵引辊；
7—切边装置； 8—电晕装置； 9—弧形辊； 10—收卷装置。

图 3-43 流延薄膜生产工艺流程

3.7.3 双向拉伸薄膜

双向拉伸塑料薄膜（bi-axially oriented plastics film）的缩写代号为 BOPF。薄膜的双向拉伸即在熔点以下、玻璃化温度以上的温度范围内把未拉伸的薄膜或片材在纵、横两个方向上拉伸，使分子链或特定的结晶面与薄膜表面平行取向，然后在张紧的条件下再经过热处理进行热定型。

在双向拉伸塑料薄膜的生产过程中，通过改变工艺条件，可以制得纵、横两个方向的物理机械性能基本相同的薄膜，这通常称为平衡膜（即各向同性），也可以制得一个方向的机械强度高于另一个方向的各向异性薄膜，这通常称为强化膜或半强化膜。在一股情况下，总是纵向机械强度大于横向的。

塑料薄膜经双向拉伸后，拉伸强度和弹性模量可增大数倍，机械强度明显提高，成为强韧的薄膜。另外，耐热、耐寒、透明度、光泽度、气密性、防潮性、电性能均得到改善，用途广泛。

可用于双向拉伸薄膜生产的塑料品种有 PP、聚酯、PS、PA、聚乙烯醇、EVOH、聚偏二氯乙烯等塑料。其中双向拉伸 PP（BOPP）膜主要用于食品、医药、服装、香烟等物品的包装，并大量用作复合膜的基材及电工膜；聚酯除了用于胶带、软盘、胶片等各种工业用途外，广泛用于蒸煮食品、冷冻食品、鱼肉类、药品、化妆品等的包装；双向拉伸 PS 主要用于食品包装及玩具等包装；双向拉伸 PA 薄膜主要用于各种真空、充气、蒸煮杀菌、液体包装等。

双向拉伸薄膜主要成型方法有平膜法和管膜法两大类。平膜法制得的薄膜质量好，厚度精度高，生产效率高。平膜法又叫拉幅机法，可再分为逐步双向拉伸和同步双向拉伸两种方式。逐步双向拉伸法设备成熟，线速度高，是目前平膜法的主流；同步双向拉伸方式因设备较昂贵，生产受到限制。

平面铸片逐步拉伸法双向拉伸工艺由挤出、铸片、双向拉伸、定型、冷却、切边、卷取等工序组成。工艺流程见图 3-44。

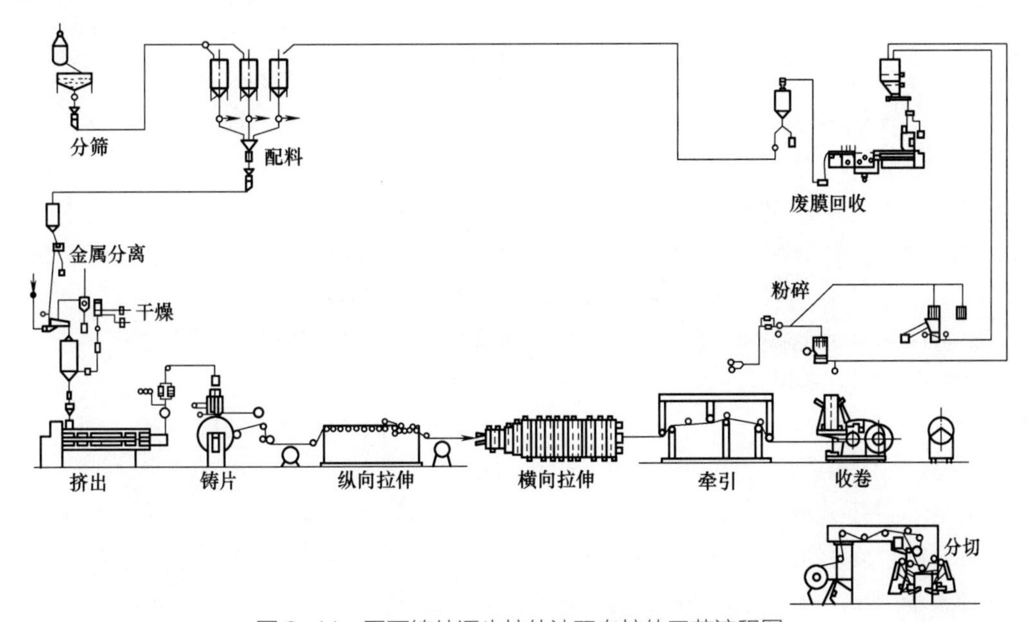

图 3-44　平面铸片逐步拉伸法双向拉伸工艺流程图

原料加入料斗中，经螺杆塑化，通过 T 型机头挤出成片，厚片立即被气刀紧紧地贴在冷却辊上，所制得的厚片应是表面平整、光洁、结晶度小、厚度公差小的片材。

在双向拉伸过程中，先进行纵向拉伸，后进行横向拉伸。纵向拉伸有单点拉伸和多点拉伸。单点拉伸是靠快速辊和慢速辊之间的速度差来控制拉伸比；而多点拉伸是在预热辊和冷却辊之间装有不同转速的辊筒，借每对辊筒的速度差使厚片逐渐被拉伸。辊筒的间隙很小，一般不允许有滑动现象，以保证薄膜的均匀性和平整。先将厚片经过几个预热辊进行预热，预热后的厚片进入纵向拉伸辊，拉伸倍数与厚片的厚度有关，一般纵向拉伸倍数随原片厚度的增加而适当提高，拉伸倍数过大时破膜率增大。

经纵向拉伸后的膜片应进入拉幅机进行横向拉伸。拉幅机分为预热区、拉伸区和热定型区，不同区域的温度不同。膜片由夹具夹住两边，沿张开一定角度的拉幅机轨道被强行横向拉伸，一般拉伸倍数为 5~6 倍。经过纵、横双向拉伸的薄膜通过热定型区处理定型，以减小内应力，然后冷却、切边、卷取。

总结与提高

1. 资料整理：汇总本项目中所做的各项查询、讨论记录，制订的工艺规程、安全及防护规定，机头装拆、挤出吹塑操作与现象记录，所得薄膜的质量情况。

2. 写出总结报告。

3. 小组讨论，对工作任务完成情况做出评价。

4. 薄膜的收卷质量严重影响制品的最终使用价值。如何提高收卷质量?

5. 吹塑薄膜在产品、设备与技术方面有哪些新进展?

6. 流延与双向拉伸薄膜的机头结构如何?

参考文献

[1] 王加龙. 塑料挤出制品生产工艺手册［M］. 北京：中国轻工业出版社，2002.

[2] 北京化工学院. 塑料成型机械［M］. 北京：中国轻工业出版社，1992.

[3] 钱汉英. 塑料加工实用技术问答［M］. 北京：机械工业出版社，1996.

[4] 曲晓红. 塑料成型知识问答［M］. 北京：国防工业出版社，l996.

[5] 邱明恒. 塑料成型工艺［M］. 西安：西北工业大学出版社，1994.

[6] 成都科技大学. 塑料成型工艺学［M］. 北京：中国轻工业出版社，1991.

[7] 成都科技大学. 塑料成型模具［M］. 北京：中国轻工业出版社，1990.

[8] 轻工业部广州轻工业学校. 塑料成型工艺学［M］. 北京：中国轻工业出版社，1990.

[9] 吴培熙. 塑料制品生产工艺手册［M］. 北京：化学工业出版社，1991.

[10] 吕柏源. 挤出成型与制品应用［M］. 北京：化学工业出版社，2002.

[11] 王善勤. 塑料挤出成型工艺与设备［M］. 北京：中国轻工业出版社，1998.

[12] 赵素合. 聚合物加工工程［M］. 北京：中国轻工业出版社，2001.

[13] 张丽叶. 挤出成型［M］. 北京：化学工业出版社，2002.

[14] 张明善. 塑料成型工艺及设备［M］. 北京：中国轻工业出版社，1998.

[15] 黄锐. 塑料成型工艺学［M］. 北京：中国轻工业出版社，1998.

[16] 张振英. 塑料挤出成型入门［M］. 杭州：浙江科学技术出版社，2000.

[17] 唐志玉. 塑料挤塑模与注塑模优化设计［M］. 北京：机械工业出版社，2000.

[18] 郭禅禅，周南桥，梁勇，等. 吹塑薄膜膜泡冷却系统的设计研究［J］. 塑料，2003，32（10）：41-44.

[19] 占国荣，周南桥，文生平. 内冷系统在 mLLDPE 吹膜中的应用［J］. 塑料，2004，33（3）：5-7.

[20] 黄汉雄. 聚乙烯挤出吹膜的新设备与新技术［J］. 塑料加工应用，1991（1）：44-51.

[21] 黄虹. 塑料薄膜吹塑风环技术的发展及塑料薄膜厚度的控制技术［J］. 塑料包装，2004，14（2）：33-36.

[22] 董钜潮. 多层共挤吹膜技术［J］. 工程塑料应用，2000，28（3）：29-31.

[23] 吴清鹤. 塑料挤出成型［M］. 2 版. 北京：化学工业出版社，2009.

[24] 周殿明，张丽珍. 塑料薄膜实用生产技术手册［M］. 北京：中国石化出版社，2006.

[25] 丁浩. 塑料工业实用手册［M］. 北京：化学工业出版社，1996.

[26] 于丁. 吹塑薄膜［M］. 北京：中国轻工业出版社，1989.

[27] 尹燕平. 双向拉伸塑料薄膜［M］. 北京：化学工业出版社，1999.

项目四

异型材挤出成型

4.1 学习目标

异型材是指通过挤出成型工艺制得，横向截面相同，为非圆形、环形等常规形状的各种复杂形状的连续型体。通常指除管材、板材、棒材、薄膜等挤出制品外，由挤出法连续挤出成型的，其截面形状相同的制品。一般来讲，异型材可分为两种，一种是全塑料异型材，另一种是塑料材料和非塑料材料复合而得的复合异型材。按异型材的软硬程度来分类，可分为软质异型材和硬质异型材。按塑料品种分类可分为 PVC 异型材、ABS 异型材等，其中大多数是 PVC 异型材。人们常用的分类方法是按异型材的结构来分类。

本项目学习的最终目标是掌握异型材挤出的生产线结构、机头结构，能进行异型材挤出设备的选型与匹配，能够根据物料制定加工工艺及设定加工参数，并能操作挤出生产线完成异型材挤出生产，见表 4-1。

表 4-1 学习目标

编号	类别	目标
一	知识	①认识异型材及其特点 ②掌握异型材生产线组成设备的结构及操作方法 ③掌握异型材截面形状设计要点 ④掌握挤出成型机头基本组成及功能 ⑤掌握机头的设计原则 ⑥掌握口模与制品形状的关系
二	能力	①认识和辨别生产线及控制面板 ②规范操作型材挤出生产线,并能运用理论知识解释操作过程 ③熟练操作冷却定型装置,牵引装置,切割及卸料装置等 ④拆装成型机头,熟悉异型材机头的基本结构及功能 ⑤分析、设计机头结构 ⑥设定工艺参数完成 ABS 异型材挤出 ⑦分析、处理生产过程中常见的质量问题 ⑧能够对异型材生产线进行日常维护与保养
三	职业素质	①独立工作及创新意识 ②良好的适应能力、表达能力、团队合作能力 ③自主学习、分析问题的能力 ④沟通与协调能力 ⑤安全生产意识、质量与成本意识、规范的操作习惯和环境保护意识

4.2 工作任务

本项目的工作任务如表4-2所示。

表4-2 异型材挤出成型的工作任务

编号	任务内容	要求
1	认识生产线	①熟悉异型材挤出生产线及工艺流程 ②拆装成型机头 ③熟悉异型材机头的基本结构及功能
2	确定材料及试开机运行	①选择异型材成型所用的塑料原料 ②学习生产线开机及关机的操作及应急处理 ③查看、熟悉功能界面，熟悉机器上的按钮、开关 ④学习异型材冷却定型装置、牵引装置、切割及卸料装置的知识
3	匹配挤出机与模具、生产异型材	①认识异型材及其特点，掌握异型材截面形状设计要点 ②了解口模与制品形状的关系，按异型材特点匹配挤出机与模具 ③按照要求设置相关工艺参数 ④规范操作异型材生产线，并能运用理论知识解释操作过程 ⑤记录工艺参数与现象，取样 ⑥停机，进行挤出生产线的日常维护保养
4	学习拓展	①学习木塑复合异型材加工成型相关知识 ②学习钢塑复合异型材加工成型相关知识
5	工作任务总结	①测试异型材制品的性能 ②整理、讨论分析实操结果，写出报告

4.3 异型材挤出成型设备组成

异型材具有美观、轻质、节能、低成本、耐腐蚀、安装方便等特点，因而被广泛应用于建筑、电器、家具、交通运输、土木、水利、日用品等领域。软质塑料异型材用于衬垫和密封材料；硬质塑料异型材在建筑、家具、交通运输、电器机械、航空等工业领域用作结构材料或装饰材料。例如，塑料门轴、楼梯扶手、配线槽板等，已经部分“以塑代木”或“以塑代钢”。在多数发达国家，塑料门窗的使用比例比木质门窗还要高。

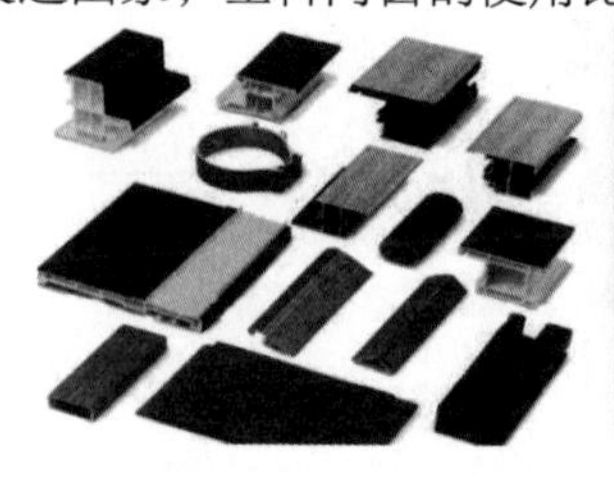

图4-1 异型材

成型异型材使用的原材料中，聚氯乙烯占有相当大的比例，占80%~85%，其中最多的是硬质聚氯乙烯，也有软质聚氯乙烯。建材中的大部分异型材采用RPVC，除易成型以外，在力学性能、耐候性能和阻燃性能等方面， PVC也占有一定的优势。除PVC以外，PE、PP、ABS、PC、PMMA、聚苯醚（PPO）等塑料均可成型异型材。一些热塑性弹性体或一些共混改性材料也是成型异型材的原材料。

异型材挤出成型主要包括加料、塑化、成型、定型及定长切断等过程，异型材生产线设备如图4-2所示。挤出成型的第一阶段是塑化，即成型物料由挤出机料斗加入到挤出机料筒，在料筒温度和螺杆的旋转压实及混合作用下，物料由粉状或粒状固体转变成为具有一定流动性的均匀连续熔体的过程。经过塑化以后的塑料熔体移动到料筒前端附近以后，在螺杆的旋转挤压作用下经过多孔板流入机头，并按照机头中成型口模和芯模的形状成型为高温异型材型坯，这是挤出成型的第二阶段,简称成型。挤出成型的第三阶段叫做冷却定型，即高温型坯在挤出压力和牵引作用下，经过真空冷却定型模以后，形成具有一定强度、刚度和径向尺寸精度的过程。冷却定型之后的异型制品再按一定长度进行切断、检验、包装。

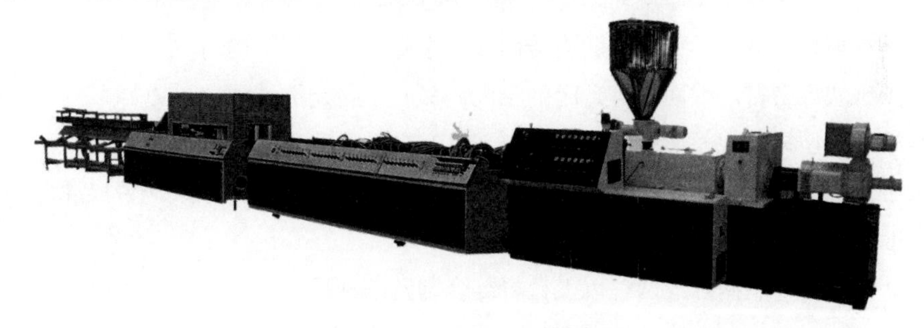

图4-2 异型材生产线设备图

4.3.1 工艺流程

塑料异型材的生产工艺主要有单螺杆挤出机挤出成型工艺和双螺杆挤出机挤出成型工艺两种，而两种工艺挤出用的原料是通过混合工艺按一定配方混配好的混合粉料或粒料。

4.3.1.1 单螺杆挤出机挤出成型工艺流程

单螺杆挤出机挤出成型工艺特别适合小批量或小规格异型材的生产。其工艺流程如图4-3所示。

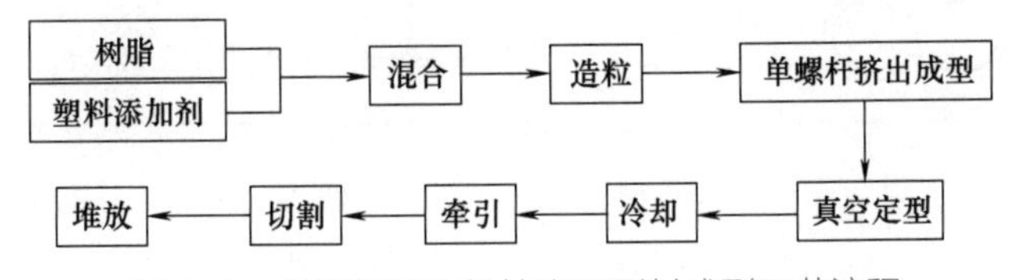

图4-3 单螺杆挤出机挤出异型材成型工艺流程

4.3.1.2 双螺杆挤出机挤出成型工艺流程

双螺杆挤出机挤出成型工艺可用粉料直接成型，生产能力大，特别适用于大批量常规型材和大规格异型材的生产。其工艺流程如图 4-4 所示。

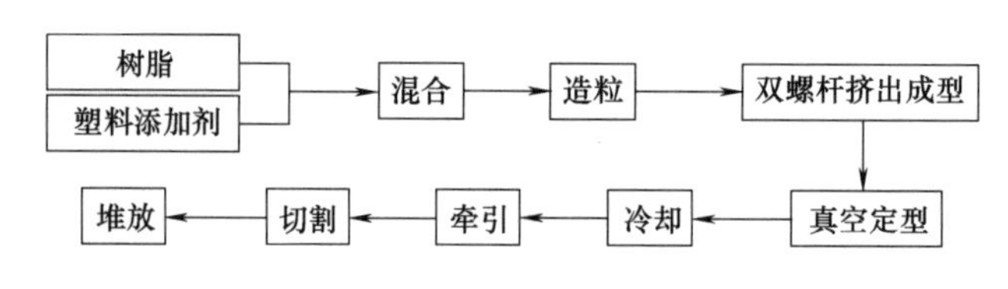

图 4-4　双螺杆挤出机挤出异型材成型工艺流程

扫码观看异型材成型流程和机头结构

4.3.2　异型材机头

4.3.2.1　截面类型及特点

塑料异型材按断面形状不同，可分为异型管材、中空异型材、隔空式异型材、开放式异型材和实心异型材等，如表 4-3 所示。

① 异型管材　特点是壁厚均匀，无尖角，用直支管机头或管机头成型。

② 中空异型材　截面形状为由肋连接而成的中空状，壁厚不均匀。

③ 半开放式异型材　截面既有封闭的空腔，又有不封闭的结构。

④ 开放式异型材　截面形状不带中空室，具有各种形式。

⑤ 实心异型材　具有矩形、正方形、三角形、椭圆形等各种截面形状的型材，可采用普通的棒材机头来定型。

⑥ 复合异型材　由两种或两种以上材料复合制备的异型材

表 4-3　　常见的异型材种类

异型管材	中空异型材	开放式异型材	半开放式异型材	实心异型材	复合异型材

（1）截面设计原则　由于塑料异型材类型较多，其截面几何形状几乎不能按一定规律计算，因此异型材制品的设计较复杂。一般遵循以下设计原则：

① 根据异型材制品的用途和使用要求，进行截面形状的设计，使异型材制品满足其使用要求。

② 充分发挥塑料材料的特性，使塑料材料的性能，主要指强度（strength）、刚度（rigidity)、韧性（flexibility)、弹性（elasticity)等得到充分利用。

③ 尽量使模具（异型材机头和定型模)的结构简单，加工方便，制造容易。

④ 成型工艺过程和成型工艺条件能顺利、方便地实现异型材制品的生产。

(2)截面设计要点

① 尺寸和精度　异型材的精度很难达到较高值，因为影响型材精度的因素很复杂，首先是机头和定型模的制造精度，其次是塑料收缩率与成型工艺条件的波动，最后由于定型模的磨损等原因造成精度不断变化，型材尺寸不稳定。因此在型材设计之前就应充分注意尺寸精度，以在能够使用的前提下尽量降低尺寸精度等级为宜。表4-4为热塑性塑料挤出异型材截面尺寸偏差值。

② 表面粗糙度　塑料异型材的粗糙度主要取决于机头流道和定型模的粗糙度，此外制品的光亮程度还与塑料品种有关。外观质量要求严格的制品，一般 $Ra<0.8\mu m$。定型模腔表面粗糙度比型材要低一级，在使用过程中应随时给予抛光复原。透明型材要求粗糙度值更低。

③ 形状和结构　型材截面几何形状的设计要尽量简单、对称。在满足使用要求的前提下，尽量易于机头挤出成型和定型模定型，使机头流道中的料流趋于平衡，减少应力集中，如异型材的截面形状是不对称的，则可采用组合成对称的形状来成型。如图4-5所示。

表4-4　热塑性塑料挤出异型材断面尺寸偏差值

材料	硬 PVC	PS	ABS、PPO、PC	PP	EVA、软 PVC	LDPE
壁厚/%	±8	±8	±8	±8	±10	±10
角度/°	±2	±2	±3	±3	±5	±5
截面尺寸/mm	尺寸偏差值/±mm					
<3	0.18	0.18	0.25	0.25	0.25	0.30
3~13	0.25	0.30	0.50	0.40	0.40	0.65
13~25	0.40	0.45	0.64	0.50	0.50	0.80
25~38	0.50	0.65	0.70	0.70	0.76	0.90
38~50	0.65	0.76	0.90	0.90	0.90	1.0
50~76	0.76	0.90	0.94	0.95	1.0	1.15
76~100	1.15	1.30	1.30	1.30	1.65	1.65
100~127	1.50	1.65	1.65	1.65	2.36	2.35
127~178	1.90	2.40	2.40	2.40	3.20	3.20
178~255	2.35	3.20	3.20	3.20	3.80	3.80

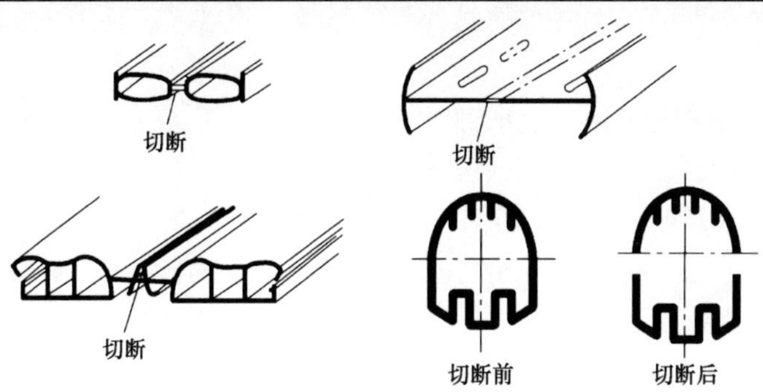

图4-5　异型材截面设计

④ 截面壁厚　异型材的壁厚应尽量趋于一致。壁厚不均匀，导致模具狭缝通道中熔体流速不同，且在冷却定型时，因壁厚不一致，冷却快慢不一，致使型材发生翘曲变形。对于中空异型，要求中空隔腔截面不能太小，否则芯模易变形，壁厚不均匀的异型材截面尺寸精度和外观质量均不能保证，且成型困难。若需要壁厚不一致，则同一截面的壁厚变化最大相差不应超过 50%。图 4-6 为厚度均匀的制品设计示意图。

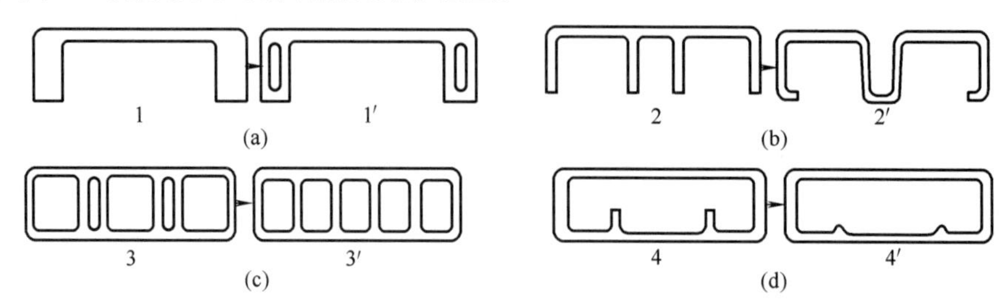

1—薄厚不均；1′—薄厚均匀；2—中间有筋成型难；2′—好成型；3—成型难；3′—塑料流动平衡，易成型；4—中空部有高筋，成型难；4′—筋的高度应是厚度的一半，较易成型。

图 4-6　厚度均匀的制品设计示意图

⑤ 筋和空腔　中空异型材截面壁厚不均匀会引起制品截面形状改变，其内腔应尽可能地避免或减少设筋和台。若需要设置筋时，应尽可能选用较小的筋肋厚（通常筋的厚度应较外壁厚薄 20%或更多）。

⑥ 拐角　为改善成型时的物料流动状态，避免在拐角处出现应力集中，应在拐角处尽量设计成圆角。

(3) 型材截面尺寸的确定

① 壁厚　异型材截面形状虽然复杂，但截面各部分壁厚都基本相等。对于硬质聚氯乙烯异型材，设计的最小壁厚为 0. 5mm，最大可达 20mm。通常壁厚为 1. 2~4. 0mm。

② 加强筋　为提高型材的刚度和强度，设置加强筋是有效措施。加强筋的高度一般为壁厚的一半，最高不超过壁厚。

③ 拐角半径　拐角半径 R 应尽可能地大，利于减小应力集中。最小外圆角半径不低于 0. 4mm，内圆角半径不低于 0. 25mm。壁厚为 0. 5~2. 0mm 时，内圆角半径 R 为 0. 4~0. 8mm，壁厚大于 2mm 时，内圆角半径 R 大于 1. 6mm。外圆角半径小于等于内圆角半径加上壁厚。

4. 3. 2. 2　异型材机头类型

机头是制品成型的主要部件，其作用是将挤出机提供的圆柱形熔体连续、均匀地转化为塑化良好的与通道截面及几何尺寸相似的型坯。再经过冷却定型等其他工艺过程，得到性能良好的异型材制品。

(1) 机头结构　异型材机头可分为板式机头和流线型机头两大类。流线型机头包括多级式流线型机头和整体式流线型机头。现分别介绍如下：

① 板式机头　板式机头的特点是结构简单，成本低，制造快，调整及安装容易。其缺点是由于流道有急剧变化，物料在机头内的流动状态不好，容易形成局部物料滞流和流动不完全的死角。因此操作时间一长，易引起该处物料分解，分解产物会严重影响产品质量，故连续操作时间短，特别是热敏性塑料，如硬质聚氯乙烯等易出现该情况。因此，板式机头多适用于聚烯烃、软质聚氯乙烯制品的生产。图 4-7 为典型的板式机头，图中口模板是成型带状产品

的，当更换夹持在机颈和夹板间的口模板时便可得到不同形状的制品，机颈是过渡部分，它的内孔尺寸由挤出机的内孔逐渐过渡到与口模板成型孔接近的尺寸，并比该孔稍大。由于在口模板入口侧形成若干平面死点，设计时应尽量减少，以减少物料分解的可能。

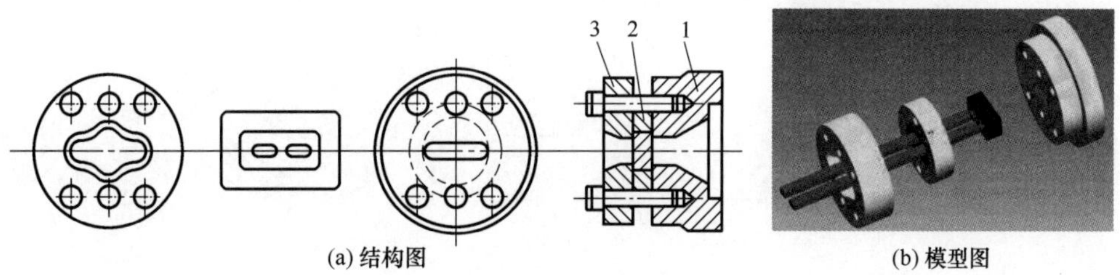

(a) 结构图　　(b) 模型图

1—机颈座；2—口模板；3—夹持板。

图 4-7 板式机头

② 流线型机头　在流线型机头中，当制品尺寸比挤出机出口尺寸小时，机头流道比较简单，它由流道逐渐变化的过渡段和直接成型制品的口模（流道尺寸不变的平直部分）组成。当制品尺寸比挤出机出口处尺寸大时，流道可以由发散段、分流段、压缩段和定型段组成。流入段的流道尺寸逐渐扩大，再到过渡段经压缩段进行压缩，将机头的圆形截面逐步转变成口模的断面形状。这种转变应均匀而缓慢地进行，熔融物料逐渐被加速，在整个断面上各部位的平均流速应基本相等，防止流道内有任何死角和流速缓滞部分，避免造成物料过热分解。

口模成型段除赋予制品规定的形状外，还提供适当的机头压力，流道中的流动阻力主要在口模处产生，使制品具有足够的密度。另外熔体在分流段和压缩段因受压变形而产生的内应力可在平直的口模内得到一定程度的消除，以减少挤出物的变形。当然，要使挤出物的内应力在口模内完全消除是不可能的。

图 4-8 为多级式流线型机头。这种流线型机头可使加工和组装简化，成本降低，为了便于机械加工，每块板的流道侧面都做成与机头轴线平行，将各板流道进口端倒角做成斜角，最好能与上一块板相衔接。

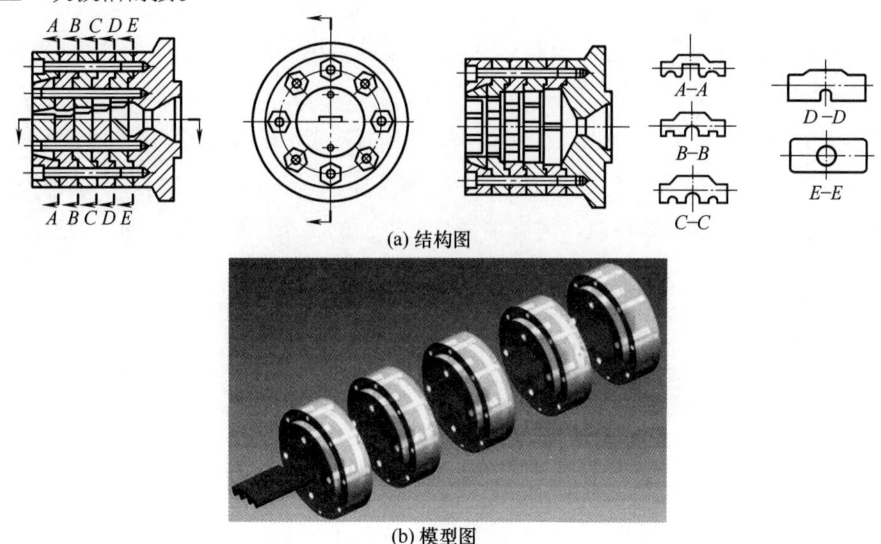

(a) 结构图

(b) 模型图

图 4-8 多级式流线型机头

整体式流线型机头如图 4-9 所示。其流道逐步由圆环形转变为所要求的形状。

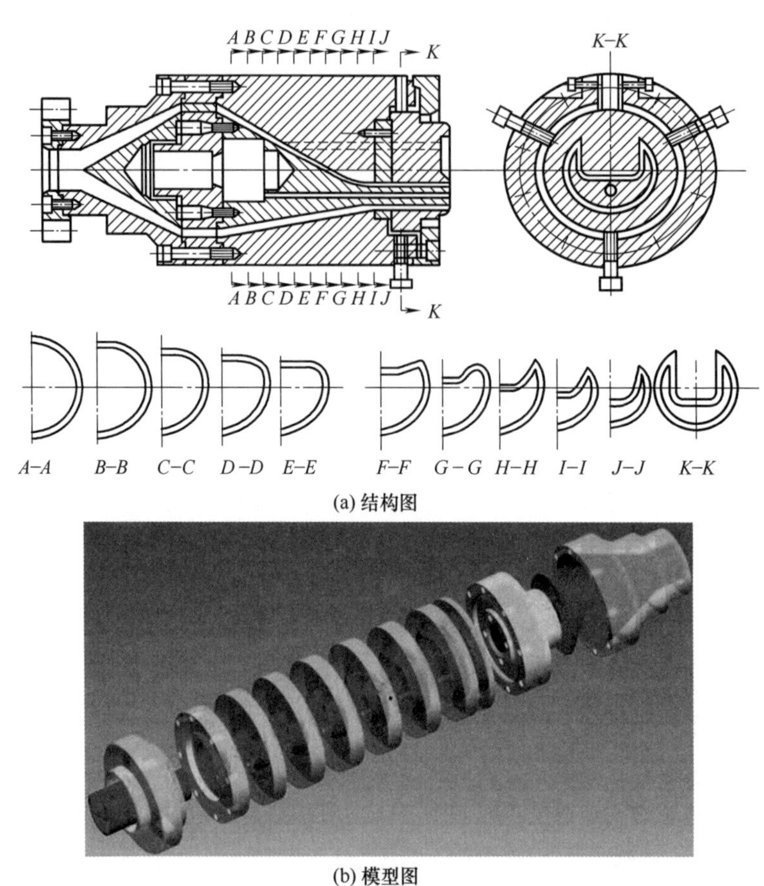

(a) 结构图

(b) 模型图

图 4-9　整体式流线型机头

这种机头结构复杂，制造麻烦，成本较高，一般用于硬质聚氯乙烯制品的成型。

(2) 机头设计　机头是根据异型材的截面形状和尺寸要求而设计的，其设计原则如下：①根据异型材所用树脂类型和截面形状，正确合理地确定机头的结构形式。②口模设计应须有正确合理的截面形状和尺寸精度，并且有足够的定型段长度。③机头的熔融体流道应呈流线型，尽量减少突变，避免死角。④在满足成型要求的前提下，制品形状应尽量简单，对称。⑤在满足强度要求的前提下，机头结构应紧凑，易于加工制造和装卸维修。⑥选用机头材质应满足强度、刚度、耐磨度、导热性、耐腐蚀性及加工性的要求。⑦经济合理、制造成本低、使用寿命长。

有关尺寸的经验推荐：

口模间隙 δ：$\delta=(1.03\sim1.07)A$，A 为制品尺寸，单位一般为 mm；

机头压缩比 ε：ε 取 3~6；

定型段长度 L：$L=(30\sim40)\delta$。

异型材机头设计的原则除上述内容之外，还须注意以下几点：①应尽量减少拼块，以减少装配的工作量和过多的拼缝线痕迹。②拼镶块的接缝处应尽量与挤出方向一致。③拼镶块应有足够的机械强度。④拼镶块之间应尽量采用凹槽嵌接。⑤个别易磨损的部件应制成独立部件，以便加工和更换。⑥应尽可能使复杂的内形加工变为外形加工。⑦哈夫部件应设有定位装置。⑧哈夫部件除使用螺钉连接紧固外，还可用坚固的模套箍紧。⑨采用线切割加工，将口模设计成整体。

学习活动

讨论与思考：

请比较不同类别异型材挤出机头的优缺点。

4.3.3　冷却定型方法及装置

异型材挤出中，产品的质量、尺寸稳定性和线速度在很大程度上取决于冷却定型技术，因此，挤出产量越高，对定型冷却系统要求越高。在挤出产量日益提高的同时，整个冷却定型系统也在重新设计。德国 Battenfeld 主机所配套的辅机（Schwarz 公司生产），其定型系统具有操作简单的特点，减少了水管和真空联接管从而减少了换模时间，同时重新设计了真空系统以适应高速挤出的情况。奥地利 Greiner 公司也设计了操作简单的定型装置，采用了保持水压和真空度稳定的定型系统。Harrel、ESI 和 RDN 公司则改进了真空泵的设计以保证定型所需真空度，并减少真空度的波动，保持准确的真空度以保证产品质量已经成为真空系统进步的标志。此外，由于挤出线速度的增加，型材的冷却长度相对减少，因此必须延长定型长度，以保证型材有足够的冷却时间，由奥地利 Actul 制造的冷却水箱还采用了一种特殊的水冷却形式，即采用涡流水冷却型材，以满足高速挤出的需要。据称，这种装置与标准的喷淋系统相比可以增加冷却效率，当冷却水温度为 14℃，挤出外壁厚度为 3mm 的主型材，挤出速度为 4m/min 时，要求整个冷却长度（定型装置和冷却水箱）为 8m。

冷却定型装置的作用是将从口模中挤出塑料的既定形状稳定下来，并对其进行精整，从而得到截面尺寸更为精确、表面更为光亮的制品，冷却定型装置不仅决定制品的尺寸精度，还是影响挤出速度的关键因素。例如在一般异型材挤出中，挤出机本身的效率已经较高，而整条生产线的产量无法提高，在操作上的困难主要在于定型和冷却。也就是说，异型材挤出成型难易程度取决于定型和冷却。

4.3.3.1　冷却定型方法

异型材挤出成型时的定型冷却方法是根据制品的种类、形状、要求精度和成型速度等确定的，定型方法一般有以下几种：①多板式定型；②滑移式定型；③真空定型；④内芯定型；⑤辊筒定型等。其中前四种是最基本的定型方法。以下分别对前四种定型方法作简要说明。

（1）多板式定型　多板式定型是最简单的一种定型方法，适用于形状对称的带状型材和没有加强筋的中空异型材。把数块具有所需形状开孔的定型板并排列于水槽中，互相之间有一定距离，每块板上有与型材外型相仿的孔，其进口处都加工成为 1.0~1.5mm 的圆角，使型材制品连续通过截面依次减小的各金属板孔面逐级进行冷却定型。定型板一般是五块，如图 4-10 所示。前三块是转变形状或大小，后两块则是防止因收缩所产生的翘曲或扭曲。定型板用

3～5mm 厚的黄铜板、青铜板或不锈钢板做成。考虑从冷却定型槽出来之后制品还会进一步收缩，因此，最后一块定型板出口尺寸应比制品尺寸大 2%～3%，注意做好防漏、防水倒灌。定型板的定型段长度因制品而异，一般中空异型材定型板厚取 3mm，入口为 1mm，定型段长度为 2m 左右；实心异型材制品运动阻力大，定型板厚取 0.5～1.0mm，入口为 0.5mm 左右，定型段长度为 0.5～1.0m，定型板间距为 150～200mm。

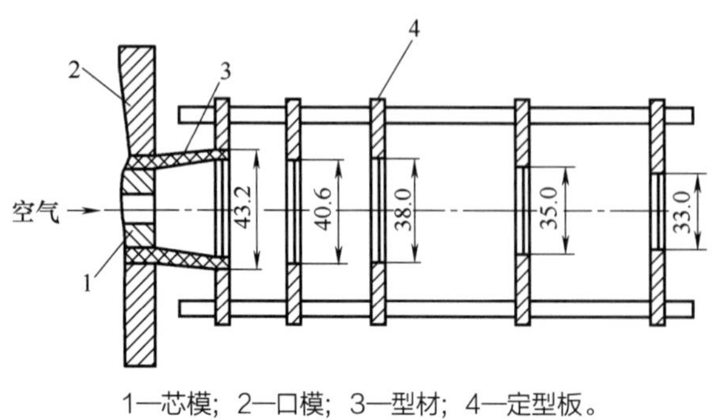

1—芯模；2—口模；3—型材；4—定型板。

图 4-10　多板式定型模

(2) 滑移式定型　滑移定型是用于成型敞口异型材的主要定型方法，是将从异型口模挤出的熔融状型坯通过做成所需形状的定型模，冷却固化并赋予一定形状。其种类很多，常见的有以下 3 种形式。

① 上下对合滑移式定型　如图 4-11 所示，定型模要制成与型材外部轮廓一致。对于具有内凹的复杂型材，须将定型模分成几段，经组装而成。为改善定型模对制品的摩擦，可在定型模表面涂以聚四氟乙烯分散体，并用弹簧或平衡锤来调节它对型材的压力。在设计定型装置时，必须使型材沿牵引方向保持笔直，截面形状不得变化，且冷却速度须保持恒定。冷却水须与挤出方向呈对流状态进行冷却。

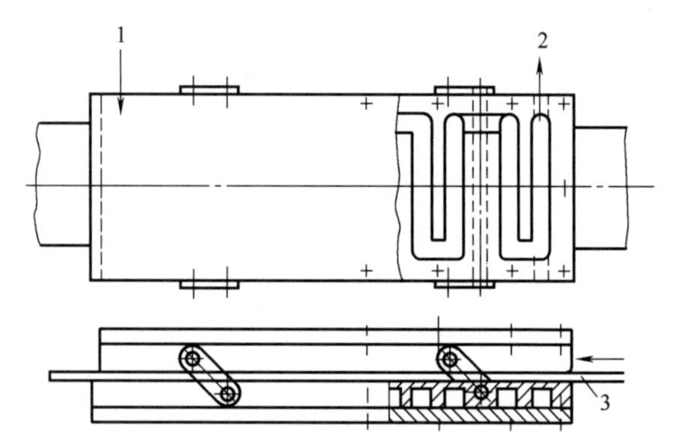

1—冷却水入口；2—冷却水出口；3—型材。

图 4-11　上下对合滑移式定型模

与其他定型方法一样，其定型速度在很大程度上取决于异型材的几何形状。对于 1mm 壁厚的异型材，其定型速度约为 3.0～4.5m/min；对于 4mm 壁厚的异型材，其定型速度为 0.5～0.7m/min。

② 波纹板滑移式定型　在制造瓦楞板时，先用管材模挤出管状物，再沿挤出方向将管剖开，并展开成平板（或用平缝模直接挤出板材），经波纹形辊筒压成粗波纹，接着通过如图 4-12 所示的滑移式定型模冷却定型，成为所要求的波纹板。在此过程中，冷却定型温度需分为三段来控制。

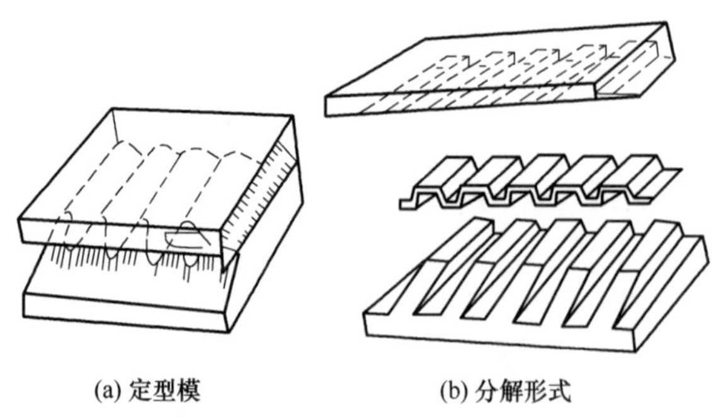

(a) 定型模　(b) 分解形式

图 4-12　波纹板滑移式定型模

③ 折弯型材滑移式定型　如图 4-13 所示，将从平缝模挤出的板材，在滑移式定型模中折弯成所需要的异型材截面形状，并冷却定型。此法能用形状简单的模具制造出极复杂的大型异型材。

(3) 真空定型　真空定型亦称真空

外定型，如图 4-14 所示。由于采用间接水冷方式，有效抑制了内应力和形变。在此法中，定型模周围壁上的细孔或缝口抽真空产生负压区，使型材的外壁与真空定型器的内壁紧密接触，以确保型材冷却定型。此法的主要优点是在型材内无浮塞，只需维持大气压力即可。对于闭式空心型材，通常串联几个定型装置，例如窗用异型材定型装置分三段，每段长 400~500mm。当型材引入第一段中后，由于受到拉挤压力而发生塑性变形，并沿壁贴合，形成与定型模截面相一致的型材外形。若想在型材上形成沟槽、凸缘或突起部分，则应留在定型模后一段进行，以减少或避免卡塞的现象发生。该方法常用于生产中空异型材，如窗框等。

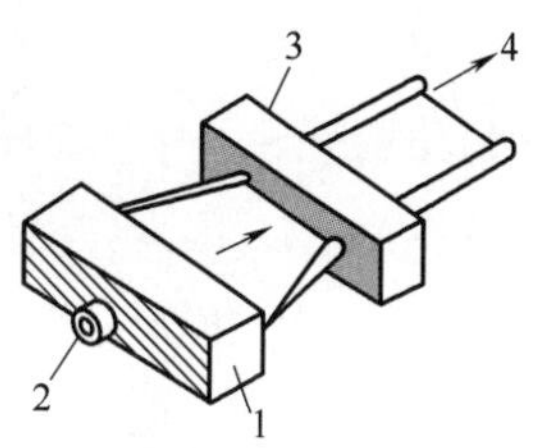

1—平缝模；2—挤塑机；
3—定型模；4—冷却。

图 4-13　折弯型材滑移式定型模

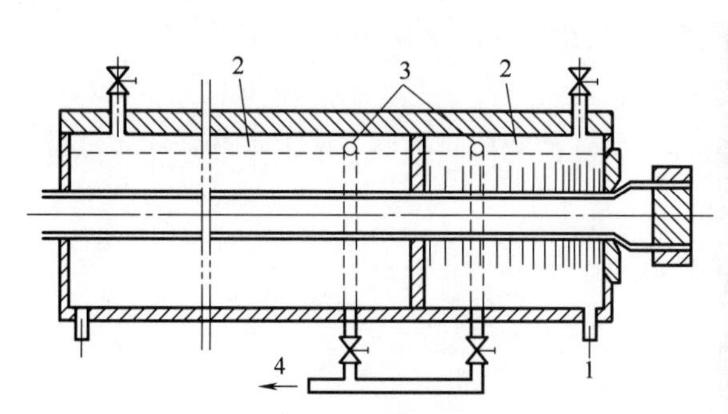

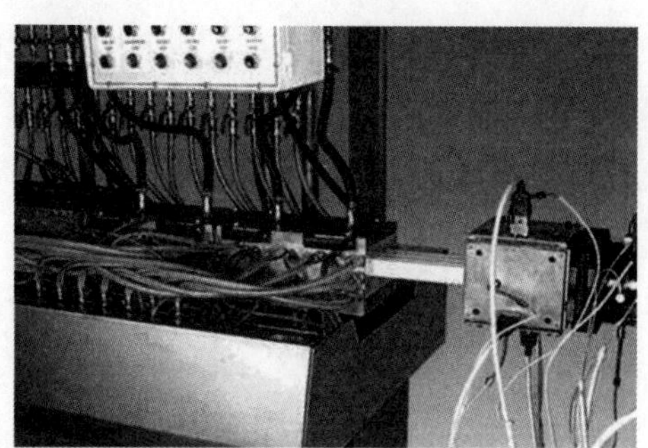

1—冷却水入口；2—真空；3—冷却水出口；4—至真空泵。

图 4-14　真空定型装置

(4) 内芯定型　内芯定型是固定空芯型材内部尺寸的一种定型方法。定型结构较复杂，内面定型需用迂回管。如图 4-15 所示，机头芯模与可冷却的定型芯棒相连接，所挤出的管坯在环绕此定型芯棒周围被拉出的同时，即被定型和冷却。其特点是可以减小制品内应力，内部定型精度较高。在此法中可用管材机头，借助于定型芯棒的简单造型生产出简单的异型材，常用于定型内径公差较小的圆形或方形管材，如街道标志杆等。常须使用弯机头，以便牢固地固定定型芯模及定型冷却系统。

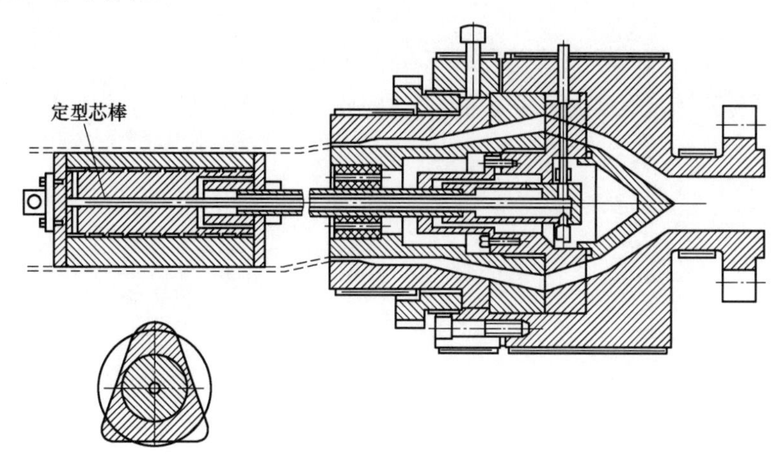

图 4-15　内芯定型装置

4.3.3.2 冷却定型模的尺寸确定

(1)型腔截面尺寸　在异型材成型过程中，熔融型坯受离模膨胀、冷却收缩和牵引收缩等因素的共同影响，因而在设计定型模型腔尺寸时不能等同于制品设计尺寸。定型模型腔的尺寸一般要小于机头口模尺寸而大于制品设计尺寸。计算公式如下：

$$D=(d+\Delta/2)(1+s)+\delta \tag{4-1}$$

式中　D——型腔截面尺寸，mm；

d——型材公称尺寸，mm；

Δ——型材尺寸公差，mm；

s——成型收缩率，一般取 1%；

δ——摩擦不摆动间隙，取值 0.05~0.15。

定型模一般定为 3~4 段，每后一段的型腔尺寸要比前一段小 0.05mm，最后一段为腔设计尺寸或稍大。

(2)定型模长度尺寸　定型模的总长度取决于制品的密度、壁厚、截面形状和牵引速度。其尺寸可采用经验公式计算：

$$L=400l^2 \cdot v \tag{4-2}$$

式中　L——定型模总长度，mm；

l——制品厚度，mm；

v——牵引速度，mm/s。

(3)真空吸附面积计算　黏流态型坯进入定型模，在型腔内要有足够的真空吸附面积才能与定型模型腔完全贴合，真空吸附面积可用公式计算：

$$A=0.67f\rho/p \tag{4-3}$$

式中　A——真空吸附面积，cm^2；

f——系数，取值 15~25；

ρ——制品密度，g/cm^3；

p——真空度，Pa。

(4)冷却和真空通道设计　冷却定型通道的设计应遵循均匀有效冷却的原则，其位置应尽量靠近型腔，以便于提高冷却效率。真空槽在定型模的纵向不宜均匀分布，其排布间距应由密到疏。这是因为刚进入定型模的型坯为黏流态，需要有较大的吸附力才能使其与定型模型腔贴合冷却。

4.3.4 冷却装置

4.3.4.1 冷却的作用

异型材由冷却定型器出来时，并没有完全冷却到室温，如果不继续冷却，在其壁厚径向方向存在的温度梯度使原来冷却的表面温度上升，引起变形。因此，必须继续冷却，排除余热。冷却装置就是为此而设置的，使型材尽可能冷却到室温。

4.3.4.2　冷却的方法

冷却装置一般有冷却水槽和喷淋水箱两种。冷却水槽一般分 2~4 段，长约 2~3m。一般通入自来水或经过热交换器的循环水作为冷却介质，水多从最后一段水箱通入，使水流方向与型材前进方向相反，使型材缓慢冷却，内应力较小。水槽中水位应将型材完全浸没。冷却水槽因上下层水温不同，型材有可能弯曲；大体积型材因浮力较大更易弯曲。冷却程度与冷却水温、型材给定的温度、型材的壁厚、牵引速度和塑料的种类有关。一般要求冷却后型材的平均温度为 25~30℃。结晶型聚合物冷却水槽的长度一般为聚氯乙烯的 2 倍。

4.3.4.3　冷却装置与定型装置整合

冷却装置与定型装置通常紧密连接，构成冷却定型装置。如图 4-16 所示，冷却定型装置一般由冷却定型台、真空系统、水冷却系统、冷却定型台移动系统和操作控制盘等组成。冷却定型台用于安装定型模、接水盘、真空系统、水冷却系统、移动系统和操作控制盘等，其台面位置可以上下左右调整，以便使定型模的中心与机头中心对正。台面的上下左右位置的调整一般采用手动和电动两种方式。

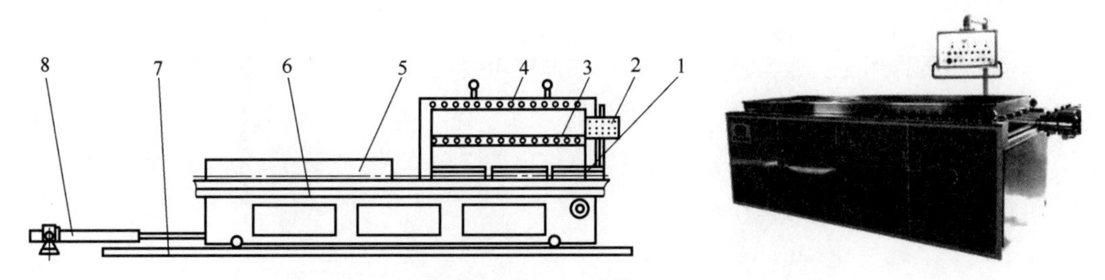

1—定型模；　2—操作控制盘；　3—水冷却系统；　4—真空系统；
5—冷却水槽；　6—冷却定型台；　7—导轨；　8—移动系统。

图 4-16　冷却定型装置

真空系统一般由 2~3 台水环真空泵、管路、气水分离器以及若干球阀和接头等组成，并在接头处用软管与各段定型模的真空腔室相连，为中空异型材的定型提供所需的真空度。开放式异型材的定型则不需要真空系统。

水冷却系统一般由冷却水循环装置、管路、水箱以及若干球阀和接头等组成，并在接头处用软管与各段定型模的冷却腔室相连，通过定型模对异型材型坯进行冷却。在型材截面较大或高速挤出时，仅仅靠定型模对异型材型坯进行冷却是不够的，往往要在定型模的后面设置冷却水槽或喷淋水箱，使已经定型但温度仍较高的异型材在水槽中进一步冷却。冷却水应从冷却水槽的下游流入，从冷却水槽的上游流出，也就是水流的方向与型材的运动方向相反，使型材得到缓慢冷却，以减少因温度梯度过大而在型材中所产生的内应力。

喷淋水箱中设置 4~6 根均布于型材周围的水管，每根水管上等距离安装有若干喷淋头，将冷却水呈细水柱状喷射到型材表面，对型材进行冷却。由于喷淋式冷却水的喷射速度快，型材周围不会形成滞留的热水表面层，故冷却效率高，冷却均匀性好。由冷却水槽或喷淋水箱出来的型材表面不可避免地附着有水，因此必须用压缩空气或其他方式将附着的水去除掉。

定型模沿生产线纵向前后移动是由移动系统来完成的。型材的挤出过程中，定型模口型的入口与机头口模之间的距离一般只有 10mm 甚至更小，因为两者之间距离过大，熔体型坯会因自重而下垂，导致型材截面和尺寸的变化。但是，在生产刚开始时，需要将型坯先引入定型模再牵至牵引装置，由牵引装置夹持着向前输送。对于型坯特别是断面形状复杂的型坯引入定型模来说，在如此小的距离下进行操作显然是极为不方便的。实际生产中，定型模入口与机头口模间先离开一段比较大的距离，完成型坯的引模和牵引装置的夹持牵引，待型坯在真空的作用下与定型模型腔表面完全接触后，再将定型模慢慢移向机头口模。另外，生产结束或突然出现故障（如型坯卡住或拉断、型材中进水等）时，必须将定型模快速移离机头口模，否则冷却水可能会泼洒在机头上。移动系统一般分手动和电动两种形式。

操作控制盘是整个异型材成型辅机控制系统的一个组成部分，一般置于冷却定型装置靠近机头一侧的上方，便于操作者在观察型材成型过程的同时实施操作。操作控制盘一般具有真空泵的启停、牵引速度的显示及调节、装置的前后移动、紧急停机等几个功能。

4.3.5 牵引装置

牵引装置的作用是克服型材在定型模内的摩擦阻力而均匀地牵引型材，使挤出过程稳定进行。由于异型材形状复杂，有效面积上摩擦阻力大，要求牵引力也较大，同时为保证型材壁厚、尺寸公差、性能及外观要求，必须使型材挤出速度和牵引速度匹配。一般异型材挤出用的牵引机有滚轮式、履带式和传动带式三种。

4.3.5.1 滚轮式牵引机

滚轮式牵引装置主要由电机、传动系统、上滚轮、下滚轮、滚轮间距调节机构、机架等组成。上下牵引滚轮一般设置 2～5 对，通常下滚轮为主动滚轮，上滚轮为从动滚轮，见图 4-17。上滚轮可通过调距机构上下移动，以适应型材大小，并对型材施加一定的压紧力。

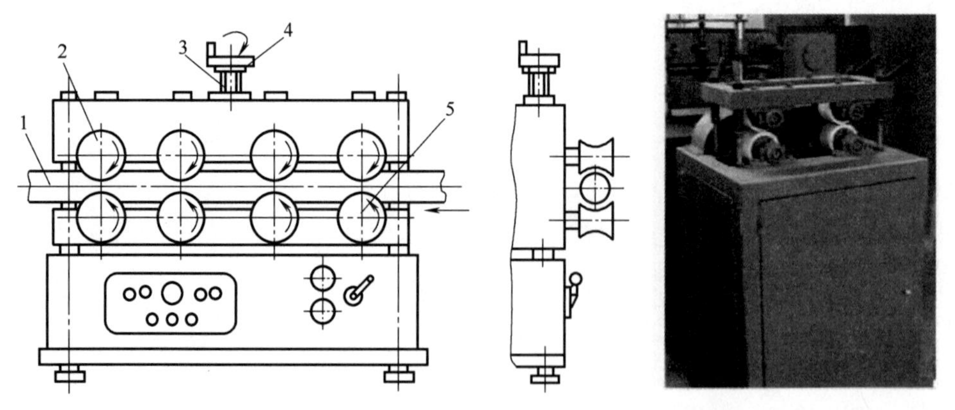

1—管材；2—主动轮；3—调节杆；4—手轮；5—从动轮。

图 4-17 滚轮式牵引装置

此种牵引装置结构简单，操作方便，但滚轮与型材仅为点或线接触，接触面积很小，故牵引力较小，仅适用小型材牵引，其应用也很少。然而，滚轮式牵引装置对于开放式异型材的牵引较为适用，因为滚轮的形状可以方便地根据型材断面形状的需要加工，使得型材被夹持时不会变形。

4.3.5.2　履带式牵引机

履带式牵引装置是应用最为广泛的牵引装置，主要由电机、传动系统、上下履带、履带调节机构、机架等组成，如图 4-18 所示。

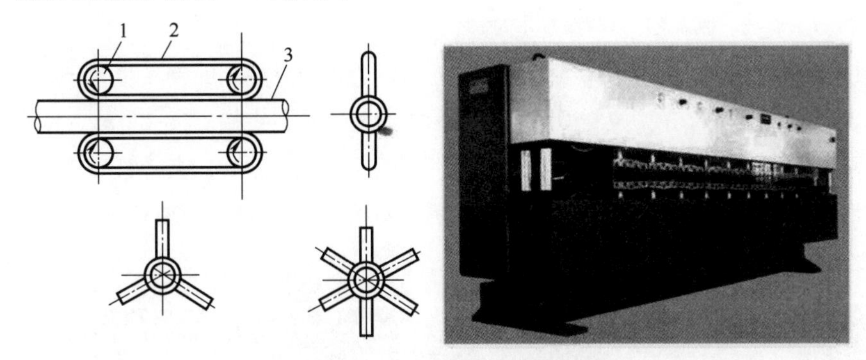

1—皮带轮；2—履带；3—塑料管。

图 4-18　履带式牵引装置

履带由一定数量的、固定在带翅链条上的长方形橡胶夹紧块构成。履带架的两端装有链轮，两履带夹持型材的一侧装有链条的滑动导轨，以使履带在整个夹持长度都能与型材接触，保证了履带与型材有足够大的接触面积。工作时，电机通过传动系统带动牵引装置下游的两链轮同时转动，由两链轮带动两履带反向转动，完成对型材的牵引。由于牵引履带与型材的接触面积大，牵引力也较大，且不易打滑，特别适用于薄壁或型材尺寸较大的制品。注意履带的形状须与异型材的轮廓相适应。

4.3.5.3　橡胶带式牵引装置

橡胶带式牵引装置有两种形式，一种是单胶带式，另一种是双胶带式，如图 4-19 所示。

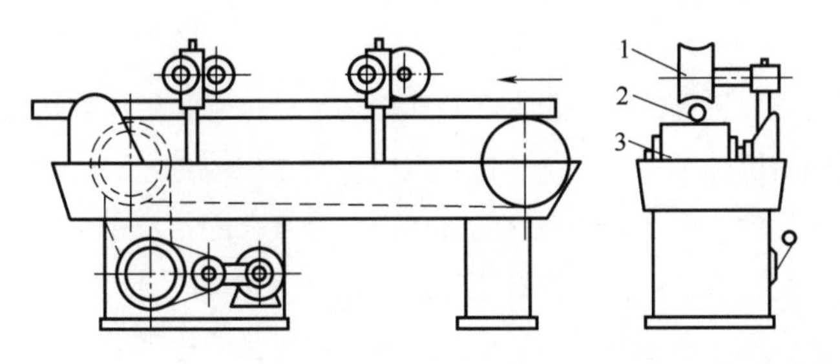

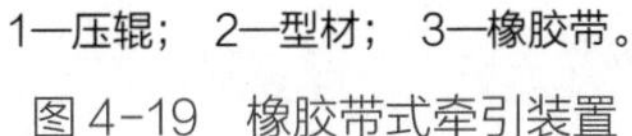

1—压辊；2—型材；3—橡胶带。

图 4-19　橡胶带式牵引装置

单胶带式牵引装置由电机、传动带、带轮、牵引胶带、辊、机架等组成。工作时，牵引胶带转动并从下面托着型材，用从动的压紧辊将型材压在胶带上，完成对型材的牵引。双胶带式牵引装置中，上下各有一条胶带，两胶带都是主动的，上胶带可以通过升降机构完成升降，两胶带共同完成对型材的夹持和牵引。两胶带夹持型材的一侧用若干支撑辊支撑，以使胶带对型材的夹持力更为均匀。

由于此种牵引装置对型材的压紧力在胶带的全长上并不是均匀分布的，带轮和胶带之间可能会出现打滑现象，因此，仅适用于所需牵引力不大的型材的牵引，目前其应用已经很少。

4.3.6 切割及堆放装置

为使挤出异型材满足运输、储存和装配的要求，需将连续挤出的制品切成一定的长度。一般用行走式圆锯。由行程开关控制型材夹持器和电动圆锯片，夹持器夹住型材，锯座在型材挤出推力或牵引力的推动下与型材同步运动，锯片开始切割，切断后，夹持器松开，锯片复回原位，完成型材切割的工作循环。异型材常规的切割及堆放装置如图 4-20 所示。

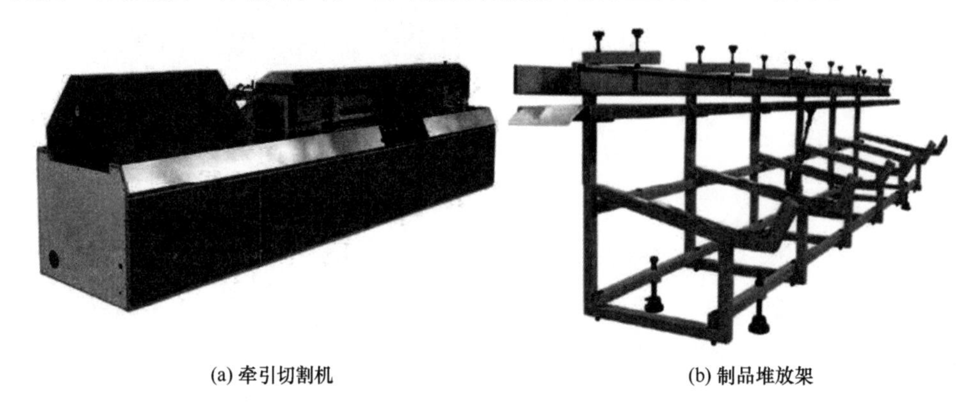

(a) 牵引切割机　　(b) 制品堆放架

图 4-20 异型材切割及堆放装置

在异型材生产中根据使用要求选择不同的切割（cutting）机。切割机有如下几种类型：①圆锯式切割机；②阿刀式切割机；③旋转式切割机；④圆刃砂轮切割机等。为了在高速挤出成型中切割出规整和正确的尺寸精度，现在已发展出利用电子计算机控制的各种切割方法。

堆放架主要由机架、翻转板、翻转气缸等组成。通常在翻转板的下游端部和稍靠中间的位置各设置一个行程开关，分别控制翻转板的翻转和切割动作。型材运动过程中首先触到中间位置的行程开关，发出切割信号。切断后的型材在未切型材的推动下，继续在翻转板上向下游方向运动，待触到端部的行程开关后，翻转气缸动作，翻转板下翻，型材落入堆放架，翻转板再由气缸复位。型材积攒够一定数量后进行打捆包装，然后运至库房。为防止型材落下时与堆放架直接磕碰而损坏，与型材接触的架子表面一般黏附橡胶垫等软性材料。

学习活动

思考：

异型材定型、冷却、牵引的调试方法是什么？

查找：

塑料异型材成型技术的新进展。

4.4 挤出机选型

4.4.1 单螺杆挤出机的选型

生产批量小或截面尺寸小的异型材一般选择单螺杆挤出机来成型加工，避免生产资源和能源的浪费。单螺杆挤出机的选择取决于两个主要因素：一是制品截面尺寸的大小；二是产量要求。对于成型加工聚烯烃类的异型材，应选用单螺杆挤出机。螺杆的直径通常为45~120mm，长径比$L/D \geq 20$。挤出量越大，螺杆直径越大。异型材截面面积大（截面尺寸大），螺杆直径也越大。截面尺寸小的聚氯乙烯异型材也适合用单螺杆挤出机来生产。一般螺杆直径D为45~65mm，长径比L/D为20左右。

4.4.2 双螺杆挤出机的优点

与单螺杆挤出机相比，双螺杆具有非常明显的优点，主要表现如下：

(1)加料容易　这是由于双螺杆挤出机是靠正位移原理输送物料，不可能有压力回流。在单螺杆挤出机上难以加入的具有很高或很低黏度以及与金属表面之间有很宽范围摩擦系数的物料，如带状料、糊状料、粉料及玻璃纤维等皆可加入。玻璃纤维还可在不同部位加入。双螺杆挤出机特别适于加工聚氯乙烯粉料，可由粉状聚氯乙烯直接挤出管材。

(2)物料在双螺杆中停留时间短　适于那些停留时间较长就会固化或凝聚的物料的着色和混料，例如热固性粉末涂层材料的挤出。

(3)优异的排气性能　这是由于双螺杆挤出机啮合部分的有效混合，排气部分的自洁功能使得物料在排气段能够获得完全的表面更新。

(4)优异的混合、塑化效果　这是由于两根螺杆互相啮合，物料在挤出过程中进行了较在单螺杆挤出机中远更复杂的运动，经受着纵横向的剪切混合。

(5)低的比功率消耗　据介绍，若用相同产量的单双螺杆挤出机进行比较，双螺杆挤出机的能耗要少60%。这是因为双螺杆挤出机的螺杆长径比较单螺杆短，物料的能量多由外热输入。而单螺杆挤出机螺杆的长径比要大20%~30%，且机头和分流板、筛网增加了阻力。

(6)双螺杆挤出机的容积效率非常高　其螺杆特性线比较硬，流率对口模压力的变化不敏感，用来挤出大截面的制品比较有效，特别是在挤出难以加工的材料时更是如此。

随着塑料工业的不断发展，加工塑料的工艺条件随之增多，物料性能也有变化，制品质量随之提高。20世纪60年代后，由于混炼、排气、脱水、造粒、加工粉料直接成型或在塑料中填充玻璃纤维填料等加工工艺需要，20世纪30年代开发的双螺杆挤出机得到广泛应用。在进行不断改进后，双螺杆以进料稳定、混合分散效果好、塑化好及消耗功率低等优点，扩大了其应用范围。如今，双螺杆挤出机以其优异的性能与单螺杆挤出机竞相发展，在塑料加工中占有越来越重要地位。

4.4.3 双螺杆挤出机的选择

传统的双螺杆挤出机主要用于配料、混合及管材挤出。近年来随着合成材料、精细化工等新领域、新产品、新技术的发展，所要处理的特种或特别状态的聚合物日益增多，双螺杆挤出机的应用也越来越广。

（1）成型加工的应用　双螺杆挤出机的成型加工主要用于生产管材、板材及异型材。其成型加工的产量是单螺杆挤出机的二倍以上，而单位产量制品的能耗比单螺杆挤出机低30%左右。因双螺杆输送能力强，可直接加入粉料而省去造粒工序，使制件成本降低20%左右。双螺杆挤出机的剪切发热量小，对物料的热稳定性要求不高，可以减少70%稳定剂的用量，稳定剂的毒性作用相对减少，成本也降低。

（2）配料、混料的应用

① 用于配料、混料工序（以下简称配混）　因双螺杆挤出机可一次完成着色、排气、均化、干燥、填充等工艺过程，所以常用其给压延机、造粒机等设备供料。目前，有用配混双螺杆挤出机替代捏合机-塑炼机系统的趋势。

② 用于对塑料填充、改性　在单螺杆挤出机中难以在塑料中混入高填充量的玻璃纤维、石墨粉、碳酸钙等无机填料进行加工，用双螺杆挤出机更容易实现。

③ 用于橡塑共混及制备塑料合金　加工橡胶共混改性热塑性塑料，制备ABS和聚碳酸酯、聚苯醚和聚砜等多种聚合物合金时，双螺杆挤出机是理想的设备。

④ 用于生产聚合物色母料　用双螺杆挤出机可生产含量高达70%的色母料和炭黑母料。

（3）反应加工的应用　双螺杆挤出机与一般间歇式或连续式反应器相比，其熔融物料的分散层更薄，熔体表面积也更大。极薄的、不断更新的表面层有利于化学反应的物质传递及热交换。双螺杆挤出可使物料在输送中迅速而准确地完成预定的化学变化。在大搅拌反应器中不易制备的改性聚合物也能在双螺杆反应挤出机中完成。利用双螺杆挤出机进行反应加工，还具有容积小、可连续加工、设备费用低、不用溶剂、节能、低公害、对原料及制品都有较大的选择余地、操作简便等特点。

机型的具体选择以成型硬质聚氯乙烯异型材为例，由制品的截面尺寸来选用挤出机的规格。表4-5为国家机械行业标准JB/T 6492—92规定的锥形双螺杆挤出机的基本参数。

表4-5　锥形双螺杆挤出机基本参数

螺杆小端公称直径 d/mm	螺杆最大与最小转速的调速比 i	HPVC产量 Q/(kg/h)	实际功率比 N/[kW/(kg/h)]	比流 q/[(kg/h)/(r/min)]	中心高 H/mm
25	—	≥24	—	≥0.30	—
35	—	≥55	—	≥1.22	—

续表

螺杆小端公称直径 d/mm	螺杆最大与最小转速的调速比 i	HPVC 产量 Q/(kg/h)	实际功率比 N/[kW/(kg/h)]	比流 q/[(kg/h)/(r/min)]	中心高 H/mm
45	—	≥70	—	≥1. 55	—
50	≥6	≥120	≤0. 14	≥3. 75	1000
65	—	≥225	—	≥6. 62	—
80	—	≥360	—	≥9. 73	—
90	—	≥675	—	≥19. 30	1100

4. 5 异型材挤出成型配方与关键工艺

4. 5. 1 聚氯乙烯异型材

硬质聚氯乙烯异型材是目前应用最广泛的门窗用异型材。其性能优良，外形挺拔，光洁美观，且不用油漆，不生锈，耐潮湿，生产工艺简单，价格适中，越来越受到人们的关注，有着十分广阔的发展前景。表 4-6 为各种材质门窗建筑性能。可以看出，塑料门窗的性能虽然不是样样最优，但却能兼具各种门窗的优点，并能满足建筑和使用要求，而且在节约能源、保护环境和资源、美化建筑、改善居住条件等方面有着独特的优势，是综合性能优良的新型门窗。

表 4-6　各种材质的门窗建筑性能比较

门窗材质	隔热性	密封性	隔音性	耐候性	耐水性	防腐性	阻燃性	结露性
塑料门窗	A	A	A	B	A	A	B	A
木 门 窗	A	D	D	B	D	B	D	B
铝 门 窗	D	B	C	A	B	C	A	D
钢 门 窗	C	C	C	B	C	D	A	D

注：性能优劣：优 A>B>C>D 劣

4. 5. 1. 1 硬聚氯乙烯窗型材配方

扫码观看异型材窗框生产视频

(1) 对制作门窗型材的材料性能要求　制作门窗型材的材料必须满足门窗基本功能的要求。制作门窗对材料性能的要求主要有：①力学性能，材料应具备足够的拉伸强度、弯曲强度、冲击强度和刚性；②耐候性能，具备抵御光、氧和紫外线破坏作用的能力，延长其使用寿命；

③尺寸稳定性，在使用过程中不发生翘曲变形和尺寸变化；④耐腐蚀性能，具备良好的化学稳定性和耐腐蚀能力；⑤保温、隔热、隔音性能良好；⑥装饰性强；⑦较好的成型加工性及较低的成本。

(2)聚氯乙烯窗型材的配方设计

① 聚氯乙烯树脂的选择　从强度和加工两方面考虑，随着树脂的相对分子质量的增加，制品的强度提高，但熔体的黏度增加，加工困难。一般选择PVC（SG-4)和PVC（SG-5)型树脂制作型材。

② 热稳定剂的选择　为改善聚氯乙烯的加工性能，必须加入热稳定剂，主要有铅盐类、金属皂类、有机锡类和稀土类稳定剂。异型材中通常采用铅盐类（三盐基性硫酸铅、二盐基性亚磷酸铅、二盐基硬脂酸铅)和金属皂类（硬脂酸镉、硬脂酸锌、硬脂酸铅、硬脂酸钡、硬脂酸钙等盐类)作热稳定剂，金属皂类还有一定的润滑作用，价格比较便宜，对于挤出硬质的型材较合适。热稳定剂的加入量（总份数)大约为5~7份。目前市场上有高效铅盐复合稳定剂，由于氧化铅的晶体粒子特细，在相同质量下，稳定效果更好，因此用量比一般的要低，通常为4~5份。值得注意的是，配方中用EVA时，不用铅盐稳定剂；用CPE时，不用锌皂稳定剂；有机锡类不要和铅盐和铅皂并用，防止型材污染。

③ 润滑剂的选用　为了改善聚氯乙烯的加工性能和制品表面质量，须加入适当的润滑剂。由于金属皂类具有一定润滑作用，使用金属皂类时应适当减少润滑剂的用量，抗冲改性剂的加入增加了物料的熔融黏度，应适当增加润滑剂的用量，薄壁型材比厚壁型材要多加一些润滑剂，单螺杆挤出机要比双螺杆挤出机少一些润滑剂，润滑剂的总用量一般不超过2份。常用的品种有硬脂酸、石蜡、聚乙烯蜡等。

④ 抗冲改性剂　由于聚氯乙烯的刚性大，抗冲性能较差，满足不了建筑上的要求，故应加入抗冲改性剂。已知的抗冲改性剂有ACR、CPE、EVA、MBS、ABS和丁腈橡胶等品种。就性能而言，ACR改性效果最好，但价格较贵。CPE的用量为6~12份，ACR的用量为4~6份。

⑤ 加工改性剂　为改善硬聚氯乙烯的加工性能，在型材的生产过程中，常加入ACR加工改性剂，它能改善聚氯乙烯的流动性和均匀性，减少物料的黏附和结垢，用量为1~2份。国内牌号有ACR-201、ACR-301、ACR-401。

⑥ 光稳定剂　对于用于户外的窗型材，应加入光稳定剂，以增加耐候性，防止快速老化，从而延长使用寿命。钛白粉作为光屏蔽剂和着色剂，常用在型材的生产中。值得注意的是，市售钛白粉有两种类型：金红石型和锐钛型。窗用异型材最好选用金红石型而尽量不用锐钛型，其原因是锐钛型钛白粉会加快型材变色和老化。

⑦ 填料　用以降低成本和提高刚性，常用轻质碳酸钙，且需偶联剂进行表面处理。用量一般不超过10份，超过10份后型材的焊接性能和力学性能开始下降。

(3)硬聚氯乙烯窗用型材的典型配方　表4-7为硬聚氯乙烯窗用型材典型配方，供参考。

表 4-7 硬聚氯乙烯窗型材的配方实例

组分	配方					
	1	2	3	4	5	6
PVC(SG-5)	100	100	100	100	100	100
三盐基性硫酸酯	3	2.5	3.5	—	2.5	1
二盐基性亚磷酸铅	1.5	1.5	2.5	—	1	1
钡-镉稳定剂	—	—	—	2.5	—	2
硬脂酸铅	1	0.5	0.8	—	2	1
硬脂酸钡	—	—	1.5	—	—	—
硬脂酸钙	1	1	0.8	—	0.5	1
氯化聚乙烯(CPE)	8	8	6	3	8	8
加工助剂 ACR	0.5	2	—	2	2	1
钛白粉	4	4	2	4	3	1
硬脂酸	0.5	0.4	—	—	0.3	0.3
石蜡	0.3	—	1.2	—	—	—
聚乙烯蜡	—	0.3	—	—	—	—
轻质碳酸钙	4	5	5	4	3	4
亚磷酸酯	—	—	—	0.5	—	—
环氧大豆油	—	—	—	1	—	—
EVA	—	—	—	2.0	—	—

4.5.1.2 异型材成型工艺

(1)混合工艺 聚氯乙烯混合料制备质量的好坏对异型材制品的质量有着重要的影响，混合过程一般是在高速混合机内完成的。混合工艺条件如下：

① 加料顺序 先将聚氯乙烯树脂加入高速混合，再依次加入称量的稳定剂、加工改性剂、抗冲改性剂、色料、填料、润滑剂等。外润滑剂一般在热混放料前 2~3min 投入。

② 混合转速 高速混合时，转速 850r/min 左右。低速排料，转速 150r/min 左右。

③ 混合温度 排料温度 120~130℃。

④ 混合时间 一般为 5~15min，将料温升至排料温度作为混合过程的终点。

(2)造粒 造粒工序对于单螺杆挤出机生产异型材一般是必须的，而双螺杆挤出机可直接使用混合好的粉料生产异型材。造粒可使用单螺杆挤出机，双螺杆挤出机和双辊炼塑机。单螺杆造粒机身温度 150~170℃，双螺杆造粒机可比单螺杆造粒机低 10~15℃，双辊炼塑机辊温在 160~180℃。

(3)成型工艺 硬聚氯乙烯门窗异型材的挤出过程为：聚氯乙烯混合料在料筒内经过螺杆混炼，再在内摩擦热和外加热的共同作用下，物料逐渐变成熔融黏流态，在旋转螺杆的推动下向机头方向运动。进入机头后，在高温、高压下经过机头型腔进行分流压缩成型，挤出近似制品截面的型坯，再经过定型模具对型坯真空冷却定型，达到制品设计要求。成型温度、螺杆转速、加料速度、定型冷却、牵引速度等对异型材制品质量有着重要影响。

① 成型温度　硬聚氯乙烯塑料的热稳定性和熔体流动性较差，在挤出过程中，温度控制十分重要。温度过高，会引起物料分解；温度过低，则物料塑化不好。为使物料的挤出成型在熔融温度和分解温度之间进行，应正确设定和调节温度。对于双螺杆挤出机而言，温度控制的要点如下：

a. 挤出机加料段温度要高　目的是使物料经过料筒的排气段能顺利包覆螺杆，不至于被真空泵吸走。

b. 机头连接套温度要适中　温度过高，虽然物料能顺利进入模具，但会使产品形状稳定性差，收缩增加，无法保证产品的尺寸，甚至会导致物料的分解；温度过低，熔体黏度大，机头压力高，虽可使产品密实，形状稳定性好，但加工困难，口模膨胀严重，制品表面粗糙，设备负荷大。

c. 机头和口模温度应较高　增加熔体黏度，减少熔体出模膨胀，使制品有良好的力学性能和外观。一般机头和口模的温度较高，而机身温度较低。锥形双螺杆挤出机成型异型材的成型温度见表 4-8。

表 4-8　锥形双螺杆挤出机各段温度控制　单位：℃

原料	机身温度		连接器	机头温度		口模
	1	2　3		1　2	3	
PVC(SG-5)	170~180	165~170	170~175	170~175	180~185	185~188

d. 单螺杆挤出机的成型温度机身温度为 160~190℃，机头 180~190℃。

② 定量加料　由于双螺杆挤出机具有强制性正位移输送作用，必须设置定量加料装置，通过调节加料螺杆的转速来控制双螺杆挤出机的加料量达到控制挤出量的目的。一般采用“饥饿加料法”，通过逐步增加加料螺杆转速，增加主机螺杆转速反复调节至正常挤出速度。加料螺杆转速约为挤出机螺杆转速的 1.5~2.5 倍。

③ 螺杆转速　螺杆转速是控制挤出速度、产量和制品质量的重要工艺参数，一般根据机头的形状和大小、冷却装置的能力等综合考虑。转速太低，挤出速度太慢，挤出效率不高，还会延长物料在料筒内受热时间；转速太高，会导致剪切速率增加，摩擦生热增大，物料温度提高，熔体离模膨胀加大，表面质量变坏，产品得不到及时冷却还会引起弯曲变形等。对于双螺杆挤出机而言，螺杆转速一般以 15~25r/min 为宜。

④ 机头压力　提高机头压力，可使制品密实，有利于制品质量的提高。但压力过大，口模离膜膨胀现象严重，表面质量较差，严重时会造成事故（如法兰螺丝被拉断），故机头压力要适当。

⑤ 真空冷却定型　当物料刚出口模时完全处于软化状态，进入真空定型模后，借助真空负压的作用，使处于软化状态并具有一定形状的异型材被紧紧吸附在定型模模腔上，经过冷却就能获得理想的形状和尺寸。通常真空度应取值 0.04~0.08MPa。真空度过大，会增加牵引机负荷，降低产量，同时还将延缓甚至阻碍熔体顺利进入真空定型模，导致口模和真空定型模之

间积料堵塞。而真空度过小，则吸力不足，导致严重变形或不成型，无法保证产品的外观质量和尺寸精度。

定型模的冷却水通常由定型模后部流入，前端流出，水流方向与型材前进方向相反，使型材缓慢冷却，内应力较小，同时定型模前端温度较高，型材便于进入。冷却水温要求在20℃以下。根据异型材大小和牵引速度高低，定型模设置一段或多段，以保证获得理想的制品形状和尺寸。

⑥ 冷却与校直　由于定型模不能充分冷却异型材，还需冷却装置将型材进一步冷却。在冷却水箱内设置喷淋水头对型材冷却并设置校直装置，通过调节各部位的冷却水的流量，或若干个校直块来防止型材的弯曲变形。

⑦ 牵引速度　牵引速度快慢直接影响制品的性能、外观及尺寸。牵引速度设定必须与挤出速度匹配。牵引速度若比挤出速度快，则易拉断制品；若慢则会引起口模与定型模之间积料现象。因此挤出速度（螺杆转速）提高或降低应及时调整牵引速度的快或慢，保证牵引速度与挤出速度相适应。正常生产，牵引速度较挤出速度略快，约为1%~10%，以克服型材的离模膨胀。牵引速度与挤出速度的比值为牵伸比（拉伸比），其大小反映制品可能发生的取向程度。

(4)切割　一般选用行走式圆锯。在与型材同步平行运动过程中，圆锯垂直运动将型材截断，保证型材以一定的长度来满足运输、储存和装配的要求。

(5)焊接　窗型材的焊接一般在自动焊接机上进行。在两根型材需要焊接的端头剖面上用电加热板同时加热，直至型材剖面熔融后迅速移开加热板，将两根型材被加热的剖面贴合在一起并施加一定的压力，两剖面即可熔合在一起。待冷却硬化后，则焊接完成。

(6)修理　焊接完成后，焊缝两面边上都有焊后被挤出的飞边、焊渣，必须将其清理。可用焊缝清角机或手工清理。

4.5.2　双组分异型材

塑料异型材共挤技术是近几年来发展起来的一种新兴的塑料成型技术。随着国内外共挤技术的不断发展，以及在挤出设备、原材料及模具设计、模具加工制造等方面技术水平的提高，塑料异型材共挤技术得以快速发展，其在塑料异型材产品上的应用可以使产品多样化或者多功能化，从而能够提高产品的档次，降低产品的成本。

学习活动

讨论与思考：

比较ABS异型材与PVC异型材挤出成型的工艺设定和调整。

塑料异型材共挤制品通常包括塑料-塑料共挤出异型材和塑料-非塑料共挤出异型材两大类。塑料异型材共挤技术是指两种或两种以上塑料材料共同复合挤出成型异型材制品的技术，属挤出复合类塑料型材加工的一种工艺方法。这种成型加工方法具有以下特点：①能充分发挥各种塑料的固有特性，使其在复合型材中起到应有的主导作用；②属多种塑料一起成型的整体技术，无须黏结或贴合，效率高，成本低；③将硬质材料和软质材料进行复合，可以集强度与弹性于一体，构成特殊用途的材料；④将多孔材料与致密材料复合，构成质量轻、比强度高的材料，赋予其特定性能；⑤可构成品种多、花样新、性能优的各种型材，以满足特殊使用场合的材料。

塑料异型材虽然具有一些天然材料（木材、钢材）所没有的独特性能，但是其也有强度低、耐热性差、线胀耐热性差和线胀系数大等缺陷。与非塑料材料复合的异型材可以使制品的强度、耐热性、尺寸精度等方面得到改善。如何将钢塑复合、铝塑复合、木塑复合一直是人们关心的课题，并取得了突破性的进展。金属与塑料共挤出技术是利用金属嵌入技术，通过共挤出而成的一类复合材料，即在挤出异型材的同时将金属嵌入在型材的某些部位。其特点是将金属和塑料的优点集于一体，增加了异型材的刚性和尺寸稳定性。现在金属与塑料复合共挤出技术已经达到了应用阶段，其中应用较多的为钢塑复合共挤出和铝塑复合共挤出。

4.5.2.1 共挤出的特点

(1)对树脂的流动性能和工艺要求　共挤出是一种比较新的挤出技术，这是将两种或两种以上树脂通过单一机头同时挤出。共挤出主要采用三种工艺。第一种使用供料式机头，在此种机头中，各种熔体于进入机头之前汇合成较小的截面。此种工艺对多组分聚合物流动性要求较高，只有流动性能相当接近的才能避免界面畸变。因为不等黏度的熔融聚合物相遇时，黏度大的将在界面处呈现凸面状；黏度小的则呈现凹面状。黏度差值越大，此现象越严重。第二种共挤出工艺使用多流道式内汇合式机头，不同的熔体分别进入机头并恰好在模孔内汇合。此种工艺针对流动性能不大相同的聚合物，可以减少界面畸变形成的可能，各组分物料的流动性能差别比较大时可选择这种工艺。第三种共挤出工艺使用多流道式外部汇合机头，主要应用于吹塑多层薄膜，在吹塑挤出中，膨胀膜泡内的空气压力提供黏合所需压力。

(2)界面流动不稳定性的影响　在挤出过程中，可能出现某些机头内流动不稳定性，这些模内流动不流动性可能严重影响整个挤出过程，并使挤出产品无法接受。严重的模内不稳定流动将在挤出物表面形成鲨鱼皮和熔体破裂。

鲨鱼皮本身表现为规则的脊状表面畸形，脊峰走向垂直于挤出方向。鲨鱼皮现象的不太严重的形式是出现表面无光，不能保持光洁的表面。鲨鱼皮一般认为在模口定型段或出口处形成，主要取决于机头温度和挤出速度。鲨鱼皮问题通常可以通过降低挤出速度或提高机头温度加以缓解，采用外润滑剂也能减少此种问题，在树脂中使用添加剂或共挤出薄型低黏度外层也可以得到缓解。就材料本身而言，选择相对分子质量分布宽的树脂有利于减少鲨鱼皮。

熔体破碎是挤出物的严重畸变。这种畸变有许多不同的形式：螺旋状、竹节状、有机微波体、无机破裂等。熔体破碎问题可以通过机头流线化，提高机头定型区的温度、降低螺杆转速、降低熔体黏度、增大出口流道的截面积或采用润滑剂等方法加以缓解。

扫码观看熔体破裂现象

4.5.2.2　双组分异型材的实例

常见双组分异型材共挤有三种类型：

① 聚氯乙烯双色共挤　将颜料混掺入硬聚氯乙烯载体，加工成色母料，再用色母料在聚氯乙烯型材表面共挤出一层薄的表面，使型材外观色彩鲜艳，达到良好的装饰效果。

② 聚氯乙烯软硬共挤　将软质聚氯乙烯直接挤嵌在硬质聚氯乙烯型材的相应部位，提高型材的密封或缓冲性能。图4-21为PVC软硬共挤实例。

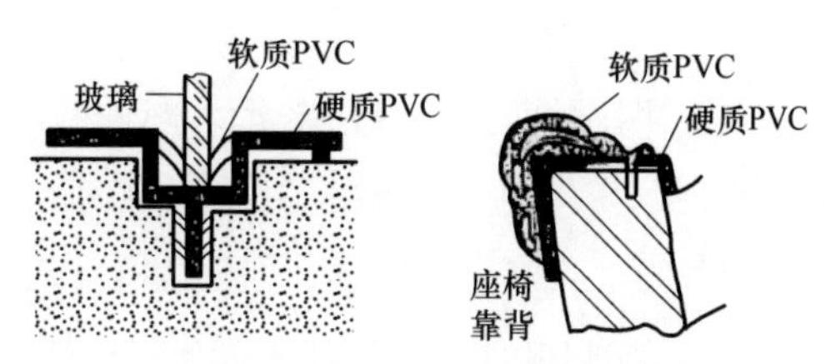

图4-21　聚氯乙烯软硬共挤实例

③ 不同物料双组分共挤　在聚氯乙烯窗框本体的外侧包覆聚甲基丙烯酸甲酯层，可制得耐气候性好的聚氯乙烯窗框，外表面层厚度为0.5mm，可着不同颜色，以共挤方式完成。

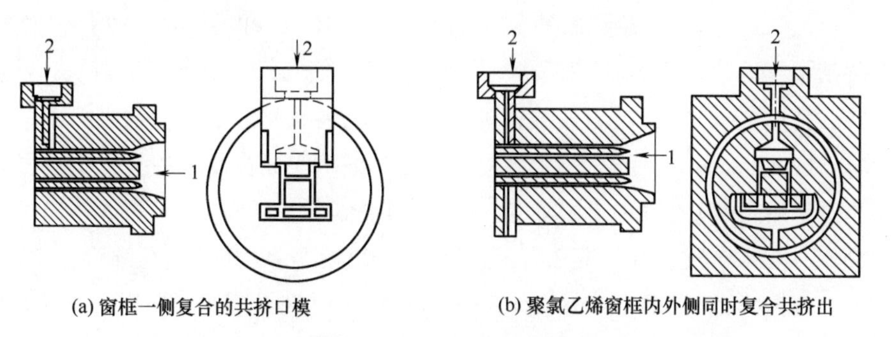

图4-22　聚氯乙烯聚甲基丙烯酸甲酯的共挤出口模

共挤出口模如图4-22所示。图4-22（a）为窗框一侧复合的共挤口模示意图，从1中挤出硬质PVC，从2中挤出着色聚甲基丙烯酸甲酯或着色聚氯乙烯。图4-22（b）为聚氯乙烯窗框内外侧同时复合共挤出的示意图，从图中可见，包覆层的物料从环形流道进入对面流道，成型异型材的另一侧表面。

4.5.3　木塑复合异型材

木塑复合材料（WPC）是指由木纤维或植物纤维补强填充改性热塑性塑料材料，兼有木材和塑料的成本与性能，经挤出、压制或注射成型板材或其他制品，替代木材和塑料的新型复合材料。木塑复合材料从20世纪90年代在美国和加拿大开始兴起，由于其在资源利用与环境保护方面的优势，迅速在国际上得到发展。根据市场调研，2021年全球木塑复合材料市场规模由2016年的38亿美元增长至63亿美元。其中，2021年我国木塑复合材料市场达到9亿美元，行业产量为383万吨，同比增长9.73%；销量达到390万吨。

改善木塑复合材料复合界面相容性的方法主要有物理方法和化学方法。物理方法包括表面原纤化及放电处理。化学方法为在与聚合物母体复合之前通过在纤维填料的表面包覆一层非极性的材料以改善界面的兼容性及纤维在塑料基体中的分散性。化学法一般有接枝共聚法处理、偶联剂处理、对植物纤维浸润处理、碱金属溶液膨胀处理及取代反应和乙酰化处理等数种方法。

我国木塑复合材料的研究工作虽然起步较国外晚，却充分吸收了国外的研究成果并进行了大量的工作。尤其是1998年后，由于“天牛虫”事件，加之塑料制品废弃物及木材资源缺口的不断增加，客观上推动了我国木塑复合材料的发展。北京化工大学、中国林业科学研究院、国防科技大学、中国石化北京化工研究院以及东北林业大学等高校和科研单位都进行了有关研究和开发。中国林业科学研究院木材工业研究所对木材和苯乙烯（PS）接枝共聚过程中官能团和表面极性的变化进行了研究，并使用顺丁烯二酸酐和丁二酸酐经过酯化反应来降低表面极性，效果良好。上海交通大学高分子材料研究所将马来酸酐接枝聚丙烯作为偶联剂应用于纸粉或纤维素填充的PP体系中，并对提高材料相容性的机理进行了分析。

近年来，木塑复合材料成型技术和装备的研究正在快速地发展。这项技术的发展具有以下六个特点：①提高木塑复合材料表面相容性依然是研究的热点之一。②聚合物基体由单组分再生料向多组分再生料方向发展，使回收的多组分废旧塑料（PE、PP、PVC、ABS等）原料和经过表面改性的植物纤维进行混合成型，制出木塑复合材料制品。③植物纤维份数由低份数（50份以下）向高份数（100份以上）发展，进一步降低材料成本，增强产品的市场竞争力。④木塑复合材料微发泡技术、大型宽幅较厚的板材制品技术等成套设备及制品成型技术的开发，改善了木塑制品应用中存在的诸如密度大、尺寸不能满足实际需要等问题，不断扩大木塑制品的应用领域。⑤木塑复合材料填充有植物纤维和其他填料（如玻璃纤维等），以不断创新，开拓木塑复合材料的应用领域。⑥设计新型的混炼设备和专用模具，以进一步解决木塑复合材料难混合、难成型等缺点和提高生产效率。

4.5.3.1 木塑复合异型材的配方组成及作用

WPC复合异型材的配方主要由基体，填充物和添加剂三部分组成。

（1）基体　植物纤维在高温下易分解，所以用作基体的材料必须有较低的熔点。应用较多的是HDPE、PP、PS、PVC、PET以及ABS等热塑性塑料。目前市场上仍以PE木塑复合材料为主，占65%；PVC木塑复合材料占16%；PP木塑复合材料占14%。

（2）填充物　选用植物纤维作为木塑复合材料的填充物主要有3种原因：①植物纤维廉价，易降解，且密度小；②植物纤维有较高的刚度和强度，理想的长径比；③植物纤维具有多孔性，熔融的塑料基体可以渗入到植物纤维的细胞空腔中，从而像铆钉一样将纤维和基体连接起来。

（3）添加剂　为了克服加工过程中的困难，生产出具有良好性能的木塑复合材料，通常在加工的过程中需要加入一些添加剂或助剂。添加剂有润滑剂、分散剂、紫外线稳定剂、发泡剂、交联剂、阻燃剂等。从提高木塑复合材料填充相与基体相间的相容性以及填充物的分散性两个最为重要的目的出发，通常需要添加偶联剂、相容剂以及冲击改性剂等。偶联剂可以提高无机填料和无机纤维与基体之间的相容性，同时也可以改善植物纤维与聚合物之间的界面状况。

4.5.3.2 木塑复合异型材加工设备设计要点

WPC异型材不同组分自身的特点决定了其加工设备设计的三个要点：

① 由于加入的木质纤维大部分为粉料，而木粉结构蓬松不易对挤出机螺杆加料，加料过

程中易会出现“架桥”和“抱杆”现象。一般采用强制加料装置以及饥饿加料，以保证挤出的稳定。

② 强制加料器，如图 4-23 所示，常用于粉状物料的加工，原因是它可增加粉料密度和充实螺槽，有效地提高产量。强制加料器提高产量的原理有两个方面：a. 压实粉料实际上就等于把较多的物料推进到每一个螺槽；b. 随着螺槽内粉料被压实，粉料被压向料筒表面，故可得到使物料前进和熔融所必需的剪切力。

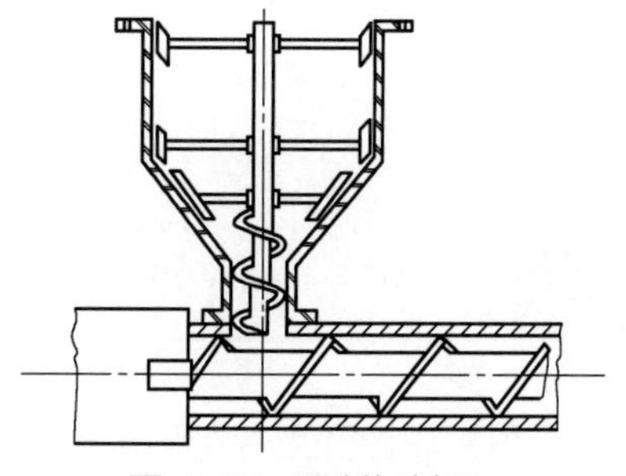

图 4-23　强制加料器

③ 木粉中含有大量的小分子挥发物质和水分，而前处理又无法完全清除，所以木塑复合材料挤出机排气系统的设计尤为重要。

④ 合理的螺杆结构能降低螺杆与木纤维的摩擦，得到适当的剪切和分散混合效果，避免纤维分散不良或纤维的破损。如适当减小计量段螺杆直径有利于熔体流动，适当缩短计量段停留时间可使材料劣化率降至最低，采用销钉螺杆较普通螺杆更能避免木粉聚集、提高分散混合。

4. 5. 3. 3　WPC 复合异型材加工工艺及挤出机选用

木塑复合材料的加工有两种方式：一种是先混配制成粒料，再加工成制品；另一种是一步法，直接在一组设备上连续完成混配及加工成型，连续化生产各种制品。木塑复合材料的加工对其性能影响很大，混合分散不均或过度混配均会造成材料的力学性能不佳。除上述两种方法之外，还可先对纤维进行干燥造粒，再与塑料混合加工生产各种木塑复合材料制品。

① 单螺杆挤出机　单螺杆挤出机的输送作用主要是靠摩擦。由于木粉结构蓬松，不易对挤出机螺杆加料，物料在料筒中停留时间较长，而木粉的填充使聚合物熔体黏度增大，增加了挤出难度，同时其排气效果不佳，混炼塑化能力不强。木粉用量较大时，挤出物颜色变深，有木粉烧焦的味道，且熔体强度随木粉用量增加迅速降低，当木粉用量到 150 份后，就难以挤出。

相比之下销钉型单螺杆有更好的混合、分散及塑化能力，相同的配方条件下可实现低温挤出，平均挤出温度比普通螺杆低 3℃左右，同时螺杆的临界转速增大，产量提高，且挤出制品的外观和性能要好于普通螺杆。

② 双螺杆挤出机　双螺杆挤出机依靠正位移原理输送物料，没有压力回流，加料容易；排气效果好，能够充分地排除木粉中的可挥发成分；螺杆互相啮合，强烈的剪切作用使物料的混合、塑化效果更好；物料停留时间短，不会出现木粉烧焦。因此，目前木塑复合材料主要的加工设备为双螺杆挤出机。

目前木塑复合材料的加工设备以双螺杆挤出机为主，主要应用的是异向锥型双螺杆和同向平行双螺杆挤出机。同向平行双螺杆挤出机为高速、高能耗的配混设备，一般采用组合式螺杆，其长径比和构型可调、灵活、方便设置脱气口，可以直接完成纤维的干燥加工，然后与熔融的塑料再进行混合并挤出制品，实现连续一步法生产。

学习活动

思考：

1. 比较 WPC 异型材与 PVC 异型材挤出设备及工艺的不同。
2. 查阅资料，木塑材料还有哪些用途？

4.6 常见故障排除

异型材在挤出生产过程中会产生很多不正常现象，产生原因往往不是单一的。表 4-9 列出了异型材料生产中常见的不正常现象、原因及解决办法。

表 4-9 异型材生产中的不正常现象、原因分析及解决办法

序号	不正常现象	原因分析	解决方法
1	原料进料波动	①原料的流动性不好 ②原料容易在料斗中心形成空洞或附壁悬挂、架桥、滞料 ③料斗底部温度过高	①使用具有适当流动性的 PVC 干混粉料 ②安装机械搅拌送料器，防止架桥，经常检查，及时处理 ③进料段通冷却水冷却
2	型材弯曲	①整条生产线不直 ②冷却方法不当 ③真空冷却水道不通 ④机头流道及间隙不合理 ⑤挤出速度过快	①高速生产线呈一条直线 ②加强壁厚部位冷却，降低冷却水温度 ③检查真空冷却系统至正常 ④修正机头流道及间隙至均匀出料 ⑤降低挤出速度
3	筋处收缩大	①口模筋处树脂流动慢，筋槽受拉伸 ②真空操作不当或真空度控制不宜 ③冷却水温度过高	①不增加筋的间隙，提高筋槽处树脂流速 ②调节真空度，或在型坯进定型器前用尖头工具在异型材上戳小孔，使型材呈开放式，加强真空吸附 ③降低冷却水温，提高冷却效率
4	型材后收缩率大	①牵引速度偏高 ②定型器冷却不够 ③机头温度过高	①调节牵引速度 ②提高定型器冷却效率 ③降低机头温度

续表

序号	不正常现象	原因分析	解决方法
5	制品尺寸和厚度波动	①进料波动 ②电热圈加热不正常 ③牵引机不稳定 ④混合物料不均匀	①见本表中序号1 ②检查、修复或更换加热圈 ③检查牵引机皮带或变速器是否滑动，牵引机的夹紧压力是否合适 ④检查混合料的混合均匀性
6	制品端部开裂或呈现锯齿状	①配方组分不当，塑化不良 ②口模温度低	①检查配方、调整组分 ②提高口模温度
7	出现熔接痕	①口模内料流不匀 ②机头压力不足 ③口模定型段长度不足 ④物料未充分汇流 ⑤入机头料流偏低 ⑥配方中外润滑性过强 ⑦物料流动性太差 ⑧分料筋处熔体温度偏低 ⑨挤出速度太快	①使口模内的物料流量均匀 ②增加机头压力 ③增加机头定型段长度 ④在模芯支架后设置物料池 ⑤增大机头入口处的树脂流道 ⑥降低混合料外润滑性 ⑦采用流动性好的物料 ⑧提高机身温度，降低口模温度 ⑨降低挤出速度
8	型材表面或内壁出现斑点，鱼眼或似气泡状凸起	①原料混有杂质 ②物料水分或挥发物含量高 ③粉料堆放时间过长 ④机身温度低，机头温度高	①检查杂质来源，以便清除 ②将原料烘干，使水分和挥发物含量小于0.05% ③重新配制混合料 ④适当调节温度
9	口模内发生分解，制品表面有分解黄线	①原料热稳定性差 ②挤出温度高 ③机头表面有凹陷积料 ④口模结构不合理 ⑤机头内有死角 ⑥物料在机头内停留时间偏长	①检查原料配方，提高热稳定性 ②调整挤出温度 ③检查清理机头 ④增大机头的物料导入部位和进入口模前端的压力 ⑤尽量消除机头内的死角 ⑥缩短物料在机头内的停留时间
10	制品表面出现条纹或云纹	①原料不好，配方中润滑过量 ②混有不同颜色、牌号的树脂 ③物料混合不均匀	①调整PVC配方，降低外润滑剂用量 ②挤出带色制品要先做母料，不混用不同牌号或型号的树脂 ③选用能高效混合的设备使物料混合均匀

续表

序号	不正常现象	原因分析	解决方法
11	制品强度降低	①原料制备工序不完善,物料不均匀 ②配方中外润滑性过强 ③树脂未能充分吸收助剂 ④挤出温度过高 ⑤机头压力过低 ⑥型材拉伸比过大 ⑦口模内熔体压力偏低 ⑧型材冷却速度太快 ⑨定型器内阻力过大	①物料混合均匀,加料顺序,混合温度要适宜 ②减少配方中的外润滑剂用量 ③配混的物料进行熟化(在室温下放置 10～20h) ④适当降低挤出温度 ⑤采用口模压力大的挤出机 ⑥调整牵引速度与挤出速度相匹配 ⑦采用前端有压力的口模 ⑧定型时避免急冷,要缓冷 ⑨定型器内不要有大的摩擦
12	制品中夹有气泡	①物料中卷有空气 ②物料中水分和挥发物含量过高 ③料筒内温度过高,产生分解气体 ④螺杆摩擦热高	①增加螺杆压缩比,使排气完全 ②对原料干燥,使达到规定指标 ③降低料筒内物料温度,料筒内用真空排气排除 ④冷却螺杆,调整螺杆芯温度

4.7 延伸阅读

4.7.1 钢塑复合异型材

PVC 型材虽然具有一些天然材料所没有的独特性能，但也有强度、耐热性和线胀系数较差的缺陷。除了用增强材料在型材的型腔中二次增强外，将增强材料与 PVC 进行一次性复合挤出加工一直是人们研究的课题。国外早已推出钢塑复合、铝塑复合、木塑复合的型材。这些复合型材除了用于门窗型材外，主要用于结构材料和耐负荷构件。国内也有厂家推出钢塑复合型材门窗，可谓名符其实的“塑钢”（plastic-steel)门窗。

目前用于窗型材的复合挤出材料有钢材、铝合金和木材。钢材复合挤出前有脱脂除锈的处理工序。木材有干燥涂胶的处理工序。铝合金型材则需要特殊的拉制。一次性复合挤出型材无疑比现在的二次增强型材优越得多。不同的复合挤出型材有不同的性能特点，但从开发塑料门窗的初衷考虑，钢塑复合挤出型材最为理想。

将具有一定断面形状的金属型材与挤出机挤出的熔体物料一起通过机头，塑料熔体包覆在金属型材的表面，形成塑料包覆金属的异型材制品。如图 4-24 所示，这种型材既有金属材料

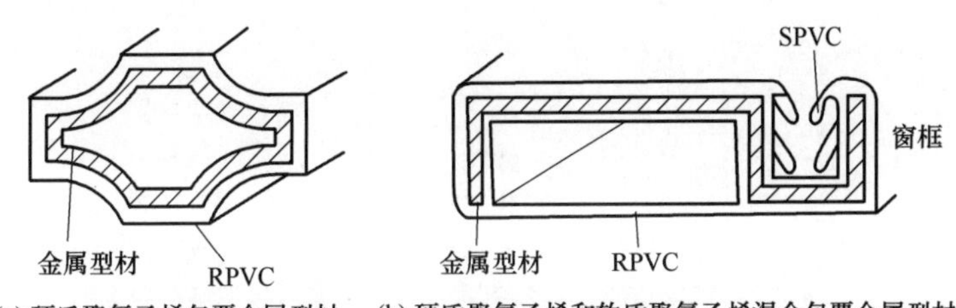

图 4-24　聚氯乙烯包覆金属型材的实例

好的力学性能，又有塑料耐腐蚀性的优点，成为名副其实的“塑钢型材”。

钢塑复合挤出生产工艺流程如图 4-25 所示。图 4-26 是工厂钢塑复合工艺的实景。钢材复合挤出前要有脱脂除锈和对钢材进行预热的处理工序，以增加塑料熔体对钢材的包覆牢度。

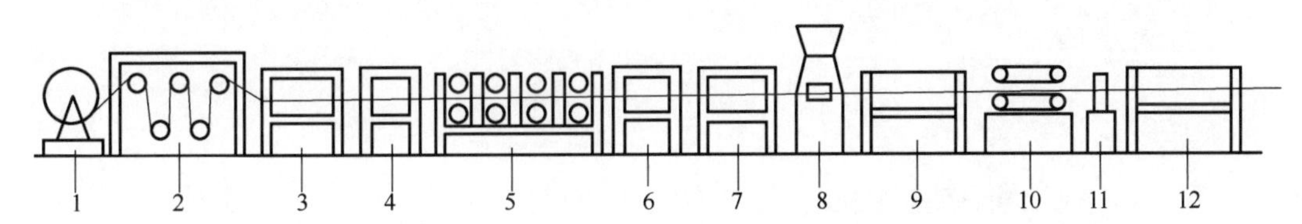

1—展卷机；2—调节箱；3—脱脂槽；4—干燥器；5—辊压成型机；6—粘接剂涂布；
7—高频加热；8—挤出机；9—水槽；10—牵引；11—切割；12—堆积。

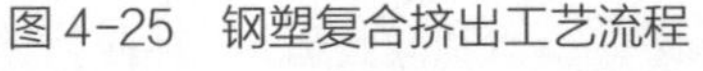

图 4-25　钢塑复合挤出工艺流程

图 4-26　钢塑复合挤出工艺实景

包覆机头是生产包覆制品的关键，其结构如图 4-27 所示。钢塑复合型材生产线是从钢带加工开始一直到挤出钢塑复合型材的整个生产过程。这种生产方式的生产线很长，占地面积大。优点是型材的增强是连续的，型材切割时不受限制，可在任意一点切割任意长度的型材。但通常的做法是将钢带的连续成型变为定长（一般为 6m）成型，再将一根根不连续的钢型材连续送进挤出机头。然而这种生产方法就对型材的下料切割提出了更高的要求，如何准确地在每根型钢接头处下锯切割是该成型方法的关键，它需要配备专用自动探测接头和联动切割装置。这种工艺流程也适合铝型材和木材的复合共挤。显然，钢塑复合挤出流程中无须采用复杂的真空定型模具。

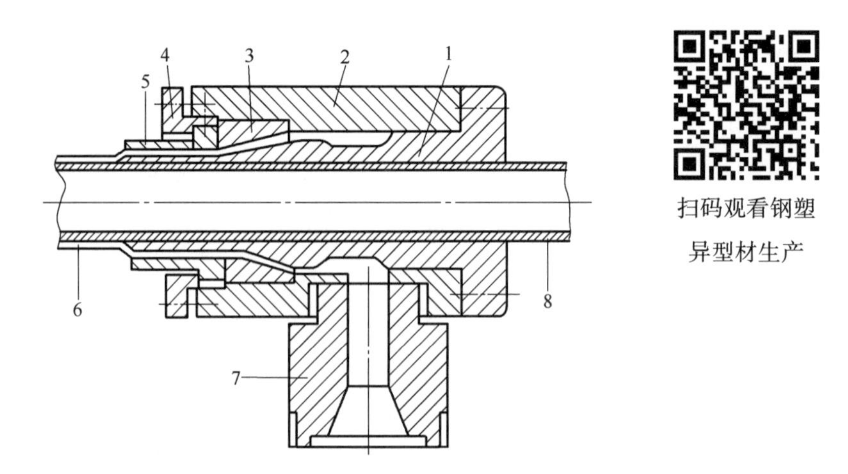

1—芯模； 2—机头体； 3—缩接； 4—并紧帽； 5—口模； 6—包覆层； 7—颈接； 8—钢型材。

图 4-27 包覆机头结构图

4. 7. 2 PVC 钢塑共挤结皮发泡异型材的制造

PVC 钢塑复合异型材是采用 PVC 结皮微发泡包覆异型钢衬复合成型的方法生产的，再用高强度钢连接件组成门窗制品。该种门窗制品与普通塑料门窗相比，具有明显的高强度、高保温性、高气密性等特点，代表了国内塑窗先进技术的发展方向。但生产 PVC 钢塑共挤异型材对配方、工艺、模具等要求非常严格，要生产出优质产品，必须解决好以下几个问题：型材表面要有一定硬度、厚度的结皮；型材各面的包覆塑料厚度必须均匀；型材的发泡孔必须细腻均匀；包覆塑料与钢衬之间要有良好的粘接强度。

钢塑共挤异型材的技术关键是：一步法 PVC 微发泡和钢衬复合技术； PVC 结皮微发泡工艺技术；芯层发泡复合共挤模具制造技术；真空冷却定型结皮发泡塑料模具制造技术；薄壁钢衬制造技术。

4. 7. 2. 1 配方设定

PVC 钢塑复合结皮微发泡异型材的物理力学性能与外观质量都由配方合理与否决定，同时配方又要根据原材料性能的差异和设备塑化能力、机头压缩比等情况进行适当的调整，所以不同原料产地、不同设备，配方是有差异的。表 4-10 列出了 PVC 结皮微发泡型材的基本配方。

表 4-10 PVC 结皮微发泡型材的基本配方

原料	用料/份	原料	用料/份
PVC	100	改性剂	10~15
稳定剂	3~5	填料	5~10
润滑剂	1~3	其他	1~2

（1）PVC 树脂的选择　PVC 钢塑复合结皮微发泡异型材选用的 PVC 树脂 K 值在 57~62，

选用这种树脂的原因是低黏度树脂热延伸性好，发泡剂释放气体时较容易将塑化的物料拉伸而形成独立泡孔。

(2)稳定剂用量　钢塑复合型材的稳定体系选用铅盐稳定剂，但在用量上以及和几种稳定剂的配比上都不同于普通 PVC 制品。因在发泡制品中铅盐不只是用来确保物料的加工性，同时还有活化发泡剂的作用。铅盐对发泡剂发气量的影响也不同，其发气量顺序为三盐基硫酸铅 > 二盐基亚磷酸铅 >硬脂酸铅。根据稳定剂对 AC 发泡剂的活化特性及加工时对稳定剂的需求，综合考虑，选择了一个较理想的稳定体系。在单个用量上，三盐基硫酸铅 >二盐基亚磷酸铅 > 硬脂酸铅，总量上要高于普通 PVC 制品。该体系能够确保 PVC 的加工性，又能够保证在物料塑化到分解温度区间内发泡剂较完全地分解。根据实际生产经验，认为物料中稳定剂用量在 4 份左右即可达到较理想的效果。

(3)润滑体系用量　PVC 钢塑型材的配方中，润滑剂是最为敏感的影响因素，它直接影响着物料的流速、塑化特性、物料的分布均匀性及发泡倍率等。综合几方面的要求，润滑剂用量就较难确定，该用量的确定必须使物料的流动性、塑化特性及分布均匀性达到一个理想的平衡点。

对于 PVC 发泡料，内润滑的用量比普通 PVC 制品稍高一些。因 AC 发泡剂为放热型发泡剂，如果内润滑剂用量偏低，会使剪切摩擦热较高且不均匀，剪切摩擦热高的部位，发泡剂分解量也大，使该部位温度更高，造成物料黏度下降，流动性增加，有气体溢出，制品外观表现为某一部位结皮硬度下降。若内润滑剂用量过大，会造成物料塑化困难，如果在发泡剂大量分解之后物料尚不能均匀塑化，发泡剂分解出的气体在物料中的溶解度就会下降，有气体析出并产生物料结团，制品外观表现为泡孔大小不均，穿孔较多，局部还会有分层现象。若外润滑剂用量偏低，造成物料流动性差，物料分布不均匀，就会出现速度梯度，制品内外表面有波纹出现。若外润滑剂用量过大，芯层料不稳定，制品发泡倍率降低，会产生气体溢出或起泡现象，同样会影响制品内在和外观质量。所以在 PVC 钢塑复合异型材的生产过程中，润滑剂种类的选择和用量的确定对其质量的影响最为重要。

润滑剂的选择应以达到下列目的为原则：一是不能降低物料塑化特性；二是物料流速要均匀稳定；三是不影响发泡倍率。因润滑剂种类、生产厂家等不同，在实际生产中润滑剂的理想用量并不是定数。根据用锥形双螺杆挤出机生产 PVC 钢塑复合异型材的经验，认为润滑剂用量（质量份)为内润滑剂 0.3~2.5 份，外润滑剂 0.2~1.5 份比较合适。内润滑剂加入量是硬质 PVC 加工中最难掌握的，要根据设备磨损情况及助剂质量进行适时调整。

(4)发泡剂及发泡调节剂用量　PVC 钢塑复合异型材选用发气量大、稳定性好的 AC 作为主发泡剂，但由于 AC 分解温度在 200~210℃，在此温度下硬质 PVC 无法正常生产。必须加入 AC 发泡剂的活化剂，即用铅盐稳定剂使 AC 发泡剂能在 155~165℃短时间内较完全地分解。PVC 钢塑复合异型材为低发泡，泡孔不宜太大，发泡剂用量（质量份)可以在 0.3~0.4 份，视发泡的密度而调节用量。

发泡调节剂是发泡制品中不可缺少的一种助剂，它具有分散性好、促进塑化、增加熔体强度等特点，能够使硬 PVC 在 145℃开始塑化，并且塑化时间短，熔体强度高，能够在发泡剂分解放出气体时，使物料已经得到很好的塑化，从而最大限度地溶解发泡剂释放出的气体，同时因它使物料熔体强度和延伸性提高较大，在气体膨胀形成泡孔时，泡孔壁不会破裂而形成穿孔现象。发泡调节剂是保证泡孔细腻均匀、不穿孔的重要助剂，建议用量（质量份）为3~8份。

4.7.2.2　工艺条件设定

(1)生产工艺流程　PVC钢塑共挤结皮发泡生产工艺流程如下：

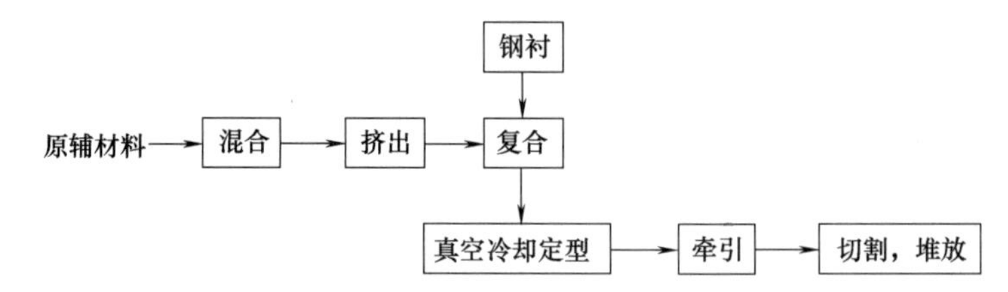

(2)工艺参数　生产工艺参数是影响产品性能的重要因素，它主要根据物料的特点、生产环境、设备特点而定。确定工艺参数的原则是：混料工艺应能够将所有助剂与树脂混合均匀，并能排出部分低分子挥发物；挤出工艺应能够使物料塑化均匀、料流稳定。推荐工艺参数为：混料温度105~110℃，挤出机机身温度140~170℃，机头温度160~170℃。

主机温度及螺杆转速应严格控制，因AC发泡剂在铅盐稳定剂的活化作用下，在155℃即开始分解，在发泡剂分解时物料应该成为较均匀的塑化态，且有足够的熔体强度及压力，这样才能使发泡剂分解释放出的气体充分、均匀地溶解于物料中。基于此点要求，主机前四区的温度应控制在155℃以下，在此温度及前述配方条件下，物料塑化时间为5~8min，挤出机的螺杆转速控制在10~15r/min时，可完全满足上述要求。

4.7.2.3　模具

钢塑复合异型材物料分布是否均匀，能否正常连续生产，机头模具起着决定性作用。在配方一定的条件下，须将模具分配器修整，使物料分布均匀，型材壁厚才能一致。另外，在模具加工时，一定要保证模具要求的粗糙度等级，以达到连续生产的要求。

参考文献

[1]　孙晓明. PVC异型材成型工艺对产品质量的影响［J］. 新型建筑材料，1997，11：33-36.
[2]　刘辉. 片膜挤出机头结构设计探讨［J］. 工程塑料应用，1995，06：20-23.
[3]　田波平，孙秋梅，廖庆喜. 双色塑料异型材共挤工艺及设备［J］. 工程塑料应用，1996，05：13-16.
[4]　王锦红. RPVC纱窗模具的开发与调试［J］. 工程塑料应用，1996，05：6-9.
[5]　曹春阳，柳和生. 塑料异型材口模挤出中的流变学［J］. 工程塑料应用，1997，06：41-44.
[6]　涂志刚，柳和生，孙燕萍，等. PVC-U塑料异型材挤出模的调试［J］. 工程塑料应用，2001，01：22-25.
[7]　李志英. 编硬聚氯乙烯塑料异型材和塑料窗制造与应用［M］. 北京：中国建材工业出版社. 1997.
[8]　屈华昌. 塑料模设计［M］. 北京：机械工业出版社. 1993.

[9]　周殿明. 塑料成型与设备维修 [M]. 北京：化学工业出版社，2004.

[10]　王加龙. 热塑性塑料挤出生产技术 [M]. 北京：化学工业出版社，2003.

[11]　陈锡栋，周小玉. 实用模具技术手册 [M]. 北京：机械工业出版社，2003.

[12]　刘荣梅. 国外塑料异型材挤出设备及技术进展 [J]. 塑料科技，2000，04：11-15.

[13]　邢学松，龚红菊. 挤出机螺杆元件材料及工艺分析 [J]. 塑料工业，2000，04：17-19.

[14]　姚祝平. 塑料挤出机自动换网技术的进展 [J]. 塑料，2000，02：31-34.

[15]　吴智华. 高分子材料加工工程实验教程 [M]. 北京：化学工业出版社，2004.

[16]　卜建新. 塑料模具设计 [M]. 北京：中国轻工业出版社，1999.

[17]　李学锋. 塑料模设计及制造 [M]. 北京：机械工业出版社，2001.

[18]　苑金生. 木塑复合板材的生产及发展 [J]. 上海建材，2004，04：5-8.

[19]　马草. 新颖的复合材料——木塑材 [J]. 陕西林业科技，1994，02：14-16.

[20]　任玉坤. 木塑复合材的研究、生产及发展概述 [J]. 木材工业，1995，06：19-21.

[21]　郭文琴，徐宝国. 新型木塑复合材的研制 [J]. 林业勘察设计，1999，01：36-38.

[22]　王正，郭文静，高黎. 木塑复合刨花板性能、应用及发展趋势 [J]. 人造板通讯，2005，05：43-44.

[23]　蔡绍祥. 速生杨木木塑复合材料处理工艺实验研究 [J]. 辽宁林业科技，2005，02：30-32.

[24]　徐志光. 硬 PVC 异型材的经济快速挤出成型工艺探讨 [J]. 聚氯乙烯，1992，05：59-61.

[25]　刘荣梅. 国外塑料异型材挤出设备及技术进展 [J]. 塑料科技，2000，4：11-14.

[26]　高梅，程远佳. 塑料机械现状与市场展望 [J]. 塑料，1998，5：23-26.

[27]　张继忠. 塑料异型材彩色共挤面表面质量的控制 [J]. 化学建材，2003，03：41-42.

[28]　朱元吉，解挺，尹延国. 塑料异型材共挤出技术 [J]. 化学建材，1995，03：36-38.

[29]　赵义平. 塑料异型材生产技术与应用实例 [M]. 北京：化学工业出版社，2006.

[30]　Nobrega J. M., Carneiro O. S., Gaspar-Cunha A., et al. Design of calibrators for profile extrusion - optimizing multi-step systems [J]. International Polymer Processing, 2008, 23 (3): 331-338.

[31]　Mu Yue, Zhao Guoqun. Numerical study of nonisothermal polymer extrusion flow with a differential visco-elastic model [J]. Polymer Engineering and Science, 2008, 48 (2): 316-328.

[32]　Tekkaya A. E., Schikorra M., Becker D., et al. profile extrusion of AA-6060 aluminum chips [J]. Journal of Materials Processing Technology. 2009, 209 (7): 3343-3350.

[33]　Modeling of aluminum alloy profile extrusion process using finite volume method. Journal of Materials Processing Technology [J]. 2008, 206 (1-3): 481-490.

[34]　Martinez-de-Pison F. J., Barreto C., Pernia A., et al. Modelling of an elastomer profile extrusion process using support vector machines (SVM) [J]. Journal of Materials Processing Technology 2008, 197 (1-3): 161-169.

[35]　Yap W. C., Ruddy A. C., Halliwell K., et al. The effect of stabiliser type and TiO_2 concentration on the rheology of uPVC profile formulations [J]. Annual Technical Conference -Society of Plastics Engineers, 2004, 62, 3331-3334.

项目五

中空挤出吹塑成型

5.1 学习目标

中空吹塑（blow moulding）是一种发展迅速的塑料加工方法。我们日常生活中见到的药瓶、饮料瓶、油桶以及盛装化学用品的桶、储罐等都是采用中空成型方法制得的。塑料中空吹塑就是热塑性树脂经挤出或注射成型得到的管状型坯，趁热（或加热到软化状态）置于对开模中，闭模后立即在型坯内通入压缩空气，使塑料型坯吹胀而紧贴在模具内壁上，经冷却脱模，即得到各种中空制品。中空制品吹塑的生产工艺在原理上和吹塑薄膜十分相似，但它使用模具。

吹塑成型已发展成为多种方法并存的一大类成型方法。接型坯的成型工艺不同，吹塑成型可分为挤出吹塑和注射吹塑；按照吹塑拉伸情况的不同，可分为普通吹塑和拉伸吹塑；按照产品器壁的组成，又分为单层吹塑和多层吹塑。

本项目学习的最终目标是了解吹塑制品的结构设计；掌握挤出吹塑成型的机头及吹塑模具的结构和工作原理，能进行简单的吹塑模具的设计；理解挤出吹塑成型的基本理论；具备对不同的中空吹塑制品进行设备的选型配套能力；能够根据不同物料设定加工参数及制定加工工艺，并能熟练操作挤出吹瓶机完成吹瓶生产。具体要求见表5-1。

表5-1　中空挤出吹塑成型的学习目标

编号	类别	目　标
1	知识	①挤出吹瓶机总体组成 ②典型挤吹机头结构 ③加工工艺的确定依据 ④挤出和吹塑过程的控制方法 ⑤常见故障及对策分析
2	能力	①挤吹机头结构识别能力 ②吹塑模具的拆装能力 ③模具结构的识别能力 ④生产线开启关闭及调节能力 ⑤应急处理能力 ⑥工艺参数设定能力 ⑦挤出吹瓶机选型及匹配 ⑧中空吹塑制品结构简单设计能力

续表

编号	类别	目　　标
3	职业素质	①团队合作与沟通能力 ②自主学习、分析问题和解决问题的能力 ③安全生产意识、质量与成本意识、规范的操作习惯和环境保护意识 ④创新意识 ⑤职业道德

5.2 工作任务

本项目的工作任务如表 5-2 所示。

表 5-2　　中空挤出吹塑成型的工作任务

编号	任务内容	要　　求
1	认识生产线	①熟悉中空挤出吹塑生产线及工艺流程 ②熟悉挤出吹瓶机头以及吹瓶模具的拆装 ③熟悉挤出吹瓶机头结构和吹瓶模具结构
2	确定材料及试开机运行	①选择确定挤出吹瓶所用塑料材料 ②学习生产线开机及关机的操作及应急处理 ③查看、熟悉功能界面，熟悉机器上的按钮、开关 ④学习瓶坯定型、瓶坯厚度控制、吹胀、冷却等生产工艺调节参数方法
3	匹配挤出机与模具、生产塑料瓶	①按塑料瓶种类与容量匹配挤出机与吹瓶模具 ②按照要求设置相关工艺参数 ③按生产操作程序开机操作、调整、生产塑料瓶 ④记录工艺参数与现象，取样 ⑤停机，进行挤出吹瓶设备的日常维护保养
4	了解中空多层共挤吹塑	学习中空共挤吹塑塑料容器的知识
5	学习拓展	学习 PET 注拉吹吹塑技术和设备
6	工作任务总结	整理中空吹塑相关知识、讨论分析实操过程与结果，撰写报告

5.3 中空吹塑制品的应用与发展

吹塑成型起源于 20 世纪 30 年代，是一种发展迅速的塑料加工方法。在第二次世界大战期间，人们开始将吹塑成型工艺用于生产低密度聚乙烯小瓶。20 世纪 50 年代后期，随着高密度聚乙烯的诞生和吹塑成型机的发展，吹塑技术得到了广泛应用。近20年来，大型工业塑料件吹塑技术在国内外得到广泛应用，中空容器的体积可达数千升，多层吹塑技术得到了较大的发展。

吹塑制品（blow molding products）包括塑料瓶、塑料容器及各种形状的中空制品，其成型容器的容量小至几毫升，最大可至几万升，目前国内容积为5~1000L的中空制品多采用挤出吹塑成型工艺加工而成。大多数热塑性材料都可用中空吹塑方法成型，采用的原料主要有HDPE、PP、ABS、PET/PEN、PC等。其中，PE所占的比重最大，其次为PET。进入20世纪80年代中期，吹塑技术有很大的发展，其制品应用领域已扩展到形状复杂、功能独特的办公用品、家用电器、家具、文化娱乐用品及汽车工业用零部件，如保险杠、汽油箱、燃料油罐等，具有更高的技术含量和功能性，因此又称为“工程吹塑”。

吹塑成型被广泛用于各种塑料瓶、桶、罐、箱、托盘、异型产品的成型，现在，吹塑制品已被广泛应用于食品、饮料、化妆品、药品、化工、儿童玩具、汽车等领域中。一些典型的应用领域及代表产品如表5-3所示。

表5-3 典型应用领域及代表产品

应用领域	代表产品
食品	酱料桶、调味品瓶、保健品瓶
饮品	果汁瓶、饮料瓶、啤酒瓶、红酒瓶、乳制品瓶
农业	农药瓶、液体肥料包装桶
交通设施用品	交通隔离栏、路障、水马、围挡、路锥、警示柱、防撞桶
汽车	油箱、风道导管、导流板、水箱、保险杠、货车污泥挡件、汽车行李衬料、卡车货垫等
化工	香精香料、食品添加剂、涂料、润滑油、危化品、尿素液、电子化学品用塑料桶或罐
日化	洗发水、洗涤剂、化妆品、消杀用品等包装瓶
物流	吹塑托盘、包装箱、保温箱
医疗	医疗床板/床尾板、污物桶、消毒水箱、药品瓶、输液瓶、透析液桶、疫苗瓶、试剂瓶
军工	子弹箱、军用水桶和油箱、担架、行军床
民用	饮用水罐、垃圾桶、热水器塑料内胆、化粪池、沼气池、吹塑床、围栏、门、家具、洒水壶
渔业	渔排、养殖箱、皮划艇、小船和独木舟、浮标、浮筒码头、浮动平台
体育、旅游、户外休闲	滑雪箱、座椅、折叠桌、滑梯、工具箱、移动房屋、玩具、模特、存钱罐、儿童护栏

通常把中空吹塑产品分为日用品容器和工业及结构用制品。日用品容器约占其中85%的

市场份额，而工业及结构用制品占总量的15%。塑料容器的应用范围不断扩大而引起日用品容器消耗量的增长，工业用制品的消耗量增长主要由新兴加工技术的改进所致，如多层型坯共挤、非轴对称吹塑等。

近年来中国中空制品呈现出良好的发展态势，预计未来这一市场空间仍将继续扩大。随着化工工业发展，10~20L化工桶包装市场每年仍有10%~20%的稳步增长。阻隔性包装容器市场前景被人们所看好。阻隔材料可以制成包装盒或塑料瓶，用于调味品、果汁、肉类等食品的包装。此外，还可以用于生产化妆品、医药品、溶剂等的容器，以及用于制造汽车油箱、空调设备管道和构件等。“十四五”时期汽车产业将迎来战略机遇期，中国新能源汽车的普及会加速，智能化技术更会带来汽车全产业链甚至包括市场终端服务的变革，为中国汽车产业在下一个5年甚至到2035年奠定更扎实的基础。中国汽车市场的产销量也会稳步增长，到2025年销量有望达到3000万辆的历史新高。汽车油箱、通风管、导流板及水箱等各类储罐的中空制品需求量将大量增加。普通中空挤出吹塑制品如图5-1、图5-2所示。

图5-1　5mL~10L的容器

图5-2　10~250L的桶

中空吹塑产品快速增长的一个领域是工业零部件，特别是汽车零部件。汽车用塑料中，PE占7%左右，主要用途是汽车油箱、通风管、导流板及水箱等各类储罐，共挤出工艺与三维吹塑工艺相结合是制造这类产品的主要方式。另外，汽车上众多形状复杂的管子越来越多地用三维吹塑工艺生产。目前已开发的管子有6层共挤出吹塑的加油管、各种空气导管和冷却介质导管。挡风玻璃清洗水箱和导管等也用吹塑方法生产。工业挤出吹塑制品如图5-3所示。

不同材料的塑料中空容器用途不同，如表5-4所示。

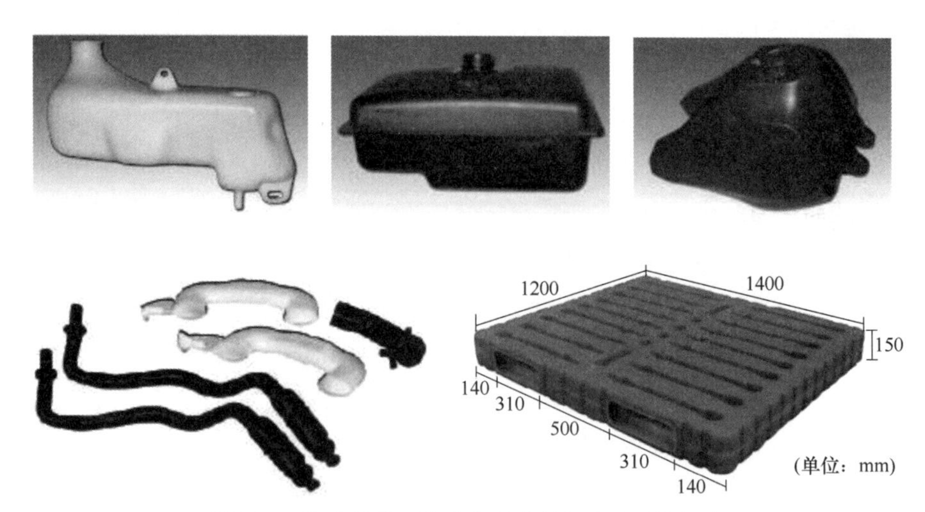

图 5-3 汽车油箱、汽车塑料弯管与中空吹塑托盘

表 5-4 不同材料的塑料中空容器用途

材料名称	拉伸强度/MPa	悬臂梁冲击强度/(J/m)	热变形温度/℃	用途
HDPE	28～32	123	99	牛奶、果汁、水、药品、润滑油、植物油、酒的包装容器
PP	26～35	43～85	102	化妆品、食品、药品、水等包装容器
PVC	42～45	534	70	食用油、化妆品
PET	172	—	—	药品、保健品、饮料、啤酒
PC	62	747	138	饮水罐、奶瓶、热饮水瓶
PA	—	80	—	热灌装和酸性食物

学习活动

查找：

1. 目前中国塑料中空制品市场及加工的发展情况是怎么样的？
2. 塑料中空制品有哪些用途？按其用途分为哪些？

5.4 中空挤出吹塑成型设备组成

中空吹塑成型机（hollow extrusion blow molding machine）是我国塑料机械的三大主导产品之一，研制起步较晚，但发展速度很快，中空吹塑机行业经过近 30 年的高速发展，制造水平大幅提升，涌现出了一批各具特色的生产厂家。

虽然我国中空吹塑成型机的生产已达到一定的规模，近年来，产品的品种和规格有所扩大和增加，控制向电脑化方向发展，但是，随着塑料包装行业的快速发展，中空制品的结构发生了很大变化，特别是汽车工业领域内中空制品的应用越来越多，原料开发商为适应汽车工业发展积极开发各种中空成型新材料，国内行业总体研发、制造技术水平与发达国家相比仍然还有一定的差距，品牌效应不强，设备的销售价格还远低于发达国家同类产品水平，特别是产品的适应性和可靠性与国际上相比其差距较大，高性能高效率高可靠性的中成型机还是以进口为主。但少数厂家的技术水平与产品质量已达国际一流水平，近年来自主创新速度加快，新产品研发进展迅速，许多关键技术均有突破。总的来说，我国的中空吹塑成型机主要存在问题是：生产效率低，适应性差，控制水平差，品种少，可靠性差，技术开发慢，自主知识产权少，缺乏竞争能力。优化设计、可靠性设计、有限元法等先进的设计方法还未进入中空吹塑成型机的设计领域。

从国内外市场发展的趋势看，由于塑料瓶、塑料桶、汽车配件和工业吹塑件等许多吹塑制品规模化生产的需要，各种大中小型高速、稳定、节能、辅机配套完善的专业化、全自动生产线将是未来几年的发展主流。中空吹塑成型机的发展方向是：多品种、大型化、高效、高产、高速、节能、电动化、网络诊断、智能化。目前中空吹塑设备的发展主要体现在以下几个方面：

(1)大型、超大型中空成型机组、生产线

① 吹塑托盘用大型中空机组、生产线　物流、食品、化肥、石油化工、日用化工、铁路运输与仓储、制药和饲料、啤酒、饮料等行业的高速发展，必将带动托盘制造业特别是吹塑托盘制造业的高速发展。

近几年，注塑托盘行业虽然获得了长足的发展，但由于注塑托盘的塑料原材料以及成型机理的固有限制，在使用环境温差较大以及高强度频繁使用的条件下，使用寿命较短，容易掉块破损。而高强度吹塑托盘具有高抗冲击强度、经久耐用等优势，被列为塑料托盘的首选，其市场需求年增长率在20%左右，而国内高强度吹塑托盘的年生产能力基本在100万块以内，远远不能满足市场的需求。

当前国内的多数大型中空机以通用机型为主，既用于1000LIBC塑料桶的生产又用于吹塑托盘的生产，设备产能不能充分发挥。为此，加大力度研制专业生产吹塑托盘的大型、超大型中空成型机组、高速生产线是行业内一些企业的主攻方向之一。

② IBC塑料包装桶大型中空成型机组　国内已经有多家中空成型机生产企业可制造1000LIBC塑料桶的生产设备，但多以通用设备为主。当前国产1000L中空成型机采用塑料型坯壁厚径向控制装置的较少，造成产品四角处的壁厚控制不均，原料消耗加大，影响成型设备性能的发挥，值得引起国内大型中空成型机制造企业的高度重视。

③ 其他大型中空成型机　中国是一个具有多种气候环境条件的国家，各种不同使用要求的储水罐、储水箱均有较大的市场需求，因此研发更加适应制品市场需求的超大型中空成型机也是发展方向之一。近几年，一些大型吹塑制品厂家联合设备生产厂家研究开发的专用储水箱、储水罐生产设备，其制品容积已经达到2000L。

(2)多层中空成型机组、生产线

① 汽车多层塑料燃油箱生产设备　SCJ-500×6多层塑料燃油箱大型中空成型机组，在替

代相关进口设备方面做出了较大的成绩。如果该机组采用国产的柔性曲环径向控制系统对塑料型坯的壁厚进行径向控制，将使该设备的技术水平达到一个更高的档次。

② 多层三维中空成型机组　当前国内中空成型机生产厂家已经具备多层三维中空成型机组的设计与制造能力，但是由于当前国内还未对此形成巨大的市场需求，故而这种技术的研发相对迟缓。国内轿车产业的发展与升级将会助推这类机组的研发。

③ 多层日用化工产品包装塑料桶、塑料瓶中空成型机生产线　当前，该生产线的设计与制造技术已被多家企业掌握，如香港雅琪集团广东开平塑料机械厂、苏州同大。预计在未来几年内，塑料桶、塑料瓶多层中空成型机生产线将加快研发步伐，将特别关注模具配套、全自动去飞边、全自动贴标、全自动检测以及全自动打包等方面的研究，为吹塑制品厂家进一步减少生产线的操作人员提供设备与技术支撑。

④ 多层化工塑料桶中空成型机组　SCJ-230×2 双层大型中空成型机组主要用于生产 200L 系列的双层塑料桶，在国内占有较大份额。为了适应国内外大型吹塑制品厂家的需求，国内中空成型机生产企业将加强对双层、三层及多层大型中空成型机组的研发工作，高速生产、高度节能、壁厚均匀、节约塑料原料、长期稳定运行将是这类设备的主要研发重点之一。

(3) 其他特种吹塑中空成型机组　特种吹塑功能的中空成型机组的研发要求吹塑制品厂家与设备厂家开展紧密合作。预计汽车、摩托车行业的一些特种吹塑制品（如多种塑料材料的顺序挤出吹塑管道）的中空成型机组在未来几年将会获得技术突破，并获得相关吹塑制品厂家的认可。

(4) 电动型中空成型机组　近年来，电动型中空成型机组在吹塑制品的洁净化生产和节能方面具有较大的优势，其研发进展较快。对于一些需要高度洁净化的吹塑制品生产车间，电动型中空成型机组将是优先选择之一。当前大中型的电动型中空成型机组较为少见。随着对一些大中型塑料桶洁净化生产要求的提高，大中型电动型中空成型机的研制将可能加快。当前一般电动型中空成型机主要用于一些高端吹塑制品行业与需要高度洁净化生产的行业，随着设备制造成本的进一步降低将可能向其他吹塑制品行业推广。

5.4.1　中空吹塑成型常用的方法

中空吹塑成型是借助于气体的压力，使闭合在模具中的热型坯吹胀为中空制品的一种塑料成型方法，吹塑成型是热塑性塑料的一种重要的成型方法，也是塑料包装容器和工业制件常采用的成型方法之一。包装容器从容量几毫升的眼药水瓶，到容量大到几千升以上的贮运容器以及各种工业制件，均可采用吹塑成型方法生产。

吹塑成型已发展成为多种方法并存的一大类成型方法。接型坯的成型工艺不同，吹塑成型可分为挤出吹塑和注射吹塑两大类；按照吹塑拉伸情况的不同又可分为普通吹塑和拉伸吹塑两类；按照产品器壁的组成又分为单层吹塑和多层吹塑两大类，分类如图 5-4 所示。目前吹塑制品中约 75%用挤出吹塑成型，24%用注射吹塑成型，1%用其他吹塑成型；在所有的吹塑产品中，约 75%属于双向拉伸产品。

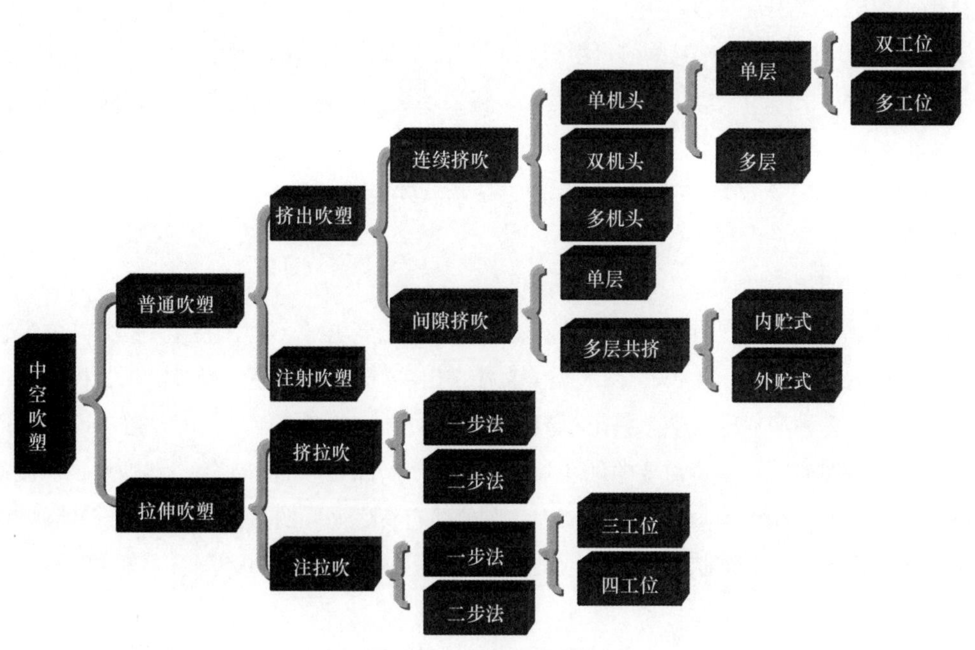

图 5-4　中空吹塑分类

现将实际生产中常用的方法介绍如下。本书主要针对挤出吹塑进行学习。

5.4.1.1　挤出吹塑成型

挤出吹塑（extrusion blow molding）是先将热塑性塑料熔融塑化用挤出机机头挤出管状型坯，然后趁热将型坯送入吹塑模中，通入压缩空气进行吹胀，吹胀型坯使其紧贴模腔壁面而获得模腔形状，在保持一定压力的情况下，经冷却定型，开模脱模即得到吹塑制品。挤出吹塑的优点是生产效率高，型坯温度比较均匀、制品破裂减少、强度较高，能生产大型容器、设备成本低，模具和机械的选择范围广，缺点是废品率较高，废料的回收、利用差，制品的厚度控制、原料的分散性受限制，成型后必须进行修边操作。挤出吹塑在当前中空制品生产中仍占有优势。其工艺如图 5-5 所示。

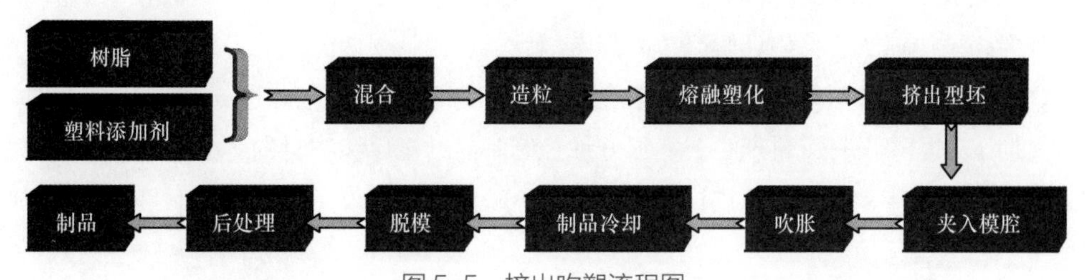

图 5-5　挤出吹塑流程图

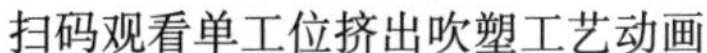
扫码观看单工位挤出吹塑工艺动画

扫码观看双工位挤出吹塑工艺动画

挤出吹塑的全过程一般包括下列五个步骤：

① 通过挤出机使聚合物熔融，并使熔体通过机头，成型为管状型坯。

② 型坯达到预定长度时，吹塑模具闭合，将型坯夹持在两半模具之间，切断型坯后移至下一工位。

③ 把压缩空气注入型坯，吹胀型坯，使之贴紧模具型腔成型。

④ 冷却。

⑤ 开模，取出成型制品。

当今工业化的挤出吹塑有多种具体的实施方法，按出料方式不同，挤出-吹塑可分为直接挤出-吹塑和挤出-储料-压出-吹塑两大类。直接挤出-吹塑的优点是：设备简单，投资少，容易操作，适用于多种塑料的吹塑。挤出-储料-压出-吹塑的工艺特点是：可以用小设备生产大容器；在较短的时间内获得所需要的型坯长度，保证了制品壁厚的均匀性。其缺点是：设备复杂，液压系统的设计和维护困难，投资较大。此外还有有底型坯的挤出吹塑、挤出片状型坯的吹塑和三维吹塑等，除三维吹塑主要用于制造异型管等工业配件（如汽车用异型管）外，其余几种方法均用于制造包装容器。

挤出吹塑主要用来成型单层结构的容器，其成型的容器包括牛奶瓶、饮料瓶、洗涤剂瓶等容器，化学试剂桶、农用化学品桶、饮料桶、矿泉水桶等桶类容器，以及 200～1000L 的大容量包装桶和储槽。

挤出吹塑生产视频扫如下二维码观看：

扫码观看小药瓶挤出吹塑生产视频

5.4.1.2 注射吹塑成型

注射吹塑成型（injection blow molding）是采用注射成型工艺，制取有底型坯，然后转移到吹塑模具内，用压缩空气将型坯吹胀，冷却定型后，从模具内取出制品。与挤出吹塑成型的主要不同之处在于注射吹塑的型坯是采用注射的方法制备的。其工艺如图 5-6 所示。注射吹塑的优点是加工过程中没有废料产生，能很好地控制制品的壁厚和物料的分散，细颈产品成型精度高，产品表面光洁，能经济地进行小批量生产。缺点是成型设备成本高，而且在一定程度上仅适合于小的吹塑制品。

根据型坯从注射模具到吹塑模具中的传递方法的不同，注射吹塑机有往复移动式与旋转运动式两类。采用往复式传送型坯的机器一般只有注射、吹塑两个工位，而旋转式传送型坯的机械有三个工位（注射、吹塑与脱模）或四个工位（注射、吹塑、脱模与辅助工位）。辅助工位可用于安装嵌件或进行安全检查，即检查芯棒转入注射工位之前容器是否脱模，或者在该工位进行芯棒调温处理，使芯棒在进入注射工位时，处于最佳温度状态。如果将辅助工位设于吹塑工位与脱模工位之间，还可在该辅助工位对吹塑容器进行装饰及表面处理，如烫印、火焰处理等。

注射吹塑适用于多种热塑性塑料的成型，如 PP、PVC、PS、PAN 等。它主要用于吹制小瓶，代替玻璃容器用于日化产品（如化妆品、洗涤剂）、食品及药品的包装。产品的形状除圆形外，亦可制成椭圆形、方形及多角形等。

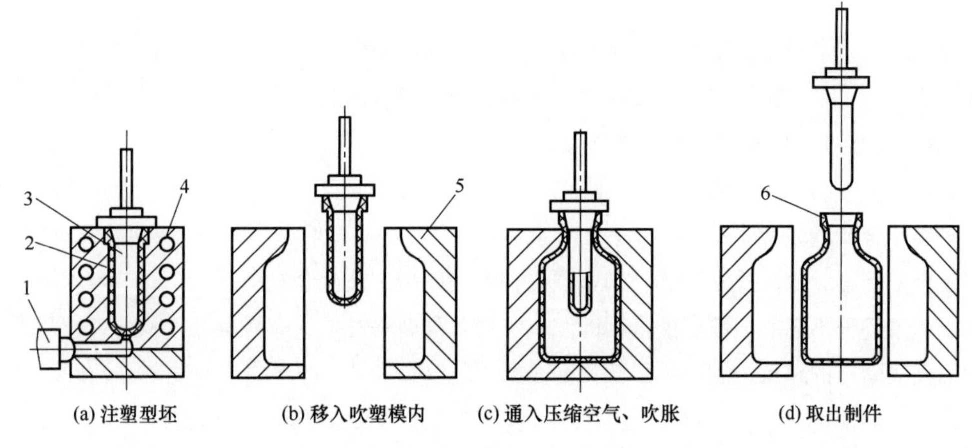

1—注塑机喷嘴；2—注塑型坯；3—空心凸模；4—加热器；5—吹塑模；6—塑件。

图 5-6　注射吹塑成型

5.4.1.3　拉伸吹塑成型

扫码观看注塑吹塑工艺动画

拉伸吹塑成型（stretch blow molding）又称为双轴取向拉伸吹塑成型。它是将挤出或注射成型的型坯，经冷却，再加热，然后用机械的方法及压缩空气，使型坯沿纵向及横向进行吹胀拉伸、冷却定型的方法。根据型坯制造的工艺不同，拉伸吹塑分为注射拉伸吹塑及挤出拉伸吹塑两类。若拉伸吹塑成型在同一机组完成，称为一步法；若拉伸吹塑成型采用型坯的制造及型坯的吹胀分步进行的方法，称为两步法。注射拉伸吹塑工艺如图 5-7 所示。

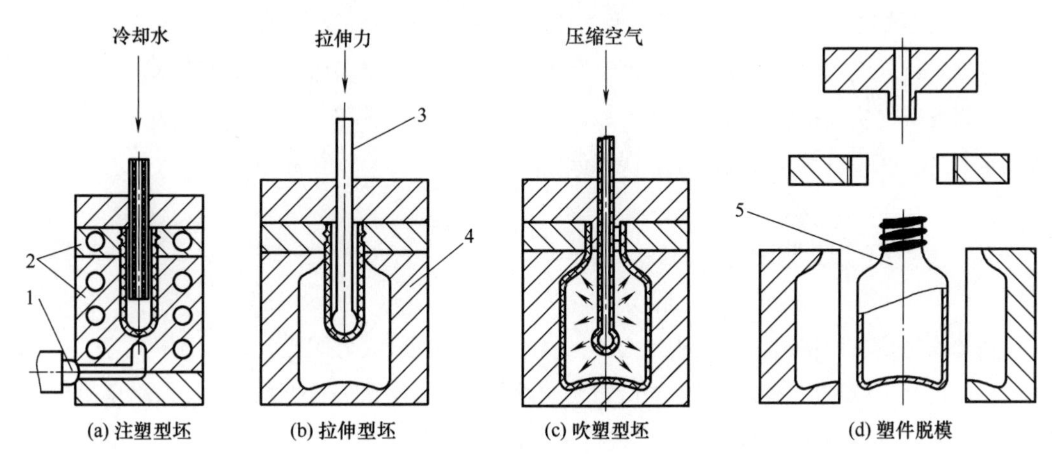

1—注塑机喷嘴；2—注塑模；3—拉伸芯棒（吹管）；4—吹塑模；5—塑件。

图 5-7　注射拉伸吹塑成型

扫码观看挤出拉伸吹塑动画

扫码观看注射拉伸吹塑工作原理

拉伸吹塑技术开发初期仅用于生产小容器，目前已能生产容积达 20L 的容器。原则上多种热塑性塑料均可采用拉伸吹塑的方法生产塑料容器，但目前采用拉伸吹塑成型的塑料基本上局限于 PP、PET、PVC 以及 PAN、PC 等塑料。

5.4.1.4 多层复合吹塑成型

多层复合吹塑成型（multi-layer blow molding）又称为多层吹塑。多层复合吹塑成型是使用多层复合型坯，经吹塑成型工艺，制备多层容器的成型方法。开发多层复合吹塑技术的主要目的在于通过各种不同的塑料层的合理匹配，实现各层塑料性能的有效互补，从而克服单层塑料容器的某些固有的缺点，制得单层塑料容器所不能（或难以）得到的高性能制品，同时往往还能在确保容器使用性能的前提下通过节约昂贵塑料层的使用量，达到降低制品成本的目的。

多层复合吹塑还可以按照多层吹塑的实施方法不同进行分类。根据型坯的制造方法，多层吹塑可分为共挤出多层吹塑与共注射多层吹塑。共挤出多层吹塑采用共挤出的方法制造型坯，根据挤出的情况不同，又可分为连续共挤出与储料缸式共挤出多层吹塑，根据吹塑成型时采用拉伸吹塑或非拉伸吹塑的不同，多层吹塑又可分为多层拉伸吹塑与多层非拉伸吹塑。除多层拉伸吹塑冠以拉伸二字以外，多层非拉伸吹塑一般即称为多层吹塑。

5.4.1.5 三维吹塑成型（3D-blow molding）

传统的挤出吹塑对于极具三维旋转形状的管状件，诸如汽车工业用的注油管或汽车进气管，或者用于家用电器上的管子，都不可避免地在合模线上留有飞边，导致产生高飞边率和四周的焊接边缝。在极端情况下，飞边甚至是产品本身重量的几倍之多。

市场对复杂、曲折的输送管材制件的需求推动了偏轴挤出吹塑技术的开发，这种技术笼统称为 3D 或三维吹塑成型。3D 吹塑成型工艺通常是使用 6~8 轴的机械手来运送型坯并将其放置在吹塑模具内进行吹胀。理论上，该工序十分简单，型坯挤出后，被局部吹胀并贴在一边模具上，接着挤出机头或模具转动，按已编的 2 轴或 3 轴程序转动。难点在于要求具有非常大的惯性量的大型吹塑机械在高速合模时误差低于 10%。

5.4.2 挤出吹塑设备

挤出吹塑设备由挤出机、机头、模具、吹塑系统和锁模装置组成，如图 5-8 所示。

挤出机是中空挤出吹塑装置中的最主要的设备。挤出吹塑多数（约 95%）采用单螺杆挤出机，只是 PVC 吹塑采用双螺杆挤出机或行星挤出机更有利。是否掌握吹塑用挤出机的结构特点和正确操作，对吹塑制品的力学性能和外观质量、各批成品之间的均匀一致性、成型加工的生产效率和经济性影响很大。

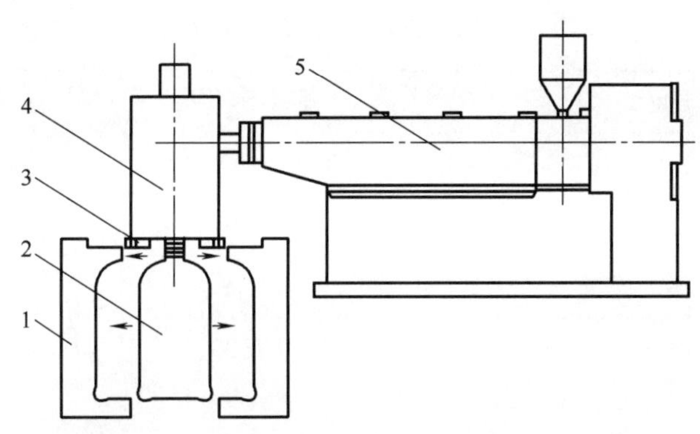

扫码观看挤出吹塑设备组成认知

1—吹塑模具；　2—制品；　3—夹坯块；　4—机头；　5—挤出机。

图 5-8　挤出吹塑设备基本结构图

5.4.2.1　挤出吹塑机的分类

挤出吹塑机的外形如图 5-9 所示。

图 5-9　挤出吹塑机

按照可制造吹塑容器的最大容量可分为：小型吹塑机、中型吹塑机和大型吹塑机。小型吹塑机用于制造瓶以及容量在 5L 以下的容器；中型吹塑机用于制造 5~60L 的容器、箱包及工业配件；大型吹塑机用于制造 50L 以上的容器、储藏工业配料。以上是相对而言的，随着塑料工业技术水平的发展，挤出吹塑成型机制造的容器也在不断加大，几万升的容器罐都已有生产。

按照型坯机头的结构分为：普通直角机头吹塑机、往复螺杆吹塑机、柱塞储料腔式吹塑机、带储料缸直角机头吹塑机等。

5.4.2.2　挤出吹塑机的技术参数

某公司小型和中型吹塑成型机部分型号以及主要技术参数见表 5-5。

挤出机应具有可连续调速的驱动装置，在稳定的速度下挤出型坯。多采用三段式单螺杆挤出机，选用等距不等深的渐变型螺杆。对聚烯烃和尼龙类塑料可选用突变型螺杆。螺杆直径按制品的容积大小来选择。凡吹塑小型制品（5L 以下），常选用直径 45~90mm 挤出机，吹塑大型中空容器（50L 以上）选用直径 120~150mm 的储料式挤出机。也有选用两台中小型挤出机组合来吹塑大型制品的。

表 5-5　　挤出吹塑成型机主要技术参数

基本规格	PYB50 系列	PYB65 系列
适用原料	PE、PP、PVC、PA…	PE、PP、PVC、PA…
最大制品容积/L	2	5
机头数/个	1、2、3、4	1、2、3、4
生产能力(空循环)/(pc/h)	1500	1000
机器外形尺寸(长×宽×高)/m	2.8×1.7×2.5	3.1×1.8×2.6
机器重量/kg	2.5	3.5
锁模力/kN	38	68
模板间距/mm	130~370	150~500
模板尺寸/mm	280×370	320×370
最大模具尺寸(宽×高)/mm	350×370/205×600	350×370/238×600
模具厚度/mm	135~210	153~300
最大驱动功率/kW	16.5	26
最大总功率/kW	22	32.5
螺杆风机功率/kW	0.25	0.25
气源压力/MPa	0.6	0.7
气源排量/(m^3/min)	0.4	0.6
平均能耗/kW	12	17
螺杆直径/mm	50	65
螺杆长径比(L/D)/1	24	24
塑化能力/(kg/h)	30	70
螺杆加热段数/1	3	3
螺杆加热功率/kW	10.8	13.8
挤出电机功率/kW	11	15
机头加热段数/1	2	3
机头加热功率/kW	4.2	5.7
挤出口最大直径/mm	75	135
双机头中心距/mm	130	160
三机头中心距/mm	—	110
四机头中心距/mm	75	85

挤出机螺杆的长径比应适宜，一般选用长径比为20~25的螺杆。长径比太小，物料塑化不均匀，供料能力差，型坯的温度不均匀；长径比大些，分段向物料进行热和能的传递较充分，料温波动小，料筒加热温度较低，能制得温度均匀的型坯，可提高产品的精度及均匀性，并适用于热敏性塑料的生产。对于给定的储料温度，料筒温度较低，可防止物料的过热分解。

螺杆的压缩比与塑料品种有关。对聚烯烃塑料，压缩比选3~4∶1，对PVC则选2~2.5∶1。

挤出机的加热装置，要求能控制温度，使其波动范围小。控制温差小于±2℃，有利于提高产品质量。

不论采用哪种类型的挤出机，为生产出合乎质量要求的产品，挤出机挤出的型坯必须满足下列要求：

① 各批型坯的尺寸、熔体黏度和温度均匀一致。

② 型坯的外观质量要好，因为型坯存在缺陷，吹胀后缺陷会更加显著。型坯的外观质量和挤出机的混合程度有关，在着色吹塑制品的情况下尤其重要。

③ 型坯的挤出必须与合模、吹胀、冷却所要求的时间一样快，挤出机应有足够的生产率，不使生产受限制。

④ 型坯必须在稳定的速度下挤出。挤出速度变化或产生脉冲，将影响型坯的重量，而在制品上出现厚薄不均。

⑤ 对温度和挤出速度应有精确的测定和控制，因温度和挤出速度的变化会大大影响型坯和吹塑制品的质量。

由于冷却时间直接影响吹塑制品的产量，因此，型坯总是在尽可能低的加工温度下挤出，在此情况下，熔体的黏度较高，必然产生高的背压和剪切力，这就要求挤出机的传动系统和止推轴承应有足够的强度。

和其他热塑性塑料制品加工所用的挤出机一样，适合所有热塑性塑料吹塑的理想挤出机是不现实的。如果配备几种不同结构的螺杆，就能用同一台挤出机生产不同塑料品种的型坯。

5.4.2.3　挤出吹塑成型机的控制原理

塑料挤出吹塑中空成型机主要由加料、挤压、储料缸、（液压）传动系统、控制部分（芯模位置液压控制系统及型坯壁厚控制器）、紧固吹气部分和容器运送及冷却装置等组成。中空成型机结构及控制原理如图5-10所示。

挤出机将熔融物料挤入储料缸，当储料缸料位上升到一定高度时，位移传感器2发出一个检测信号，控制部分收到这一信号后，按预先调整好的程序输出一段由若干电压值组成的模拟信号，经比例放大器驱动比例阀动作，通过控制缸的运动来调整口模与型芯的间隙（即型坯的壁厚）。与此同时，储料缸活塞向下运动，挤出型坯。由于口模与型芯的间隙由程序运行前的预置数据决定，所以型坯壁厚可以任意调整。当预置电压值输出结束，控制型芯向上运动，关闭间隙。同时割刀将型坯割断，使其进入模具，然后吹气。经冷却后，用机械手夹出制品。在口模与型芯的间隙关闭后，熔融物料再次被挤入储料缸，为下次喷射做准备。

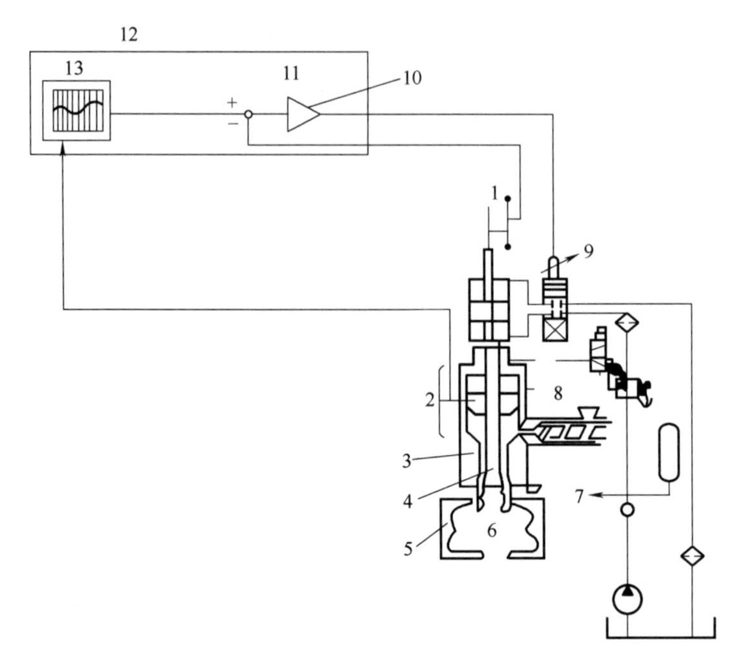

1、2—位移传感器；3—口模；4—型芯；5—模型；6—型坯；7—割刀；8—储料缸；9—比较阀；10—AMP；11—比例放大器；12—型坯程控器；13—程序信号发生电路。

图 5-10 挤出吹塑成型机的控制原理

5.4.3 机头

经挤出机熔融混炼的熔体流经机头，并由机头挤出为型坯。机头是形成型坯的主要装置。它包括多孔板、滤网连接管、型芯组件和加热器等。根据不同的机头结构，型芯组件可包括口模、模芯、分流梭、储料腔、型坯调节及控制装置。机头进料通道和螺杆接口应成直线，水平对准，以减少熔体料流在拐弯时的阻力。机头芯轴也可设凸起结构，增加料流缓冲区，升高熔体压力，利于消除熔体流动时因变形引起的伤痕。

5.4.3.1 机头结构形式

吹塑机头的结构和形式根据制品容积的大小、变量和工艺方式来选择。一般分为直通式机头、直角机头和带储料缸式机头三种类型，其中直角机头又可分为中心进料式直角机头和侧向进料直角机头。除一些特殊的装置（如水平吹塑系统或采用立式挤出机）之外，绝大多数吹塑是采用出口向下的直角式机头。

（1）直通式机头　直通式机头与挤出机呈“一”字形配置，从而避免塑料熔体流动方向的改变，可防止塑料熔体过热而分解。直通式机头的结构能适应热敏性塑料的吹塑成型，常用于硬 PVC 透明瓶的制造。与管材挤出机头类似。

（2）直角机头　直角机头是指型坯挤出方向与挤出机螺杆轴线垂直的一种机头形式。

① 中心进料直角机头　中心进料直角机头结构如图 5-11 所示，主要特征是机头设置分流

梭，分流梭一般由分流头（鱼雷头）、分流筋和芯棒组成。从挤出机挤出的熔体经挤出机机头从分流梭顶端的中心位置进入机头，并按圆周分布经分流筋分成若干股熔体，在芯棒中心处重新汇合，挤出成管状型坯。

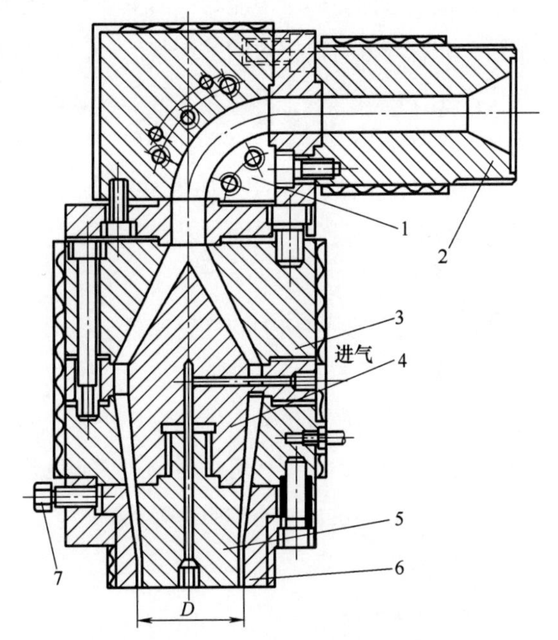

1—直角连接体；2—挤出机机头；3—模体；4—分流梭；5—模芯；6—模套；7—调节螺丝。

图5-11　中心进料直角机头

这种机头的结构特点是流经距离较短，各熔体单元的停留时间相差较小，而且流道存料少，型坯周向壁厚的厚薄易控制，出料较稳定，熔体降解的可能性较小，比较适合聚氯乙烯塑料等热敏性塑料，特别适用于透明无毒容器。

采用中心进料直角机头形成的型坯，熔体经分流筋分成若干股熔体再汇合，这样就容易出现一条或多条熔体接合线。在型坯的熔接线处，熔体的接合强度低，容易在吹胀时爆裂，或者使容器（特别是薄壁容器）在熔接线处的力学性能明显降低，还会使容器在转换颜色（特别是由深色向浅色转换）时，在型坯处长时间出现深色熔接线，造成大量的不良产品。

产生型坯熔接线的原因大致有：a. 熔体经分流梭分流后，压力降低；b. 在分流筋表面，熔体承受了较大的剪切速率，其纵向分子取向也较大；c. 熔体受分流梭阻碍，使流动速率降低。

为改善型坯在熔接线上呈现的缺陷，通常采用的方法有：a. 增加熔体在芯棒汇合后的停留时间，例如在分流梭开设“U”形流道；b. 提高机头的加热温度；c. 增加机头内的熔体压力，例如设计分流筋相互错开的双环式分流梭，在芯棒处增加节流环，在芯棒处增加螺丝槽等。

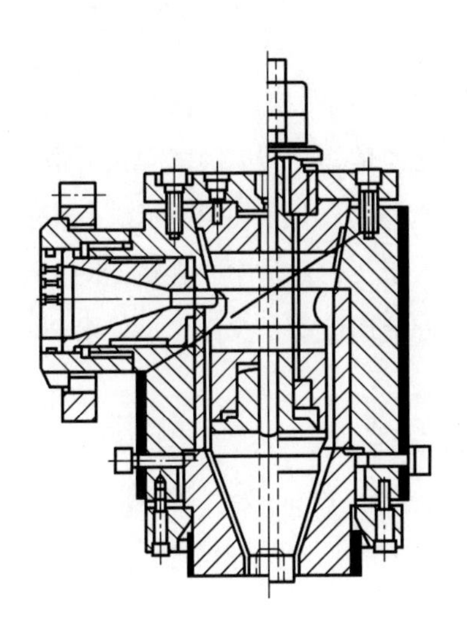
图5-12　环形侧向进料直角机头

② 侧向进料直角机头　这类直角机头，熔体由侧向进入机头芯捧后，经支管径向分流，并从径向流动逐渐过渡到轴向流动。芯棒在熔体分流转向位置可设计成不同形状，如环形、心形、螺旋形等，因此出现了不同结构特征的侧向进料机头。

a. 环形侧向进料直角机头　如图5-12所示，机头芯棒在熔体入口部位开设环形槽，使进入机头的熔体成为环形熔流进入芯棒。环形槽流动截面积较大，熔体的流动阻力小，熔体可以快速地沿环形槽周向流动，并在与入料口相对的另一侧汇合，形成环形熔流向下流动，呈轴向挤出型坯。这种机头结构简单，制造方便，流道长度较短，型坯只有一条熔合线。其缺点是周向各熔体单元的轴向流速会有差异，难以保证型坯周向厚度的均匀性。它主要适用于中、小型聚烯烃吹塑容器。

b. 心形侧向进料直角机头　如图 5-13 所示，机头芯棒在熔体入口部位设计成心形，进入机头的熔体被分成两段，在径向流动的同时，进行轴向流动，最后汇成一条熔合线，挤出成型坯。

这种形式的机头使挤出的型坯壁厚趋于均匀。流道具有流线型，使熔体的流动通畅，流速高，残存熔体量少，容易拆下清理。这种通过流道长度来补偿熔体压力差异的方法，可保证各熔体单元以较均匀的速度流动，提高型坯壁厚的均匀性。这类机头适用于聚烯烃类塑料，也可用于聚氯乙烯等塑料的成型；可成型纵向带双色条纹型坯，或带透明嵌条的双色型坯；还适用于需经常更换型坯颜色及材质的吹塑容器。

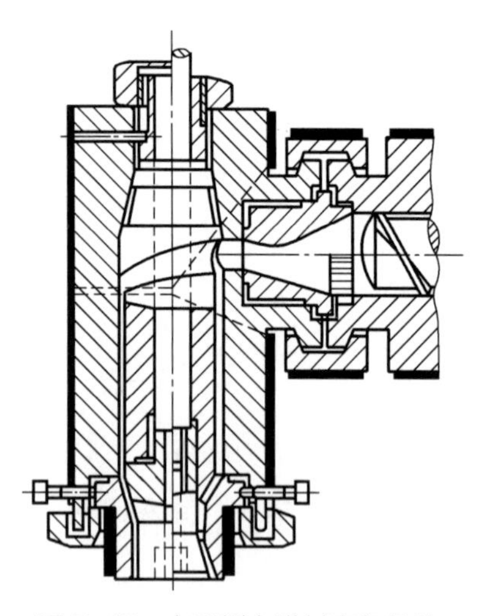

图 5-13　心形侧向进料直角机头

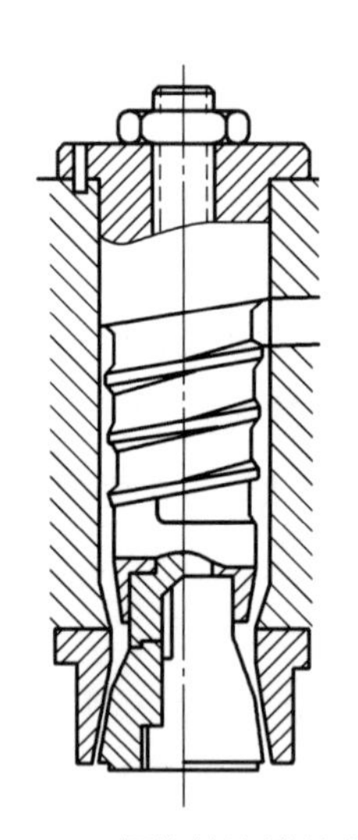

图 5-14　螺旋状沟槽的心轴

c. 螺旋形侧向进料直角机头　前两种结构由于熔体入口处到机头口模的长度有差别，机头内部的压力平衡受到干扰，会造成机头内熔体性能差异。为使熔体在转向时能自由平滑地流动，不产生滞留点和熔接线，多采用螺旋形侧面进料机头，其结构如图 5-14 所示。机头芯棒的入口处还可设计成螺旋形，熔体从螺旋形芯棒的中心孔进入机头，再从中心孔径向的一个或多个孔侧向流入单头或多头螺旋流道。这时大部分熔体沿螺旋流道流动，少部分熔体沿轴向漏流。最后，流体沿芯棒呈轴向流动，挤出成型坯。

这种结构使熔体流道更加流线型化，螺旋线的螺旋角为 45°~60°，收敛点机加工成刃形，位于型芯一侧，与侧向进料口相对，在侧向进料口中心线下方 16~19mm 处。螺旋形机头，结构紧凑，熔体流动的均匀性好，不形成汇合线，压力消耗较低，制品性能较均匀，但制造成本较高，不易清理。

(3)带储料缸式机头　生产大型吹塑制品（如啤酒桶及垃圾箱等)时，由于制品的容积较大，需要一定的壁厚以获得必要的刚度，因此需要挤出大的型坯，而大型坯的下坠与缩径严重，制品冷却时间长，要求挤出机的输出量大。对大型挤出机，一方面要求快速提供大量熔体，减少型坯下坠和缩径；另一方面，大型制品冷却期长，挤出机不能连续运行，从而发展了带有储料缸的机头。其结构如图 5-15 所示。

由挤出机向储料缸提供塑化均匀的熔体，按照一定的周期所需熔体数量贮存于储料缸内。在储料缸系统中由柱塞（或螺杆）定时、间歇地将所储物料全部迅速推出，形成大型的型坯。高速推出物料可减轻大型型坯的下坠和缩径，克服型坯由于自重产生下垂的变形而造成的制品壁厚的不一致性。同时挤出机可保持连续运转，为下一个型坯备料，该机头既能发挥挤出机的能力，又能提高型坯的挤出速度，缩短成型周期。但应注意，当柱塞推动速度过快不适应熔体黏度时，熔体通过机头流速太大，可能产生熔体破裂（melt fracture）现象。

扫码观看侧边进料储料缸机头结构原理

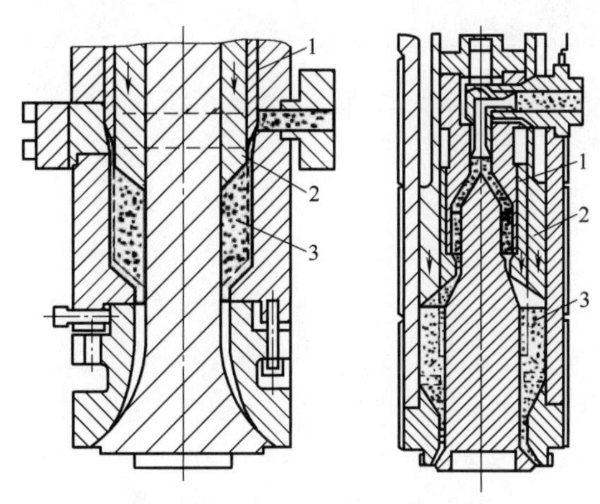

扫码观看中心进料储料缸机头结构原理

1—可动套筒；　2—环形活塞；　3—储料腔。

图 5-15　带储料缸式机头示意图

5.4.3.2　机头工艺设计

机头的设计原则基本上与挤管、吹膜机头相同，但在口模设计时，须注意下面几个问题：

(1) 吹胀比　吹胀比是吹塑制品的最大外径与型坯的最大外径之比。吹胀比通常应保持在 2∶1~3∶1。对于绝大多数吹塑用的热塑性塑料，这一吹胀比是比较合适的。在这范围内，型坯不大可能由于壁厚的变化或挤出原料温度不均而发生不适宜的吹胀。但在特殊情况下，由于模具夹口宽度或者容器瓶颈的关系，有时吹胀比可高达 5∶1~7∶1，或不到 1∶1。

(2) 型坯膨胀率　型坯离开口模时的实际外径与口模直径之差，除以口模直径后乘以 100%，所得比值被称为型坯膨胀率。它的大小取决于挤出速率、口模截面积、口模压力、挤出塑料的品种、熔体温度和口模平直部分的长度等因素。一般来说，提高塑料温度、降低挤出速度将会减小膨胀率。型坯的下垂和伸长作用也影响到膨胀率，而这些因素取决于型坯的熔体拉伸强度。使用 MFR 较小的塑料来增加熔体强度，则型坯出机头后的膨胀倾向也增加。

型坯膨胀率和口模设计较有直接关系的是口模平直部分长度 L 和口模间隙 T 之比值。不同

的口模间隙 T 应选取不同的定型段长度 L。因为通过流动方向和截面积改变后的流体最终是在这一区域整流的。L 和 T 之比值虽然和所用的塑料品种有关，口模定型段的长度与口模间隙也存在一定的比例关系。通用塑料的离模膨胀比大，$L/T\approx15$；离模膨胀比小的塑料，L/T 可取 8。但大致都在 10~15，比值太大，阻力增强，影响产量，型坯的外观也无明显的变化。对 PE 吹塑，口模定型段的长度与口模间隙的关系如表 5-6 所示。

表 5-6　　口模定型段的长度与口模间隙的关系　　单位：mm

口模间隙	定型段长度
<0. 75	6. 5~9. 5
0. 75~2. 50	9. 5~25. 0
>2. 5	25~50

(3) 口模形状　在成品截面是圆形或近似圆形的情况下，采用圆形的口模，则成品截面在周长方向上的壁厚分布基本上是均匀一致的。但是，当成品截面是长方形或椭圆形时，其壁厚分布显然就不均匀，可以采用将型坯直径放大或用异型口模的方法，使制品壁厚的分布近乎均匀。前一方法比较简单，但往往会增加模具夹口区边料的回料量，成品的合格率降低。口模异型化是指挤出机头的口模或芯棒局部位置开设凹槽，增大对应制件拐角处的口模间隙，以增加型坯局部位置的壁厚，得到异型化的型坯，弥补吹胀比不一致造成的径向壁厚不均，从而得到壁厚较为均匀的制件。当口模的异型程度太大时，会造成型坯的流速在周向产生差别，使型坯弯曲变形，无法成型，因此所能取得的异型程度是有限的。所以在实际生产过程中，一般采用上述两种方法的组合来适应成品的异型程度，可得到比较理想的效果。如果要成型的成品极端扁平时，可以采用平行挤出的两片片材作为型坯直接成型。图 5-16 所示为机头口模异型化前后长方形制品的壁厚分布。

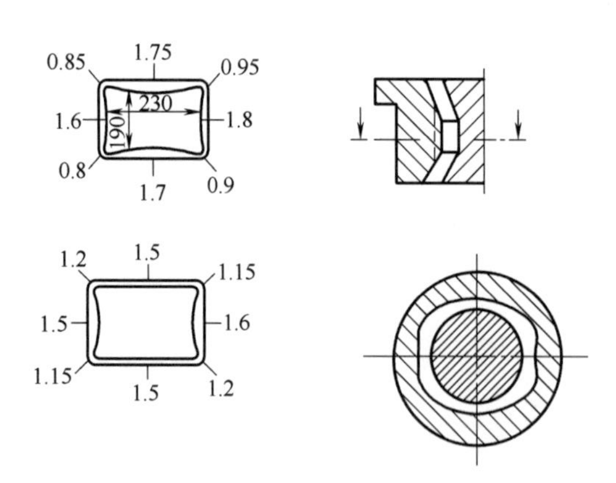

图 5-16　口模形状与容器截面壁厚分布的关系
(单位：mm)

(4) 口模处倒角　对于金属黏性较大的塑料，特别像 PC 之类，为防止挤出型坯产生翻卷现象而粘在口模上，可在口模处设计一个 1~3mm 的台阶，如图 5-17 所示。对于翻卷现象特别严重者，除控制芯模、口模的温度，使之内外温度平衡外，可在口模上涂上一层有机硅，这是十分有效的办法。

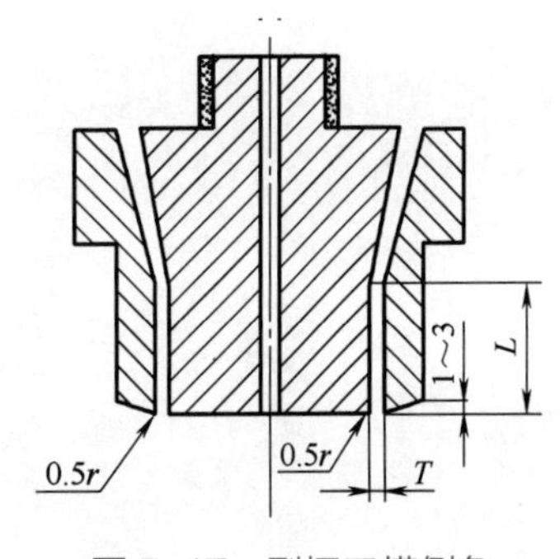

图 5-17 型坯口模倒角

机头材料一般为中碳钢，机头的几个技术参数如下：

① 压缩比 D　机头中型腔的最大环形截面积与芯棒、口模之间的环形截面积之比。一般选择 2.5~4。

② 口模定型段的长度 L　大约为口模间隙宽度的 8 倍。

③ 吹胀比 K　K 是制品的最大直径（异型制品采用当量直径）和型坯直径之比。对于中小型制品，K 取为 2~4；对于大型或薄壁制品，K 取为 1.2~2.5。

④ 离模膨胀比 m（即型坯膨胀率）　是指型坯离开机头时，型坯的直径和口模的直径之比。

学习活动

讨论与思考：

1. 比较不同种类中空挤出吹塑机头的性能特点。

2. 模具拆装的过程须特别注意哪些问题？

3. 我国有哪些主要的中空挤出吹塑设备生产企业？查找其所生产的吹瓶机规格型号、技术参数、结构性能特点。

实操：

1. 了解实训室的中空挤出吹塑机头的构造，制定装拆机头方案。

2. 遵守安全及防护规定，按所定的操作规程完成机头装拆。

5.4.4 中空吹塑模具

吹塑模具主要由两半阴模构成，如图 5-18 所示。因模颈圈与各夹坯块较易磨损，一般做成单独的嵌块以便修复或更换。

吹塑模具起双重作用：赋予制品形状与尺寸，并使之冷却。与注塑模具相比，挤出吹塑模具有以下特点：

① 吹塑模具一般只有阴模。

② 吹塑模具型腔受到的型坯吹胀压力较小，一般为 0.2~1.0MPa。

③ 吹塑棋具型腔一般不需经硬化处理，除非要求长期生产。

④ 吹塑模腔内，型坯通过膨胀来成型，这可减小制品上的流痕与接合经及模腔的磨损等问题。

⑤ 由于一般没有阳模，吹塑制品上较深的凹陷也能脱模（尤其对硬度较低的塑料），一般不需要滑动嵌块。

图 5-18　中空吹塑模具

对吹塑模具的要求主要有：

① 可成型形状复杂的制品。

② 能有效地夹断型坯，保证制品熔接线的强度。

③ 能有效地排气。

④ 能快速、均匀地冷却制品，并减小模具壁内的温度梯度以减小成型时间与制品翘曲。

吹塑模具对材料的要求较低，选择范围较宽。吹塑模具材料的选择要综合考虑导热性能、强度、耐磨性能、耐腐蚀性能、抛光性能、成本以及所用塑料与生产批量等因素。

5.4.4.1　吹塑模的基本结构

图 5-19 为典型挤出吹塑模具的结构。

吹塑模具的设计、制造对制品的生产效率与性能有很大影响。影响吹塑模具设计的主要因素有：制品的形状与尺寸、注入压缩空气的方式及塑料的性能。

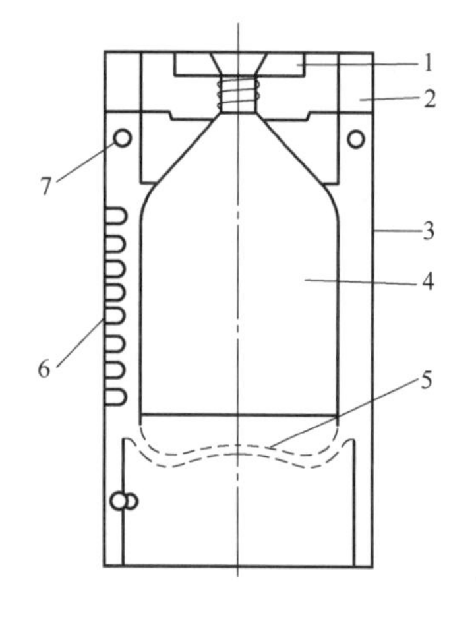

1—切坯套；2—模颈圈；3—模体；4—型腔；5—截坯口；6—分模线排气口；7—导销。

图 5-19　挤出吹塑模具

5.4.4.2 吹塑模具材料

吹塑模具对材料的要求较低，选择范围较宽。吹塑模具材料的选择要综合考虑导热性能、强度、耐磨性能、耐腐蚀性能、抛光性能、成本以及所用塑料与生产批量等因素。例如，对会产生腐蚀性挥发物的塑料（PVC、聚丙烯腈、POM 等），要采用耐腐蚀性材料来制造模具或在模腔上镀覆耐腐蚀金属。

下面介绍制造吹塑模具采用的几种材料。

(1)铝　铝是挤出吹塑模具较早采用的材料。铝的导热性能高、机械加工性与可延性好、密度低，但硬度低、易磨损，铝合金的耐磨性会高些。铸铝的韧性较低，故夹坯嵌块要由钢或铜铍合金制造。铝模具的使用寿命约为（1~2）$\times 10^6$ 次。

铝具有多孔性，有时会渗入微量的塑料熔体，影响吹塑制品的外观性能。这可通过在模腔上涂覆密封胶来解决，但会降低制品与模壁之间的传热性能。

(2)铜基合金　铜铍合金是吹塑模具较常采用的一种材料，其具有很好的导热性能、硬度、耐磨性、耐腐蚀性与机械韧性。主要缺点是成本高，机械加工性能比铝差。

铜铍合金多数用于制造夹坯嵌块，与铝模具配合使用。有时（尤其是对腐蚀性塑料）整套吹塑模具均由铜铍合金制成，铜铍合金不会被 PVC 加工中产生的氯化氢所腐蚀，还可防止冷却通道中水的结垢，避免传热效率的降低。铜铍合金模具易于通过焊接或镶嵌法来修补。

除铜铍合金外，可用于制造吹塑模具的还有 Ni/Si/Cu、Cr/Cu 与铝/青铜合金，其中前两种合金的导热性能分别约为铜铍合金的 2 倍与 3 倍。

(3)钢　钢主要用于制造 PVC 与工程塑料的吹塑模具，钢的硬度、耐磨性与韧性极高，通过蚀刻模腔可使制品取得很好的表面花纹。钢的主要缺点是导热性能差，要通过冷却系统的设计及冷却流体的温度与流动状态等来补偿。腐蚀性塑料（例如 PVC）的模具要采用不锈钢制造。钢模具可采用机械加工、冷挤压、铸造或焊接（对大型模具）来制造。

钢（例如普通工具钢）还用于制造要承受磨损的吹塑模具零件，例如夹坯嵌块、拉杆、导柱、导套与模板等。这些零件要求对钢作硬化处理。

钢模具的使用寿命可达上千万次，因此，吹塑制品的生产数量大时，钢是一种优选的材料。但总的来说，钢在制造吹塑模具方面用得较少。

(4)其他材料　锌合金的导热性能良好、成本低，可用于铸造大型模具或形状不规则模具，还可通过机械加工来制造模具。但耐腐蚀性差些。锌镍铜合金也可用作吹塑模具材料，其导热系数在铜铍合金与铝合金之间，不过，在类似的导热系数下，其硬度要比铜铍合金的低些。

合成树脂（例如丙烯酸树脂、环氧树脂）可用于铸造低成本的试验用模具、生产次数很少的模具或样品模具。它们可用金属粉末或玻璃纤维填充，以改善尺寸稳定性与导热性。

5.4.4.3 模具分型面

分型面设计是设计吹塑模具时首先要考虑的一个问题，分型面的位置应使模具对称，减小吹胀比，易于制品脱模。因此，分型面的位置由吹塑制品的形状确定。大多数吹塑模具是设计成以分型面为界相配合的两个半模，但是，对于形状不成规则的瓶类和容器，分型面位置的确定特别重要，如位置不当将导致产品无法脱模或造成瓶体划伤。这时，需要用不规则分型面的模具，有时甚至要使用三个或更多的可移动部件组成的多分型面模具，以利产品脱模。

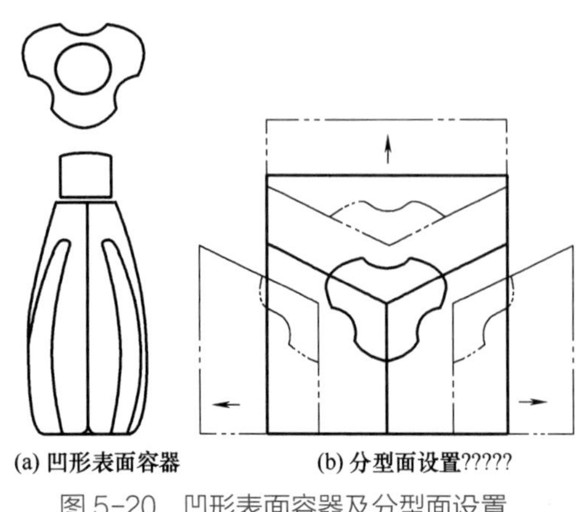

图 5-20　凹形表面容器及分型面设置

对横截面为圆形的容器，分型面通过其直径设置；对椭圆形容器，分型面应通过椭圆形的长轴；矩形容留的分型面可通过中心线或对角线，其中后者可减小吹胀比，但与分型面相对的拐角部位壁厚较小。对某些制品，要设置多个分型面。例如，吹塑如图 5-20（a)所示的凹形表面容器，要设置三个分型面，如图 5-20（b)所示。容器把手应沿分模面设置。把手的横截面应呈方形，拐角用圆弧过渡，以优化壁厚分布。把手孔一般采用嵌块来成型。还可用注射法单独成型把手。

5.4.4.4　型腔

吹塑模具型腔直接确定制品的形状、尺寸与外观性能。

用于 PE 吹塑的模具型腔表面应稍微有点粗糙。否则，会造成模腔的排气不良，夹留有气泡，使制品出现“橘皮纹”的表面缺陷，还会导致制品的冷却速率低且不均匀，使制品上各处的收缩率不一样。由于 PE 吹塑模具的温度较低，加上型坯吹胀压力较小，吹胀的型坯不会楔入至粗糙型腔表面的波谷，而是位于并跨过波峰，这样，可保证制品有光滑的表面，并提供微小的网状通道，使模腔易于排气。

对模腔作喷砂处理可形成粗糙的表面。喷砂粒度要适当，对 HDPE 的吹塑模具，可采用较粗的粒度， LDPE 要采用较细的粒度。蚀刻模腔也可形成粗糙的表面，还可在制品表面形成花纹。

吹塑高透明或高光泽性容器（尤其采用 PET、PVC 或 PP)时，要抛光模腔。

对工程塑料的吹塑，模具型腔一般不能喷砂，除可蚀刻出花纹外，还可经抛光或消光处理。

模具型腔的尺寸主要由制品的外形尺寸并同时考虑制品的收缩率来确定。收缩率一般是指室温（22℃)下模腔尺寸与成型 24h 后制品尺寸之间的差异。以 HDPE 瓶为例，其收缩率的 80%~90%是在成型后的 24h 内发生的。

5.4.4.5　模具夹坯口

挤出吹塑模具的模口部分应是锋利的切口，以利切断型坯，俗称夹坯口或刃口，如图 5-21 所示。切断型坯的夹口的最小纵向长度约为 0.5~2.5mm，过小会减小容器接合缝的厚度，降低其接合强度，甚至容易切破型坯不易吹胀，过大则无法切断余料，甚至无法使模具完全闭合。切口的形状一般为三角形或梯形。为防止切口磨损，常用硬质合金材料制成镶块嵌紧在模具上，切口尽头向模具表面扩大的角度因塑料品种而异， LDPE 可取 30°~50°，而 HDPE

取 12°~15°。模具的启闭通常用压缩空气来操纵，闭模速度最好能调节，以适应不同材料的要求。如加工 PE 时，模具闭合速度过快，切口易切穿型坯，使型坯无法得到完好的熔接。这就要在速度和锁模作用之间建立平衡，使得夹料部分既能充分熔接，又不致飞边以致难以从制品中除去。

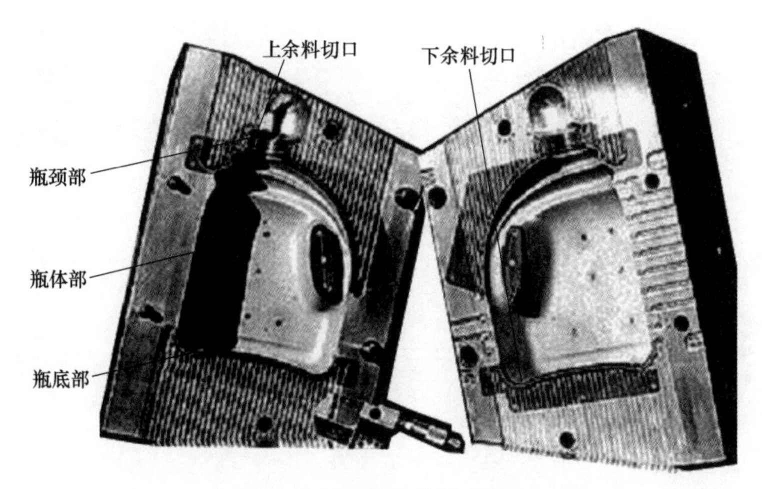

图 5-21　挤出吹塑模具夹坯口

在夹坯口下方开设余料槽，其位于模具分型面上。图 5-22 给出了五种余料槽的结构，其中图 5-22（a）适用于普通的中空容器；图 5-22（b）适用于有内压瓶切口，其凸块起阻挡墙作用，利于坯料保温，其瓶底缝融合良好；图 5-22（c）、图 5-22（d）适用于薄壁容器，前端褪角小，利于融合；图 5-22（e）给出的尺寸是针对吹塑 60L 的 UHMWPE 容器而言的。

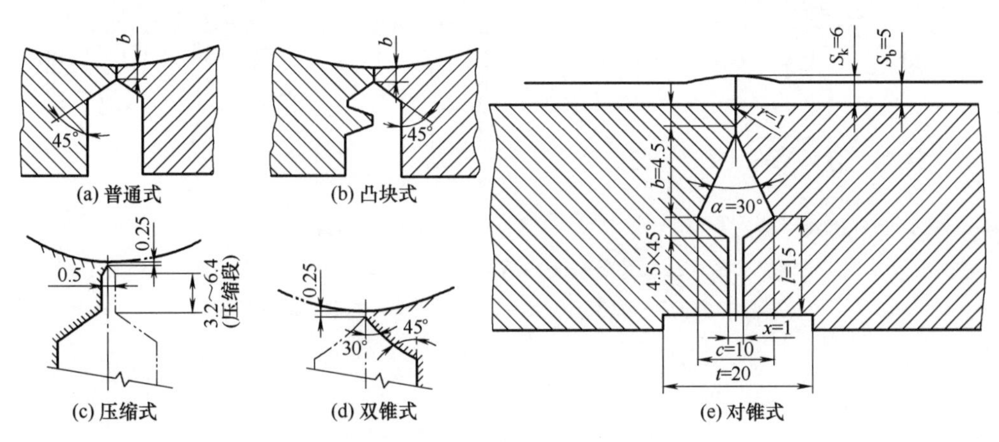

图 5-22　模底夹坯口及余料槽结构

(单位：mm)

余料槽深度对吹塑的成型与制品自动修整有很大影响，尤其对直径大、壁厚小的型坯。槽深过小会使余料受到过大的压力挤压，使模具尤其是夹坯口刃受到过高的应变，甚至模具不能完全闭合，难以切断余料；若槽深过大，则余料不能与槽壁接触，无法快速冷却，其热量会传至容器接合处，使之软化，修整时会对接合处产生拉伸。每半边模具的余料槽深度最好取型坯壁厚的 80%~90%。

余料槽夹角的选取也应适当，常取30°~90°。夹坯口刃宽度较大时，余料槽夹角一般取大值。余料槽夹角较小时有助于把少量熔体挤入接合缝中。

5.4.4.6　模具中的镶块

吹塑模具底部一般设置单独的嵌块，以挤压封接型坯的一端，并切去余料。

设计模底嵌块时应主要考虑夹坯口刃与余料槽，它们对吹塑制品的成型与性能有重要影响。因此，对它们有下述四方面的要求：

① 要有足够的强度、刚性与耐磨性，以在反复的合模过程中承受挤压型坯熔体产生的压力。

② 夹坯区的厚度一般比制品壁的大些，积聚的热量较多。因此，夹坯嵌块要选用导热性能高的材料来制造。同时考虑夹坯嵌块耐用性，铜铍合金是一种理想的材料。对软质塑料（例如LDPE），夹坯嵌块一般可用铝制成，并可与模体做成一体。

③ 接合缝通常是吹塑容器最薄弱的部位，故要在合模后但未切断余料前把少量熔体挤入接合缝，以适当增加其厚度与强度。

④ 应能切断余料，形成整齐的切口。

成型容器颈部的嵌块主要有模颈圈与剪切块，如图5-23所示。剪切块位于模颈圈之上，有助于切去颈部余料，减小模颈圈的磨损。剪切块开口可为锥形的，夹角一般取60°，如图5-23（a）所示；也可为杯形的，如图5-23（b）所示。模颈圈与剪切块由工具钢制成，并硬化至HRC56~58。

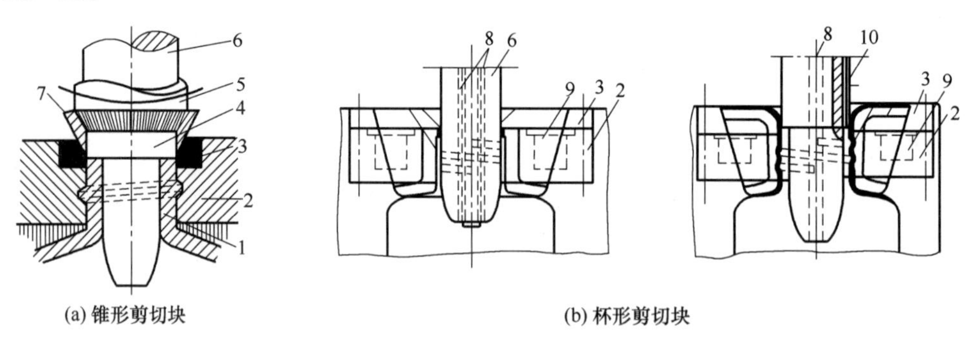

1—容器颈部；2—模颈圈；3—剪切块；4—剪切套；5—带齿旋转套筒；6—定径进气杆；7—颈部余料；8—进气孔；9—冷却槽；10—排气孔。

图5-23　容器颈部的定径成型法

5.4.4.7　排气

成型容积相同的容器时，吹塑模具内要排出的空气量比注射成型模具的大许多，要排除的空气体积等于模腔容积减去完全合模瞬时型坯已被吹胀后的体积，其中后者占较大比例，但仍有一定的空气夹留在型坯与模腔之间，尤其对大容积吹塑制品。此外，吹塑模具内的压力很小。因此，对吹塑模具的排气性能要求较高（尤其是型腔抛光的模具）。

若夹留在模腔与型坯之间的空气无法完全或尽快排出，型坯就不能快速地吹胀，吹胀后不能与模腔良好地接触，会使制品表面出现粗糙、凹痕等缺陷，表面文字、图案不够清晰，影响制品的外观性能与外部形状，尤其当型坯挤出时出现条痕或发生熔体破裂时。排气不良还会延长制品的冷却时间，降低其机械性能，造成其壁厚分布不均匀。为此，要设法提高吹塑模具的排气性能。最古老的排气方法是模具表顶用喷砂处理，使之提供许多逃逸空气的细槽。这一方法十分有效，但它不能为所有制品所接受，如用 PS 制成的高级化妆品包装容器，绝不允许存有严重的模糊外观来影响它的质量。在此情况下，则可使用其他排气方法。

吹塑模具采用的排气方法有多种，分述如下。

(1)分型面上的排气　分型面是吹塑模具主要的排气部位，合模后其应尽可能多、快地排出空气。否则，会在制品上对应分型面部位出现纵向凹痕。这是因为制品上分型面附近部位与模腔贴合而固化，产生体积收缩与应力，这对分型面处因夹留空气而无法快速冷却、温度尚较高的部位产生了拉力。为此，要在分型面上开设排气槽，如图 5-24 所示。其中图 5-24（c)的模具在分型面上的肩部与底部拐角处开设有锥形的排气槽。排气槽深度的选取要恰当，不应在制品上留下痕迹，尤其对外观要求高的制品（例如化妆品瓶)，排气槽宽度可取 5~25mm 或更大。

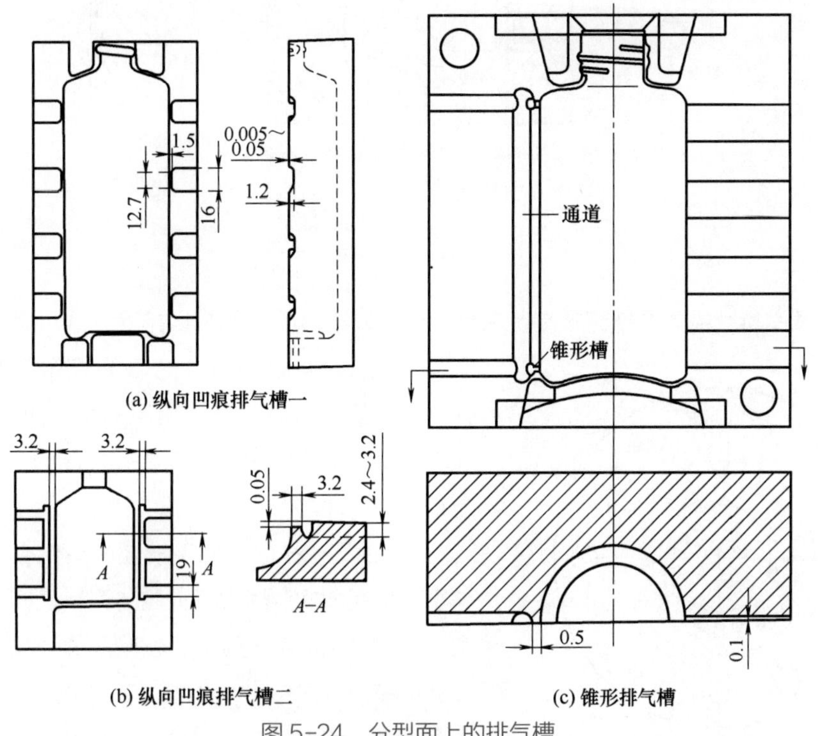

图 5-24　分型面上的排气槽
(单位：mm)

(2)模腔内的排气　为尽快地排出吹塑模具内的空气，要在模腔壁内开设排气系统。随着型坯的不断吹胀，模腔内夹留的空气会聚积在凹陷、沟槽与拐角等处，为此，要在这些部位开设排气孔，见图 5-25（a)。排气孔的直径应适当，过大会在制品表面上产生凸台，过小又会造成凹陷，见图 5-25（b)，一般取 0.1~0.3mm。排气孔的长度应尽可能小些（0.5~1.5mm)。排气孔与截面较大的通道相连，以减小气流阻力。另一种途径是在模腔壁内钻出直径较大（如 10mm)的孔，并把一磨成有排气间隙（0.1~0.2mm)的嵌棒塞入该孔中，见图 5-25（a)。还可采用开设三角形槽或圆弧形槽的排气嵌棒。这类嵌棒的排气间隙比上述排气孔的直径小，但排气通道截面较大，且机械加工时可准确地保证排气间隙。嵌棒排气用于大容积容器的吹塑效果好。还可在模腔壁内嵌置由粉末烧结制成的多孔性金属块作为排气塞，见图 5-25（a），可能会有微量的塑料熔体渗入多孔性金属块内，在吹塑制品上留下痕迹。为此，可考虑在该金属块上雕刻花纹或文字。

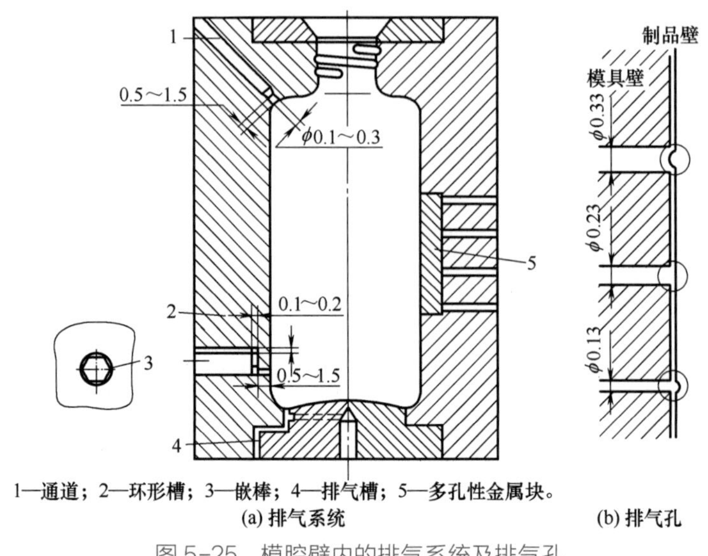

图 5-25 模腔壁内的排气系统及排气孔

(单位：mm)

(3)模颈圈螺纹槽内的排气 夹留在模颈圈螺纹槽内的空气难以排除，这可以通过开设排气孔来解决，如图 5-26 所示，在模颈圈钻出若干个轴向孔，其孔与螺纹槽底相距 0.5～1.0mm，直径为 3mm；并从螺纹槽底钻出 0.2～0.3mm 的径向小孔，与轴向孔相通。

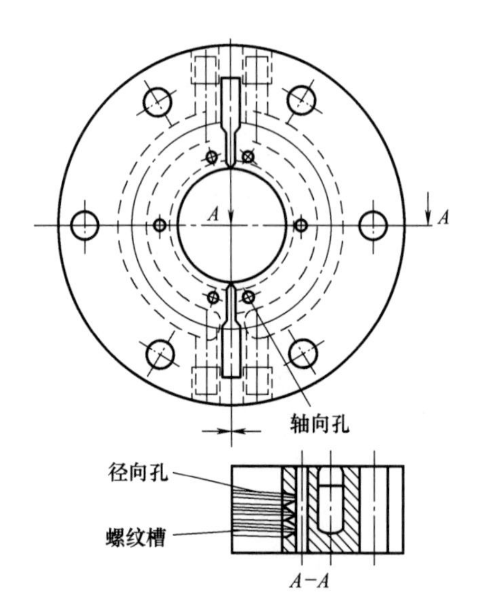

图 5-26 模颈圈螺纹槽的排气孔

(4)抽真空排气 如果模腔内夹留空气的排出速率小于型坯的吹胀速率，模腔与型坯之间会产生大于型坯吹胀气压的空气压力，使吹胀的型坯难以与模腔接触。在模壁内钻出小孔与抽真空系统相连，可快速抽走模腔内的空气，使制品与模腔紧密贴合，改善传热速率，减小成型时间（一般为 10%）、降低型坯吹胀气压与合模力、减小吹塑制品的收缩率（达 25%）。此法较常用于工程塑料的挤出吹塑。用于拉伸吹塑时，可提高型坯的周向拉伸速率，进一步提高容器性能。

5.4.4.8 模具冷却

在吹塑时，塑料熔体的热量将不断传给模具，而模具的温度过高又会严重影响生产率。为了使模温保持在适当的范围，一般情况下，模具应设冷却装置，合理设计和布置冷却系统很重要。吹塑制品的冷却方式可分为外冷却、内冷却与后冷却三种。

(1)外冷却　外冷却是指在模具壁内开设冷却系统，从外壁来冷却吹塑制品。设置冷却系统的方式有四种，分述如下。

① 在模具型腔背面的壁内铸造出冷却水通道，并用端板密封，通过入口引入较大流量的冷却流体。封闭端板打开后即可清理冷却通道。

② 在模壁内纵、横方向钻出冷却通道，如图5-27所示。冷却方式与注塑模类似，直接在模板上设置冷却水通道，冷却水从模具底部进去，出口处设在模具的顶部，这样做一方面可避免产生空气泡，另一方面使冷却水按自然升温的方向流动。冷却水道的孔径一般取10~15mm，对大型模具孔径可取30mm，并为了改进冷却介质的循环，提高冷却效应，应直接在吹塑模的后面设置密封的水箱，箱上开设一个入水口和一个出水口，模面较大的冷却水通道内，可安装折流板来引导水的流向，还可促进湍流的作用，避免冷却水流动过程中出现死角。两相邻孔道之间的中心距为孔径的3~5倍，孔壁与型腔的距离各处应保持一致，为孔径的1~2倍，以保证制品各处冷却收缩均匀。

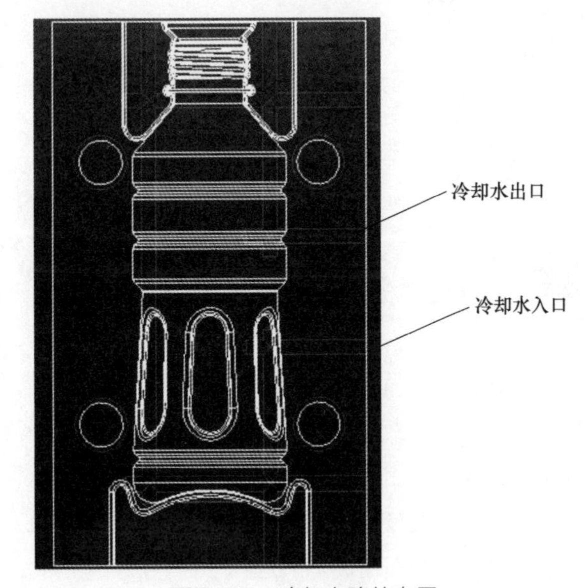

图5-27　冷却水路的布置

③ 在模腔内嵌入冷却水管，这主要用于铝、铜铍合金或锌合金铸造的模具中。

④ 喷雾冷却，在模壁空腔内通过一组喷管喷射出水雾，此方式主要用于大型模具，以减少模具的质量。

(2)内冷却　吹塑制品外壁因与低温模腔接触而被较快冷却，内壁与吹胀空气接触，其传热量较少，故冷却较慢。内、外壁冷却速率的差异可能使制品出现翘曲现象。为此开发了各种内冷却方法，即把水雾、液态氮气或二氧化碳、制冷空气、循环空气或混合介质注入已吹胀的型坯的内部，以快速冷却制品内壁。其中水雾冷却成本低，但液态氮气与二氧化碳得到较多的运用，因为它们环保干净，不起化学作用，适于多种吹塑制品。

(3)后冷却　内、外冷却均是针对处于吹塑模具内的制品而言的。若在较高的温度下，尽快从模具内取出制品，置于后工位进行冷却，可明显缩短吹塑的成型周期。当然，脱模的温度也不能过高，一般可在经过正常冷却时间的一半后开模，以保持制品的形状。

另外对于一些工程塑料，如PC、POM等，不仅不需要模具冷却，有时甚至要求在一定程度上升高模温，以保证型坯的吹胀和花纹的清晰，这时则可在模具的冷却通道内通入加热介质或者采用电热板加热。

影响挤出吹塑制品冷却时间的因素主要有：塑料原料的热扩散系数，熔体的温度、焓与固化特性；制品的壁厚、体积、质量与形状；对吹塑模具材料的热导率，夹坯口刃结构，模具排气；吹塑模具冷却通道的类型与参数（表面积、与模腔之间距离等）；冷却流体的流量及入口与出口温度，冷却流体的流动状态，模具温度和模具温度控制的精度；吹胀空气的气压、气量与流动状态；内冷却的状况等。

学习活动

思考：

1. 简述挤吹中空制品成型模具的结构特点。
2. 怎么保证吹塑制品具有最好的冷却效果？

5.5 中空吹塑制品的结构设计

塑料容器的产品设计是一个综合性的问题，它涉及材料、成型加工工艺、技术结构、艺术造型、商品学、消费心理学等各方面的知识。设计吹塑制品时要综合考虑制品的性能、外观、可成型性与成本等因素。在设计吹塑制品之前要确定用途的所有要求，并使这些要求与制品设计和塑料性能的适当组合相匹配。制品的形状应满足成型加工的要求，当多种塑料均可满足吹塑制品要求时，则根据成本来选择。

5.5.1 包装用吹塑容器的性能

为保证吹塑容器具有的包装功能，作为塑料包装材料一般应具备以下性能。

(1) 阻透性　阻透性主要包括透气度、阻气、阻湿、透水等。

包装容器应具有良好的阻透性，能阻止有机溶剂及液体的挥发及渗透，防止内容物化学组分的变化，能阻止氧气、水蒸气的渗透，防止内容物变质或受细菌的侵蚀，在商品的保质期内，能有效地保证内容物符合其质量指标。

为使容器具有优良的阻渗性，一方面可以选择高阻隔性的塑料材料，或选择多种材料制成的复合容器；另一方面也可采用表面涂覆等方法。容器的阻透性能可用气体透过率来评价。在进行容器设计时，应明确各种被包装物的具体要求。

(2) 力学性能　塑料包装容器应具有较好的力学性能，保证容器在盛装物品后，在使用和贮存环境中，不会因碰撞、挤压、长期堆放而破损、变形、开裂。测定中空吹塑容器力学的方法主要有制品的跌落试验、高温码堆试验、低温跌落试验、环境应力开裂试验等。需重点关注容器的纵向强度和刚度。

① 容器的纵向强度　包装容器要承受几种不同纵向载荷的作用，故必须有足够高的纵向强度。在灌装阶段，要求容器有足够的纵向强度，以使灌装喷头能动作。这是因为灌装喷头上

有弹簧机构，为使液体能够灌入容器内，要对容器作用98~147N的纵向力。快速的封盖过程既要求有纵向强度，还要求有耐扭力性能。灌装后容器置于包装箱中堆叠起来储存，下面的容器要承受上面容器的质量载荷，在运输过程中更大，故也要求容器有纵向强度。

② 刚度　制品的壁厚越大，其刚度与耐冲击性也越高，对给定重量与体积的容器，具有最小表面积的形状可给出最大的壁厚，高度与直径相等的圆形容器就是如此。另外通过结构设计也可以提高容器的刚度。例如在圆形容器标签处开设周向槽或在椭圆形容器上设置锯齿形水平装饰纹，可提高容器的刚度。同时周向槽的深度要小一些，且应呈圆弧形，不要太靠近容器肩部或底部，以避免应力集中或纵向强度的降低。另外设置纵向加强筋也可以提高容器的刚度。

(3)耐化学品性能　对于用来盛装化学药品的中空吹塑容器，应具有良好的耐化学药品性，以保证在使用和储存时，不产生溶胀、应力开裂、变形以及内容物不会与塑料容器发生化学反应等。

(4)耐热性　若使用的中空容器要进行热灌装、高温杀菌操作，采用一般的容器会产生严重的变形现象，不能满足作业的要求。必须选择耐热性容器。因此要选择合适的塑料来吹塑热灌装容器，并从容器的设计来保证其具有较高的耐热性。

(5)耐低温性　包装容器不仅储运、使用的地区跨度大，环境温差大，有些塑料容器在灌装物品时是在较高温度下进行的，而灌装后还要求在低温环境下长期储存。因此包装用吹塑容器应具有稳定的耐低温性能。用于海上运输的化学危险品容器，要求在-18℃条件下仍有良好的力学性能。

(6)密封性　吹塑容器常用来盛装液体物质，在贮运和使用过程中，要求容器以任何方位堆放都不会出现泄漏现象。有些被包装物，如双氧水，既要求容器在储运过程中不产生泄漏，又要求双氧水在储运环境中能适度释放气体，防止吹塑容器产生鼓胀或爆裂现象，吹塑容器要有良好的密封性，必须设计良好的密封装置。

(7)卫生安全性　塑料由于其成分组成、材料制造、成型加工以及与接触的食品之间的相互关系等原因，存在着残留有毒单体或催化剂、有毒添加剂及分解老化产生的有毒物质的溶出和污染食品的不安全问题。因此在选择中空吹塑容器作为食品、饮料以及医药品的包装时，需要考虑它的卫生安全性。目前都采用模拟溶出试验来测定塑料包装材料巾有毒、有害物质的溶出量，并进行毒性试验，由此获得对材料无毒性的评价，确定保障人体安全的有毒物质极限溶出量和某些塑料材料的使用限制条件。

(8)经济性　在设计包装容器时，还必须注意容器的经济性。包装用吹塑容器在具有上述各项性能的同时，要考虑吹塑容器的加工方法尽可能简单易行；所设计的容器有最大的容积；容器壁要薄；容器选用的材料及容器的结构便于废弃物的回收利用；包装容器可重复多次使用。

5.5.2　中空吹塑容器的设计

中空吹塑容器应用越来越广，新的用途层出不穷，要推出结构新颖、吸引消费者的制品，就必须在形体造型、结构形式、材质和表面处理等方面精心设计。

设计吹塑包装容器时要考虑以下几个方面：瓶体的外形、瓶口、瓶颈与瓶肩、瓶底、热灌装能力和容器的壁厚。

5.5.2.1 外形

包装容器外表面的形状有球形、圆形、方形、椭圆形与组合体形等。球形容器成型容易，受力均匀，且面积容积比最小，但颈部较短，不宜倾倒内装物，能站立的底面小，稳定性差，因此实用性较差。圆形容器的用量最大，其壁厚比较均匀，吸收冲击能量的能力较高，生产成本较低，但储存或运输时有效面积的利用率较低，产品产生凹陷的可能性较大。圆形容器拐角与棱边的半径至少取容器直径的 1/10。方形容器储存时有效面积的利用率大，稳定性较好，但较易发生膨胀现象，为使周向的壁厚较均匀，要求型坯机头模口采用异形流道或从径向来调节机头模口的间隙。正方形容器拐角与棱边的半径最小取半模深度的 1/3。椭圆形容器综合有圆形与方形容器的部分优点，多用于包装化妆品。组合外形容器是根据立体构成原理，将多种几何体或非几何体组合造型，以增加趣味性和视觉冲击力，如图 5-28 所示。但应注意满足强度和刚度的要求，考虑经济性和实用性，以免制造过程过于复杂。

图 5-28 部分组合外形容器

对于可伸缩软瓶，形状由所用塑料的刚度确定，HDPE、PP 及其他刚度较高的塑料适于成型方形或椭圆形段，LDPE 及其他较柔软的塑料则适于成型圆形段。

5.5.2.2 容器体结构

由于吹塑瓶的瓶壁通常都比较薄，为了增加瓶子的刚度，一般都在瓶体上设计有一些带有装饰性的加强结构。吹塑容器的外形应横向、纵向统一考虑，也可以通过改变瓶身的造型来提高刚度，又可以增加美感，同时要便于脱模。

特别是在断面相对薄的大面积板上，板的一面必须有瓦楞或筋结构，以提供刚度或支撑。同时，也可以利用凸缘保证制品的刚度。另外还可以用一些其他结构，如花纹、沟槽、锯齿纹等来增加容器体的刚度，如图 5-29 所示。

5.5.2.3 瓶口螺纹

吹塑成型瓶口螺纹一般采用梯形或圆形截面，因为一般金属制件式的螺纹及细牙螺纹难以成型。

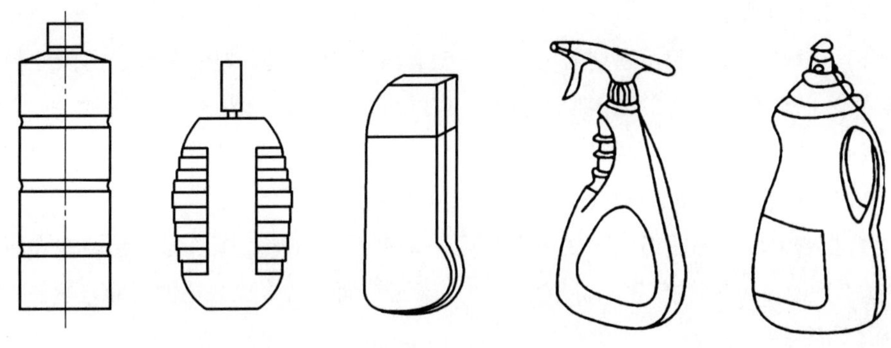

图5-29 改善容器体刚度的结构

瓶口螺纹的横截面多数呈梯形，也可呈半圆形。另外，为了便于清除模缝飞边，螺纹可制成间歇状，即在接近模具分型面附近的一段塑件上不带螺纹，如图5-30所示，此结构既容易清除飞边又不影响旋合。吹塑成型的瓶盖和瓶口也可采用凸缘或凸环接合，如图5-31所示。

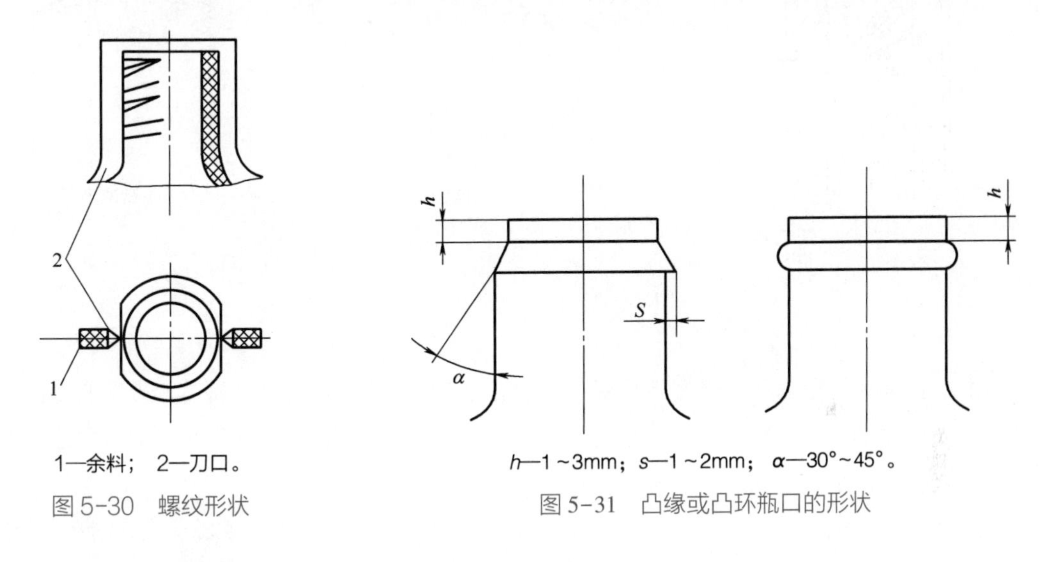

1—余料； 2—刀口。

图5-30 螺纹形状

h—1～3mm；s—1～2mm；α—30°～45°。

图5-31 凸缘或凸环瓶口的形状

5.5.2.4 密封面

液体用包装吹塑瓶，为防止瓶口渗漏，其密封面有以下四种结构，如图5-32所示。

① 瓶口上缘密封面 配用密封圈型盖或内盖，盖下缘水平面与瓶口上平面密封形成密封

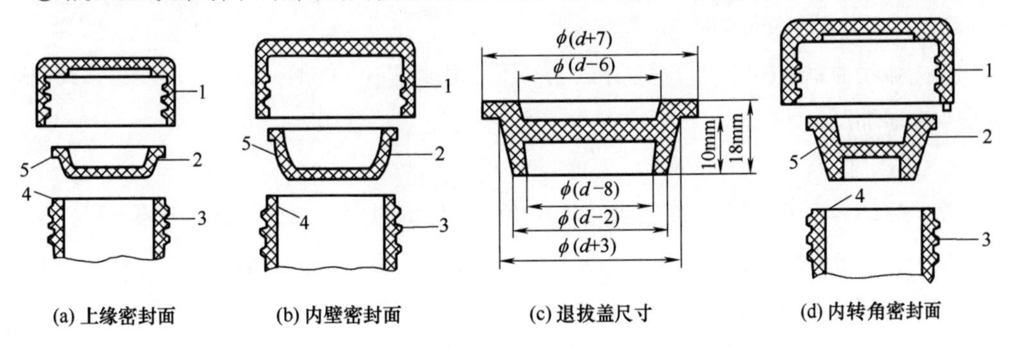

1—外盖； 2—内盖； 3—瓶口； 4—瓶口密封面； 5—瓶盖密封面。

图5-32 瓶口密封面

圈，如图 5-32（a）所示。

② 瓶口内壁密封面　配用塞型盖或内盖，盖外缘曲面与瓶口内壁配合，内盖外径比瓶口直径一般大 0.1~0.5mm，有的内盖稍带斜度，有的带环裙，如图 5-32（b）所示。

③ 瓶口内转角密封面　配用退拔盖和内盖。内盖斜度较大，可借助外盖压力使内盖外斜面与瓶口转角处密封，如图 5-32（c）、图 5-32（d）所示。

④ 组合型密封面　即瓶口上缘密封面与内壁密封面的组合。瓶盖同时起两种作用，瓶口螺纹提供纵向压力，使弹性气密封环压紧瓶口上缘密封面，另一边内壁密封面与瓶口内壁配合进行密封，如图 5-33 所示。

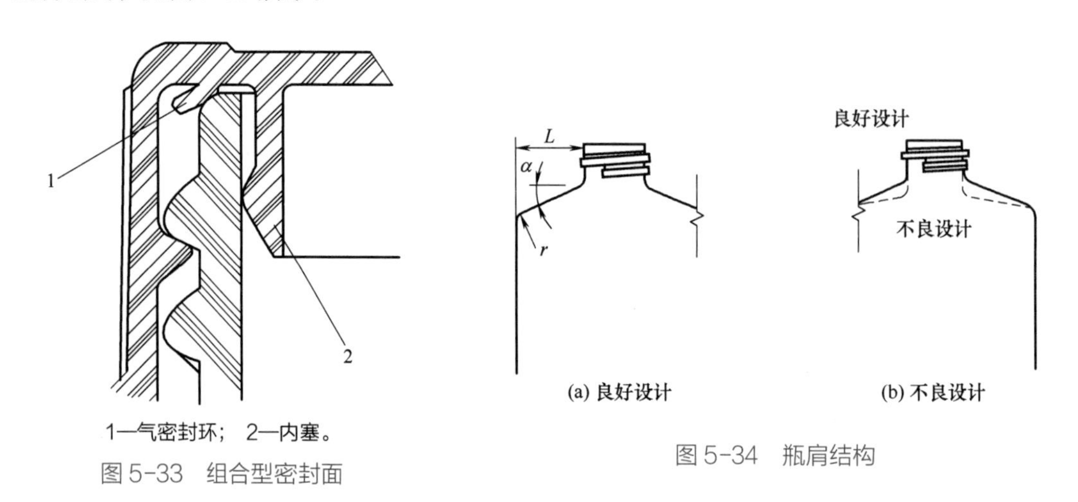

1—气密封环；2—内塞。

图 5-33　组合型密封面

图 5-34　瓶肩结构

5.5.2.5　瓶颈与瓶肩

塑料瓶的瓶颈与瓶肩是承受瓶体垂直负荷强度的关键部位。作为一个瓶体，必须能经得住来自几个不同方面的垂直载荷，如承受加料嘴和压盖机构的垂直压力，同时瓶体支撑力还可增加外包装瓦楞纸箱的压缩强度。

如图 5-34 所示，瓶颈与瓶肩在垂直负荷作用下易发生变形，其变形的大小与瓶肩倾斜角（α）、瓶肩长度（L）或瓶肩高度（H）有关。合理的瓶肩倾斜角可使瓶口所受垂直负荷部分地分担到直立的瓶子上。例如，HDPE 吹塑的可灌装容器，瓶肩长度 L 为 13mm 时，其在瓶肩与瓶身接合部分，只要允许，应尽量采用较大的过渡半径（R）以降低该处的应力。瓶肩倾斜角 α 最小取 12°，当 L 为 50mm 时，α 应取 30°。

瓶肩的弧线曲率半径不同，垂直方向上的压缩强度是不一样的，其压缩强度随弧线曲率半径的增大而增加。

5.5.2.6　瓶底

在塑料瓶体容器的底部，由于夹缝区的壁厚较大。造成整个容器底部厚薄不一致，从而收缩也不均匀，这会导致容器底部发生翘曲现象，因此，容器的底部一般都不设计成平面形状。

容器的底部一般设计成内凹陷形，这样可以使容器具有较高的耐冲击性能，如图 5-35 所示为一种内凹陷的容器底部。瓶身与瓶底的交接处和内凹底应设计成大曲率半径的圆角进行过渡，这样可以减小应力集中，从而提高耐应力开裂和耐冲击性，减少容器受压和跌落时的凹陷和破裂现象。这对 HDPE 容器而言尤其重要。此外，内凹底的倾斜角（β）较大。内凹底的圆弧半径可取容器直径的 1.5 倍。内凹深度较大时，模具内对应容器底部要设置滑动嵌块。

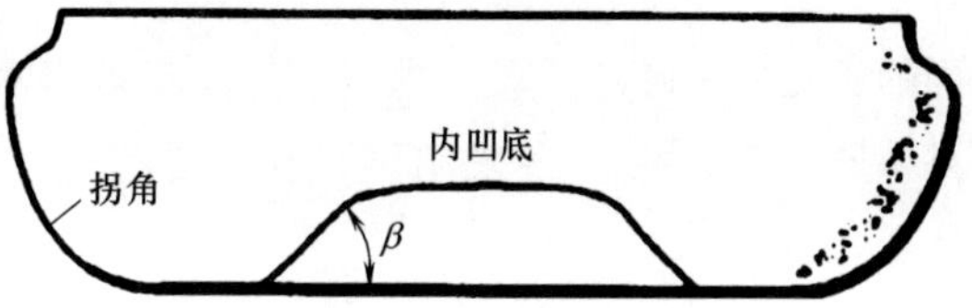

图 5-35　内凹陷的容器底部

普通碳酸饮料使用拉伸吹塑的 PET 瓶，其瓶体轻薄而强度好，但由于容量大，瓶底部承压性与稳定性差，往往另外套上一个底杯，如图 5-36（a）所示，以增加稳定性与底部强度。缺点是生产工艺复杂，成本较高。现在用来盛装碳酸饮料的瓶子已采用爪形瓶底或花瓣状瓶底，与瓶身一次吹塑成型，其强度与稳定性都很好，如图 5-36（b）所示。

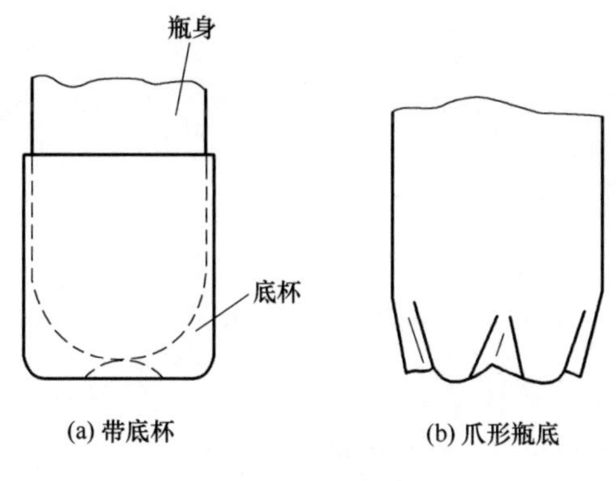

(a) 带底杯　(b) 爪形瓶底

图 5-36　瓶底结构

5.5.2.7　热灌装能力

有些饮料需要在 30～100℃下热灌装或在 120～130℃下蒸煮消毒。在这种操作条件下容器很可能出现以下现象：

① 容器发生鼓胀现象，使容器的容积发生变化，方形容器的鼓胀要比圆形容器大。

② 使标签出现褶皱。

③ 容器变软，会降低容器的纵向强度与螺纹强度，封盖时易使螺纹牙损坏甚至剥落。

④ 冷却后内压降低，造成容器侧壁出现瘪陷。

因此，在选择热灌装容器时，除了要选择合适的塑料来吹塑热灌装容器以外，还要从容器的设计上来保证，使其具有较高的耐热性。

5.5.2.8　容器的壁厚

在设计中空容器的壁厚时，需考虑以下几方面因素。

① 吹塑取向对壁厚强度的影响　塑料材料的拉伸强度和弹性模量不等于容器壁厚材料的力学性能。容器壁的垂直纵向与横向的力学性能有差异。吹塑取向程度是由纵向拉伸比和径向吹胀比综合决定的。因此，壁厚强度计算的极限应力，应该在制品上从两个方向割取试样后测得。材料相同，吹胀比大于拉伸比的较薄中空制品，其壁厚材料的横向力学性能优于垂直纵向。

② 渗透对壁厚的影响　在一定的温度和压力下测得的渗透率，说明塑料材料阻抗各种气、液物质渗透的能力。不但塑料容器壁厚影响渗透，容器的表面积和容积也决定着渗透过程。食用碳酸饮料中，二氧化碳的包装渗透是重要的技术指标。例如，聚酯 PET 瓶壁过厚，CO_2 会被瓶壁材料吸收；瓶壁过薄，CO_2 会渗透逸散到瓶外。

③ 成型壁厚的不均匀性　吹塑成型制品以平均壁厚和最小壁厚来制定检验标准。在制品设计中以平均壁厚来进行用料和型坯体积计算。成型制品的壁厚与物料的黏度、型坯的形状

和尺寸、型坯温度、吹胀比等工艺因素有关，也与吹塑模具的设计和制造有关，如与模腔表面的粗糙度、圆角设置、排气孔、冷却效率有关。容器越大，壁厚越不均匀。为使吹塑制品壁厚一致，目前多采用型坯壁厚的异化补偿和挤出型坯时壁厚用程序进行控制的方法。

学习活动

思考：

1. 目前市场上中空制品主要生产原料有哪些？根据中空制品使用要求，如何选择塑料原料？

2. 设计一个合格的中空制品，应从哪些方面进行考虑？试设计一个 500mL 果汁饮料瓶。

5.6 挤出吹塑成型关键工艺

5.6.1 挤出吹塑的形式

中空吹塑的形式很多，通常使用的基本上为针吹法、顶吹法和底吹法三种。至于采用哪一种，可根据设备条件、成品尺寸和壁厚分布的要求加以选择。但是，不论采用哪一种形式，应以压缩空气中不包含油和水滴，其压力足以吹胀型坯得到轮廓明显和字母花纹清晰的制品为原则。

5.6.1.1 针吹法

针吹法也称横吹法，吹气针管安装在模具的一半片中，当模具闭合时，针管向前穿破型坯壁，压缩空气通过针管吹胀型坯，然后吹针缩回，熔融物料封闭吹针遗留的针孔。另一种方式是在制品颈部有一伸长部分，以便吹针插入，又不损伤瓶颈；针吹法在同一型坯中可采用几根吹针同时吹胀，以提高吹胀效果。吹针的布局如图 5-37 所示。

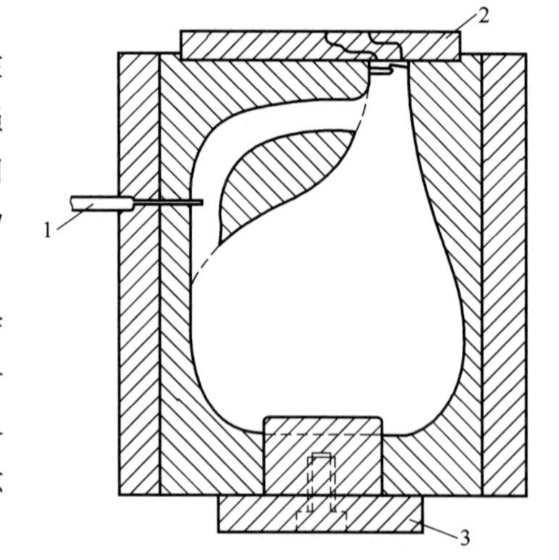

1—吹针； 2—夹口； 3—夹口嵌件。

图 5-37 针吹法吹针的位置

针吹法的优点是适合于不切断型坯连续生产的旋转吹塑成型，吹制颈尾相连的小型容器；对开口制品，由于型坯两端是夹住的，为获得合格的瓶颈，需要整饰加工；模具设计比较复杂；不适宜大型容器的吹胀。

5.6.1.2 顶吹法

顶吹法是通过型芯吹气。模具的颈部向上，

当模具闭合时，型坯底部夹住，顶部开口，压缩空气从型芯通入，型芯直接进入开口的型坯内并确定颈部内径，在型芯和模具顶部之间切断型坯。较先进的顶吹法是型芯由两部分组成，一部分定瓶颈内径，另一部分是在吹气型芯上滑动的旋转刀具，吹气后，滑动的旋转刀具下降，切除余料。结构如图 5-37 所示。

顶吹法的优点是直接利用型芯作为吹气芯轴，经芯轴进入型坯，简化了吹气机构。缺点是顶吹法不能确定长度，需要附加修饰工序。

5.6.1.3 底吹法

底吹法的结构如图 5-38 所示。挤出的型坯落到模具底部的型芯上，通过型芯对型坯吹胀。型芯的外径和模具瓶颈配合以确定瓶颈的内外尺寸。为保证瓶颈尺寸的准确，此区域内必须提供过量的物料，这就导致开模后所得制品在瓶颈分型面上形成两个耳状飞边，需要加以修饰。

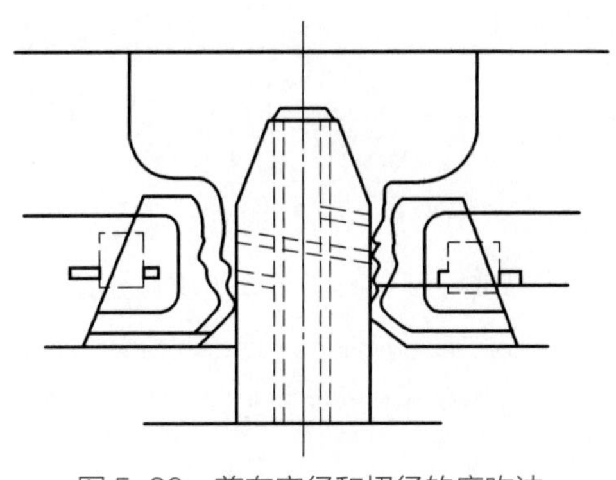

图 5-38 兼有定径和切径的底吹法

底吹法适用于吹塑颈部开口偏离制品中心线的大型容器，有异形开口或有多个开口的容器。底吹法的缺点为进气口选在型坯温度最低的部位。当制品形状较复杂时，常造成制品吹胀不充分。另外，瓶颈耳状飞边修剪后，留下明显的痕迹。同时容器底部的厚度较薄。

5.6.2 挤出吹塑成型关键工艺控制

挤出-吹塑工艺过程分为以下四步：①由挤出装置挤出半熔融状管坯；②当型坯到达一定长度时，模具移到机头下方闭合，抱住管坯，切刀将管坯割断；③模具移到吹塑工位，吹气杆进入模具吹气，使型坯紧贴模具内壁而冷却定型（吹气压力 0.2~1.0MPa)；④打开模具，取出制品。

把中空吹塑分为三个过程，第一阶段为聚合物在挤出机或注射机的输送、熔融、混炼与泵出等，第二阶段为熔体通过型坯机头（或流道)与型坯模具成型为型坯，第三个阶段为型坯吹胀成中空制品。在第三个阶段中，型坯所受的外力只有重力（对挤出吹塑而言)与吹胀压力，其特征主要由熔体的流变性能决定。

挤出吹塑工艺中，挤出型坯温度、模具温度等对制品的影响较大，必须严格控制。影响挤出吹塑工艺和中空制品质量的因素主要有：型坯温度和挤出速度、吹气压力和吹气速率、吹胀比、模温和冷却时间等。

5.6.2.1 型坯的膨胀

挤出吹塑的型坯成型主要受离模膨胀与垂伸这两种现象的影响。膨胀会使型坯的直径和壁厚变大，并相应减小其长度，垂伸的作用效果则和膨胀相反。这两种相反现象的综合效应决定了吹塑模具闭合前型坯的形状和结构。

(1)型坯膨胀与时间的关系　型坯的膨胀过程可分为两个阶段：开始时膨胀速率很大，60%~80%的膨胀出现在初始的几秒内，之后，膨胀以很小的速率继续进行，经过5~8min才达到极限膨胀。不同的材料配合不同的机头和工艺条件，具体膨胀的比率和时间稍有差别，但趋势是一样的。

(2)机头结构对型坯膨胀的影响　比较四种机头：发散式机头平直段的流道间隙与平直机头相同；收敛式机头平直段流导内、外径与平直机头相同；收敛式机头平直段的外径也与平直机头相同，但流道间隙大些，且口模与芯棒分别以20°和10°收敛，故收敛段的流道间隙沿流向逐渐减小。这样导致收敛式机头的直径膨胀 B_D 最大，发散式机头的直径膨胀 B_D 最小。发散式机头与平直机头的壁厚膨胀 B_H 相近；两种收敛式机头的 B_D 很相近，但间隙逐渐减小的收敛式机头的 B_H 要大的多。对平直机头与收敛式机头， $B_D \approx B_H$；发散式机头的 $B_D < B_H$；收敛式机头的 $B_D > B_H$。

(3)聚合物性能对型坯膨胀的影响　聚合物熔体的离模膨胀与易于测量的流变性能之间无直接的相关性。对树脂生产厂家而言，若掌握了聚合物的膨胀与其相对分子质量分布之间的关系，就可以通过适当的催化剂与聚合物条件来改变聚合物的膨胀性能。传统观点认为，在相对分子质量较低的聚合物中加入少量极高相对分子质量的聚合物会增加膨胀；另外，聚合物链支化度的提高会增加膨胀。

(4)挤出条件对型坯膨胀的影响　一般，聚合物的离模膨胀随融体的温度的提高而减小；提高流动速率会增加对聚合物分子的取向，从而增加膨胀， HMWHDPE 挤出型坯的实验表明，膨胀随流动速率而增加的幅度较小；另外剪切速率对膨胀有明显影响，剪切速率小于100mm/s之前，膨胀随着速率的增加急剧增加，之后增加的幅度比较平缓。

5.6.2.2　型坯的垂伸

与离模膨胀相反，挤出吹塑中型坯的自重引起的垂伸会增加其长度，减少其直径和壁厚，并且致使型坯壁厚不均匀，极个别情况还可能使型坯断裂。聚合物相对分子质量较小、融体温度较高、型坯下降时间较长或型坯长度过大，均会增加型坯的垂伸量。

5.6.3　管坯制造过程中的影响因素

挤出-吹塑成型首先是制造管坯。其质量对于制品的性能外观的影响很大。

5.6.3.1　原料的选择

在吹塑中原料的选择很重要。首先要求原料的性能满足制品的使用要求，其次是原料的加工性能必须符合吹塑工艺的要求。高密度聚乙烯取0.25~0.35g/10min的熔体指数范围。低熔体指数树脂吹塑时有利于防止型坯下垂，容易得到壁厚均匀的管坯。但是螺杆转速增高时，低熔体指数的树脂外观粗糙。因此对于上述熔体指数范围的选用，大中型吹塑制品以防止型坯下垂为主，宜偏低一些；小型吹塑制品宜偏高一些。

5.6.3.2　温度的控制

在挤出管坯过程中温度控制的精确度对于管坯质量影响很大。挤出型坯时，温度既不能太高，也不能太低。如果温度过高，不仅冷却时间增长，悬挂于模口的型坯还会因自重而严重下垂，引起型坯纵向厚度不均。若温度太低，则制品表面不光亮，内应力增加，在使用时容易破裂。机头必须控制芯模与口模温度一致，以防止型坯卷曲。在挤出聚氯乙烯等容易热降解的树脂时，还要注意控制温度使其不超过降解温度。

挤出吹塑过程中，常发生型坯上卷现象，这是型坯径向厚度不均匀所致，卷曲的方向总是偏于厚度较小的一边。型坯温度不均匀也会造成型坯厚度的不均匀，因此应仔细地控制型坯温度。各种中空制品成型温度如表5-7所示。

表5-7　各种中空制品成型温度　单位：℃

材料名称	挤出机温度	机头口模温度	模具温度
LDPE	100~180	165~170	20~40
HDPE	150~210	160~210	40~60
软PVC	145~170	180~185	20~50
硬PVC	160~190	195~200	20~60
PP	210~240	210~220	20~50
PET	260~280	260~280	90~110
PC	250~260	240~260	55~85
PA	220~260	240~260	50~90

5.6.3.3　螺杆转速对挤出管坯的影响

螺杆转速是影响管坯质量的一个重要因素。高的挤出速度能够提高产量，减少型坯下垂，但是型坯表面质量下降。尤其是剪切速率增大可能造成某些塑料，如高密度聚乙烯，出现熔体破裂现象。而且转速提高时，大量摩擦热的产生使聚氯乙烯等塑料有瞬间降解的危险。所以一股吹塑机都选用大一点的挤出装置，使螺杆转速在70r/min以下。

对于加工温度和螺杆转速的选择，应遵循这样一个原则，在既能够挤出光滑而均匀的型坯，又不会使挤出传动系统超负荷的前提下，尽可能采用较低的加工温度和较快的螺杆转速，这对于加工温度影响较大的塑料和长度较大的中空制品来说尤其重要。否则，型坯的黏度低，挤出速度又慢，由于塑料自重作用而引起的型坯下垂将会造成壁厚相差悬殊，甚至无法成型。

5.6.3.4　口模对挤出管坯的影响

口模是决定型坯尺寸及形状的重要装置，所以要求内表面光洁度应达到10，且尺寸必须按设计要求加工。口模定型段尺寸一般可选用口模芯棒之间隙数值的8倍。

5.6.3.5　型坯壁厚控制技术

对于中空制品来说，控制型坯壁厚对于产品质量的提高和成本的降低非常重要。在吹气成型过程中，型坯壁厚若没有得到有效控制，吹塑制品冷却后会出现厚薄不均的状况，厚薄不均的坯壁产生的应力也不同，制品会凹瘪、变形，薄的位置容易出现破裂等。型坯从机头口模挤出时，会产生膨胀现象，使型坯直径和壁厚大于口模间隙，悬挂在口模上的型坯由于自重会产生下垂，引起伸长和壁厚变薄（指挤出端壁厚变薄）而影响型坯的尺寸、乃至制品的质量。中空成型机机头的型坯壁厚控制技术是中空吹塑机成型的关键技术之一，其作用在大型工业件或是精密吹塑件的成型方面尤其显著。其壁厚控制技术不只是应用于储料式机头，也可以用于直接挤出式机头。控制型坯的壁厚有以下几种方式：

(1)改变挤出速度　挤出速度越大，由于离模膨胀，型坏的直径和壁厚也就越大。利用这种原理挤出，使型坯外径恒定，壁厚分级变化，不仅能适应型坯的下垂和离模膨胀，还赋予制品一定的壁厚，又称为差动挤出型坯法。

(2)预吹塑法　当型坯挤出时，通过特殊刀具切断型坯使之封底，在型坯进入模具之前吹入空气称为预吹塑法。在型坯挤出的同时自动地改变预吹塑的空气量，可控制有底型坯的壁厚。

(3)调节口模间隙　在机械加工、装配和成型加工过程中，口模间隙经常会造成径向产生偏差，从而导致型坯壁厚的不均匀。根据制品各个部位不同的吹胀比获得厚度不同的型坯，通过控制机头的开口量，得到厚度变化的型坯，从而得到壁厚较为均匀的制件。

① 手动调节　可通过手动的方式来调节口模的间隙。如图 5-39 所示为用螺栓调节口模间隙偏差。在靠近机头出口处周向设置的 4~6 个调节螺栓，使模套作径向位移，从而调整口模间隙宽度的周向分布，达到改善型坯壁厚均匀性的目的。

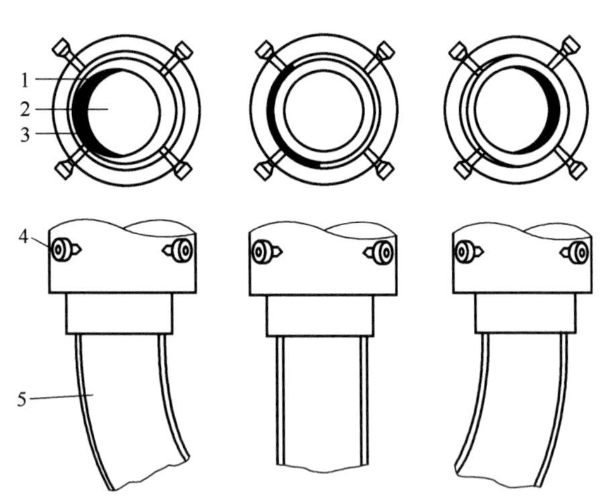

1—熔体；　2—芯轴；　3—口模；　4—调节螺栓；　5—型坯。

图 5-39　用螺栓调节口模间隙径向偏差

当口模的模套及模芯（芯棒）被设计成发散式或收敛式时，可通过调整模芯（芯棒）的升降，使其轴向位置上下移动，改变口模间隙，从而瞬间调节轴向的壁厚，改善制品壁厚的均匀性。结构如图 5-40 所示。

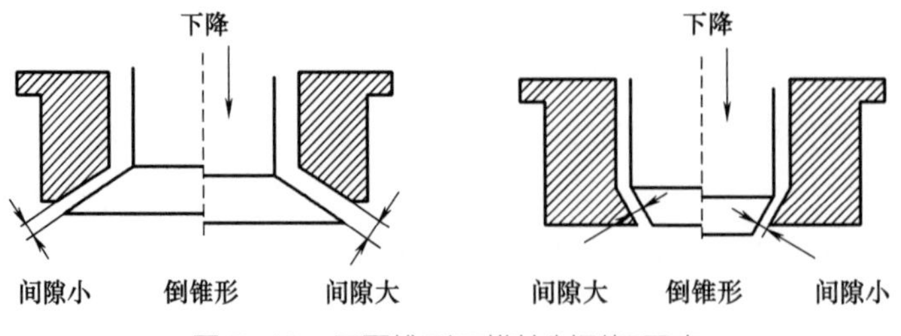

图 5-40　用圆锥形口模控制型坯厚度

② 型坯厚度的程序控制　程序控制是通过改变挤出型坯横截面的壁厚来达到控制吹塑制品壁厚和重量的一种先进控制方法。吹塑制品的壁厚取决于型坯各部位的吹胀比。吹胀比越

大，该部位壁越薄。收胀比越小，壁越厚。对形状复杂的中空制品，为获得均匀壁厚，不同部位型坯横截面的壁厚应按吹胀比的大小而变化。而型坯横截面壁厚由机头芯棒和外套之间的环形间隙决定。因此，改变机头芯捧和环形间隙就能改变型坯横截面壁厚。现代挤出吹塑机组型坯程序控制是根据对制品壁厚均匀的要求，确定型坯横截面沿长度方向各部位的吹胀比，通过计算机系统绘制型坯程序曲线，通过控制系统操纵机头芯棒轴向移动距离，同步变化型坯横截面壁厚。型坯横截面壁厚沿长度方向变化的部位（即控制点数）越多，制品的壁厚越均匀。程序控制点的分布可呈线性或非线性，程序控制点现已多达256点。程序控制点增多，制品壁厚越均匀，节省原材料越多。图5-41为吹塑用品与型坯横截面的壁厚变化关系。右边尺寸表示型坯横截面壁厚，左边尺寸表示制品横截面壁厚（单位：mm）。

壁厚控制系统是对模芯缝隙的开合度进行控制的系统，即位置伺服系统。在中空容器的生产过程中，为了保证制品的质量，要求被控量能够准确地跟踪设置值，同时还要求响应过程尽可能快速。型坯壁厚控制系统分为轴向壁厚分布系统（AWDS）和径向壁厚分布系统（PWDS），如图5-42所示。

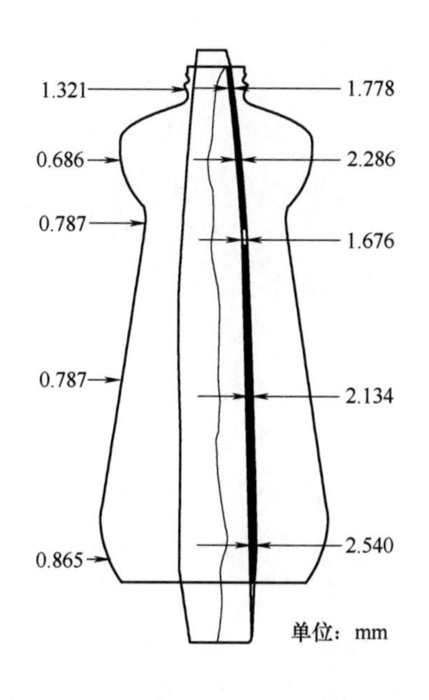

图5-41　吹塑制品与型坯横截面的壁厚关系

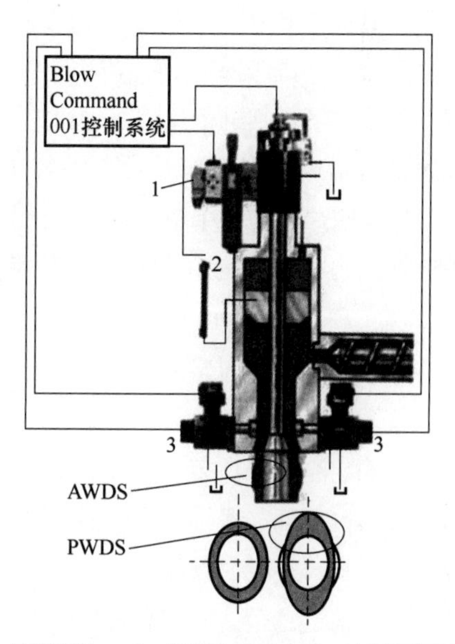

1—控制系统；　2—伺服电子尺；　3—比例伺服阀。

图5-42　型坯壁厚控制系统

① 轴向壁厚控制技术　目前中空成型机的储料机头一般都具有轴向型坯程序控制功能，其控制点从64点到256点不等。轴向壁厚控制的作用是使得挤出的塑料型坯根据制品不同的吹胀比沿轴向获得不同的厚度，从而保证最终制品有比较均匀的壁厚分布，它是通过使芯模或口模根据预设位置作轴向运动而改变芯模、口模的开口量来达到改变塑料型坯壁厚的目的。

近几年来，国内多家中空成型机设备制造厂家已开发出性能可靠的轴向壁厚数字化液压伺服控制系统（AWDS），控制点在64和100点这两种形式的居多。它们采用PLC的A/D和D/A转换模块控制液压伺服阀的专用放大器控制电路，放大器控制电路驱动伺服阀和位移传感器工作，对于型坯壁厚每一点数据的修改和设定以及基本壁厚的设定非常方便。也有部分厂家在中空成型机上安装进口型坯壁厚控制系统，这些系统多数采用的是 MOOG 公司的产品，使用性能上也很可靠。

② 径向壁厚控制技术　轴向壁厚控制虽然能改善吹塑制品高度方向的壁厚分布，但由于其压出的塑料型坯在水平截面内仍呈等厚圆形，对部分在某一对称方向有较大拉伸要求的制品则显得仍不是最佳，因此便产生了径向壁厚控制技术。

中空吹塑机的径向调节可使型胚在吹胀比大的位置呈现出非圆截面的变化，即在一个圆周内某特定点的壁厚与其他位置处的壁厚不同。目前，常用的主要有柔性环式和口缘修形式两种径向调节技术。

a. 柔性环式　中空吹塑机的柔性环式径向调节技术主要是通过液压缸的作用使柔性环口模在单个方向或多个对称方向上发生变形，从而改变芯模、口模间相应位置处的间隙来实现径向调节。柔性环的材料具有很强的变形与恢复能力，用其加工成吹塑机的口模，并与双作用液压缸连接，通过液压缸的作用使口模发生变形。柔性环式径向调节的特点是，无论加工何种产品，均可通过调节液压缸的行程与作用力来实现调节。

通常情况下，如果中空吹塑机的柔性环口模的直径适当且机头处的空间允许，可用多组伺服双作用液压缸对其进行控制。随着材料技术的发展与液压缸性能的提升，柔性环径向壁厚控制技术日趋完善，已可实现多点控制，且已逐渐进入市场。由于该技术控制灵活且准确性很高，已广泛应用于多种中空吹塑机。比如在 IBC 吨桶吹塑机中，由于 1000L 的吨桶结构简单，其生产加工的成型曲线并不复杂，只需两组双作用液压缸即可较好地实现控制，成型产品质量也很好。

中空吹塑机的径向调节整体结构由机头部分与驱动机构组成。其中机头部分主要包括连接环、口模固定套、口模、芯模、柔性环和柔性环限位套。连接环与机头主体连接，口模固定套与连接环固定连接，口模与口模固定套固定连接，柔性环和柔性环限位套设置在口模下方，柔性环限位套内表面与柔性环外表面贴合。芯模位于整个机头机构的正中心，其中心开有通孔用以连接中心杆，芯模与口模、柔性环同心且套接在口模和柔性环内。芯模与口模、柔性环之间形成坯料的流通通道，芯模表面为光滑曲线，以免材料流通时因阻滞而变为死料。径向调节机构通过螺栓固定在机头的整体结构上。径向调节整体结构还包括与柔性环连接的四个驱动机构，驱动机构包括液压缸和位移传感器等。

b. 口缘修形式　口缘修形式是靠修形口模环的上下移动实现型坯壁厚的改变。与柔性环结构相比，其最大的优点是使用寿命长；而且一旦需要更换，有基本机械加工能力的工厂即可承担。在有的设计中，口模环的修缘部分被做成活动块嵌入式，方便更换，并减少更换时的成本。这种形式的设计，还需要进一步的深入研究，并努力降低制造成本，同时加快推广普及步伐。

通常轴向壁厚控制与径向壁厚控制互相联合作用，可获得最佳的型坯及更为理想的制品壁后分布。轴向壁厚分布系统只对轴向的各个截面有的厚度分布进行控制，但由于挤出的型坯在水平截面内仍呈等厚圆形，对部分在某一对称方向有较大拉伸要求的制品则显得仍不是最佳的壁厚分布。径向壁厚分布系统对于在对称方向有较大拉伸要求的制品进行最佳的壁厚控制，可使挤出的型坯在某要求的区段内呈非圆截面变化，对于提高制品质量，改善曲面部件内外部半径的厚薄均匀性具有重要意义，同时，它还能在保证制品质量的前提下，降低制品重量。

在上述几种控制型坯壁厚的方式中，广泛采用调节口模间隙的方式。对大型精密中空容器，采用型坯壁厚程序多点控制。型坯的长度直接影响吹塑制品的质量和切除余料的长短，余料涉及原材料的消耗。型坯长度决定于在吹塑周期内挤出机螺杆的转速。转速快，型坯长；转速慢，型坯短。此外，加料量波动、温度变化、电压不稳、操作变更均会影响型坯长度。控制型坯长度一般采用光电控制系统。通过光电管检测挤出型坯长度与设定长度之间的变化，通过控制系统自动调整螺杆转速、补偿型坯长度的变化，并减少外界因素对型坯长度的影响。该系统简单实用、节约原材料，余料耗量可降低约5%。通常型坯厚度与长度控制系统联合使用。

5.6.4　吹塑过程中的影响因素

5.6.4.1　吹气压力

吹塑中，通入压缩空气有两个作用，一是利用压缩空气使熔融状的管坯胀大而紧贴模腔壁，形成需要的形状；二是对吹塑制品起冷却作用。根据塑料品种和型坯温度的不同，空气压力也不一样，一般控制在0.2~1.0MPa，个别可达2MPa。对于黏度较低、容易变形的塑料如聚酰胺、纤维系塑料等取较低值；对于黏度和模量较高的塑料如聚碳酸酯等取较高值。此外，充气压力大小还与制品的大小、型坯的厚度有关。一般大容积和薄壁制品宜用较高压力，而小容积和厚壁制品则使用较低压力，因这种制品的型坯壁厚较大，塑料的黏度一时不会变得很高以致妨碍它的吹胀。反之，薄壁制品就需要采用较高的压力。最适宜的是能使制品在成型后外形、花纹等表露清晰的压力。表5-8所示为常见塑料的吹胀气压。

表5-8　常见塑料的吹胀气压　单位：MPa

材料名称	吹胀气压	材料名称	吹胀气压
HDPE	0.4~0.7	ABS	0.3~1.0
LDPE	0.2~0.4	PC	0.5~1.0
PP	0.5~0.7	PMMA	0.3~0.6
PS	0.3~0.7	POM	0.7~1.0
硬PVC	0.5~0.7	PET	0.75~2.5

5.6.4.2　充气速度

吹塑时，引进空气的容积速率越大越好，因为这样可以缩短吹胀时间，以利于制品获得较均匀的厚度和较好的表面，充气速度（单位时间内流过的空气体积）要尽可能大一些。但也不宜过大，否则会给制品带来不良影响，一是会在空气进口处造成低压或真空，使这部分的型坯内陷，而当型坯完全吹胀时，内陷部分会形成横隔膜片；其次是口模部分的型坯有可能被极快的气流拉断，以致不能吹胀，造成废品。从上述情况可知，吹气的线速度与容积速率之间是有矛盾的。解决的办法是加大空气的吹口，如果吹口不能加大（如制造细口瓶时），就不得不降低容积速率。

5.6.4.3 吹胀比

通常把制品的尺寸与型坯尺寸之比称为吹胀比，即型坯的吹胀倍数。当型坯的尺寸和重量一定时，制品的尺寸越大，型坯的吹胀比也越大。根据塑料的品种、性质、制品的形状和尺寸以及型坯的尺寸等来决定吹胀比的大小。增大吹胀比固然可以节约材料，但制品壁厚变薄，强度和刚性降低，同时成型也变得困难。吹胀比过小，使消耗的塑料量增加，制品有效容积减少，冷却时间加长，成本增加。因此，通常把吹胀比控制在2~4倍。应根据塑料的品种、特性、制品的形状尺寸和型坯的尺寸等决定吹胀比的大小。通常大型薄壁制品吹胀比较小，取1.2~1.5倍；小型厚壁制品吹胀比较大，取2~4倍。

5.6.4.4 模具温度

为保证制品质量，模具的温度应分布均匀，而且在冷却过程中也要使制品受到均匀的冷却，模温一般保持在20~50℃。如果制品小，模温可以低一些；要是大型薄壁制品，模温适当高些。模温过低，会使夹口处塑料的延伸性降低，不易吹胀，并使制品在此部分加厚，同时使成型困难，制品的轮廓和花纹等也不清楚，另外过低的温度常使制品表面出现斑点或橘皮状。模温过高，在夹口处所出现的现象恰与过低时相反，并且还会延长成型周期和增加制品的收缩率。冷却时间延长，生产周期加长。此时，如果冷却不够，还会引起制品脱模变形，收缩增大，表面无光泽。模温的高低取决于塑料的品种，当塑料的玻璃化温度较高时，可以采用较高的模温；反之，则尽可能降低模温。

对于工程塑料，由于 T_g 较高，故可在较高模温下脱模而不影响制品的质量，高模温有助于提高制品的表面光洁程度。一般吹塑模温控制在低于塑料软化温度40℃左右为宜。

5.6.4.5 冷却时间和冷却速度

为了防止聚合物因产生弹性回复而引起制品变形，型坯吹胀后就进行冷却定型，一般多用水作为冷却介质。通过模具的冷却水道将热量带出，冷却时间控制着制品的外观质量、性能和生产效率。增加冷却时间，可防止塑料因弹性回复作用而引起的形变，使制品外形规整，表面图纹清晰，质量优良，但会延长生产周期，降低生产效率，并因制品的结晶化而降低强度和透明度。冷却时间太短，制品会产生应力而出现孔隙。吹塑成型制品的冷却时间一般较长。通常为成型周期的1/3~2/3，视塑料品种和制品的形状而定。例如导热系数较低的聚乙烯与同厚度的聚丙烯相比，在相同情况下就需要较长的冷却时间。通常随着制品壁厚的增加，冷却时间延长。

通常在保证制品充分冷却定型的前提下加快冷却速率，来提高生产效率；有时为了缩短生产周期，加快冷却速度，除扩大模具的冷却面积进行冷却外，还可对成型制品进行内部冷却，即向制品内部通入各种冷却介质（如液氮、二氧化碳等）进行直接冷却，目前还出现了一种新的热管冷却技术。

模具的冷却速度决定于冷却方式，冷却介质的选择和冷却时间，还与型坯的温度和厚度有关。通常随制品壁厚增加，冷却时间延长。不同的塑料品种，由于热导率不同，冷却时间也有差异，在相同厚度下，HDPE 比 PP 冷却时间长。对厚度一定的型坯，如图 5-43 所示，PE 制品冷却 1.5s 时，制品壁两侧的温差已接近为 0，延长冷却时间是不必要的。

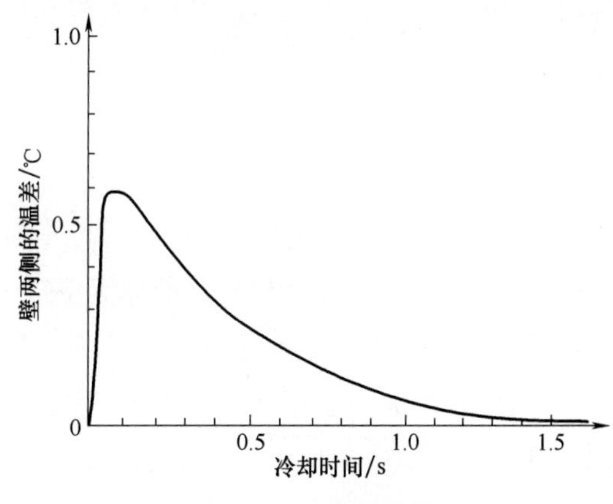

图 5-43　PE 制品冷却时间与制品壁两侧温差的关系

对于大型、壁厚和特殊构型的制品采用平衡冷却，对其颈部和切料部位选用冷却效能高的冷却介质，对制品主体较薄部位选用一般冷却介质冷却。对特殊制品还需要进行第二次冷却，即在制品脱模后采用风冷或水冷，使制品充分冷却定型防止收缩和变形。

5.6.4.6　成型周期

吹塑的周期包括挤出型坯、截取型坯、合模、吹气、冷却、放气、开模、取出制品（其后的修整、配套、包装另计）等过程。这个周期选择的原则是在保证制品能够定型（而且不变形）的前提下尽量缩短。但是往往由于操作的连贯性和准确性差，模具的冷却效果差，会人为地加长周期，直接影响效率和效益。这是工业生产中必须注意的问题。

学习活动

查找：

查找挤出吹塑中空制品厚度的控制技术的新进展。

思考：

请简述中空吹塑成型提高产量的措施。

5.7　典型产品的挤出吹塑成型

在实际的挤出吹塑制品生产中，一般要依据以下几方面的内容来制定成型工艺：

① 产品的概况　包括简图、重量、壁厚、外形尺寸、有无侧凹和嵌件等。

② 产品所用的塑料概况　如品名、型号、生产厂家、颜色、干燥情况等。

③ 所选的挤出机的主要技术参数　如挤出机与安装模具间的相关尺寸、螺杆类型、额定功率等。

④ 挤出成型条件　包括螺杆温度、料筒温度、机头口模温度、螺杆背压、挤出压力、挤出速度等。

⑤ 吹塑成型条件　包括型坯吹胀压力、吹气时间、吹气速度、模具温度、冷却介质温度等。

5.7.1 PE 瓶或桶吹塑成型

5.7.1.1 原材料

聚乙烯（PE）树脂是用途较广的通用塑料，它具有良好的气密性、卫生性、热稳定性和成型加工性，已被大量用于中空容器制品的生产。

由于 HDPE 相对分子质量大、结晶度较高，所以其机械强度比 LDPE 高，因此，PE 桶一般选用 HDPE 或 LLDPE 生产，考虑到挤出吹塑成型加工的特点，挤出吹塑用 LDPE 熔体流动速率（MFR）一般在 2g/10min 以下，大、中容量的容器，熔体流动速率一般在 0.1～0.5g/10min，而挤出吹塑用的 HDPE 一般为中宽到宽的相对分子质量分布范围，熔体流动速率在 1g/10min 以下，通常选用 HDPE 的 MFR 多为 0.25～0.35g/10min。低的熔体流动速率使型坯具有较好的熔体强度，可改变型坯自重下垂；宽的相对分子质量分布可降低模口压力，减少型坯熔体的断裂，改善加工性能，提高速度。MFR 过小，成型加工困难；MFR 过大，则容易引起型坯下垂。一般选用中空级树脂。

PE 属于非极性聚合物，一般不吸湿，因此 PE 原料在吹塑成型前不必干燥，只要根据制品的要求进行染色（或用色母料）或不染色。

5.7.1.2 PE 瓶或桶的吹塑成型

在保证挤出型坯光滑的情况下，尽可能采用较低的加工温度。一般 HDPE 的料筒温度控制在 150～210℃。为保证型坯紧贴模腔壁而得到所需形状的制品，吹塑压力一般控制在 0.5～0.65MPa。对于容积大、桶壁较薄的容器和 MFR 较低的树脂，吹塑压力要高些，反之则相反。一般 HDPE 瓶或桶的吹胀比在 1.5～3。容器较大、瓶或桶壁较薄的容器选择较小的吹胀比，反之亦然。

（1）20L HDPE 桶　原料：HDPE（HHM5202）菲利浦美国公司。产品规格：20L 方桶。产品质量：1.7kg。生产设备：MB30/P65/AC5S，日本制钢所。

生产工艺控制参数如下：

温度：料斗口为 38℃；料筒 1 区为 170℃；料筒 2 区为 170℃；料筒 3 区为 170℃；连接器为 175℃；储料缸上部为 170℃；储料缸下部为 170℃；成型模具为 20℃。

吹胀比：2。

吹塑压力：0.6MPa。

成型周期：120s。

型坯控制点：10 点。

（2）60L HDPE 桶　原料：HDPE（HHMS202）菲利浦美国公司。产品规格：60L 圆桶。产品质量：2.7kg。生产设备：NB30/P90/ACl2S，日本制钢所。

生产工艺控制参数如下：

温度：料斗口为40℃；料筒1区为160℃；料筒2区为175℃；料筒3区为175℃；连接器为180℃；储料缸上部为180℃；成型模具为20℃。

吹塑压力：0.6MPa。

成型周期：120s。

型坯控制点：10点。

以上两种产品型坯壁厚及重量调节控制要点是：由储料缸型坯控制装置控制。控制装置主要由程序设定器、机头、间隙检测器、伺服阀和线型电位器组成。储料缸的位置通过线型电位器电路进行检测，并送到程序设定器，程序设定器的内部是由程序发生电路和伺服放大器构成的，这种程序发生电路和一次挤出量的行程相对应，并产生几十个等分的斜坡，同时使之产生和储料缸位置相对应的信号，这样型坯厚度就可以控制在和成型周期同步的任意壁厚上，重量由设定的口模间隙和蓄料量控制。

5.7.1.3　HDPE桶成型中不正常现象、原因及解决方法

挤出吹塑HDPE桶成型过程中发生的问题及解决方法见表5-9。

表5-9　HDPE桶成型中不正常现象、原因及解决方法

序号	不正常现象	产生原因	解决方法
1	型坯下垂	①熔体温度过高 ②型坯挤出速度太慢 ③闭模速度太慢	①调节料筒及机头温度 ②适当提高挤出速度 ③加快闭模速度
2	型坯弯曲	①机头内流道不畅 ②机头加热不均 ③挤出速度太快 ④模具位置不当	①修正机头流道 ②检查机头加热器 ③降低挤出速度 ④调整模具位置
3	制品有纵向条纹	①机头口模内有杂物 ②模具拉毛	①清除残留物 ②修光
4	制品厚薄不均	①口模位置不当 ②机头加热不均 ③机头中心与成型模具中心不一致 ④模芯修正不当 ⑤型坯控制点调节不当	①调节口模间隙 ②检查机头加热器 ③调整中心 ④重新修正模芯 ⑤重新调整控制位置
5	制品变形	①进气速度太慢 ②吹胀时间太短 ③冷却不够或开模太早	①闭模后立即吹气 ②延长吹气时间 ③增加冷却液流量或延长冷却时间
6	型坯卷边	①向外卷,模芯温度太高 ②向内卷,口模温度太高	①降低模芯温度 ②降低口模温度

5.7.2 PC 饮用水瓶挤出吹塑成型

5.7.2.1 PC 原料

聚碳酸酯（PC）有较好的表面性能、力学性能和耐热性能，但成本较高。生产一次性纯水瓶，以 PET 为好；生产周转型的纯水瓶，以 PC 为好。总的来说，PC 作为制造纯水瓶的塑料材料，具有以下特点：

① 高度透明，透光率高，无毒。用来盛装饮用水，更能体现水质的纯净和清洁。

② 高抗冲击性和刚性，可直接用于饮用水的储存、运输和使用。PC 纯水瓶可多次重复使用。

③ 瓶的成型收缩率小，瓶口尺寸稳定，便于瓶与饮水机的配合和重复使用。

④ 吸水性较 PET 低，成型前的原料虽需经干燥，但工艺要求较 PET 低。

⑤ 耐候性、耐热性、耐低温性优良，使瓶能在不同的温度环境下使用。

5.7.2.2 成型设备

(1) 原料干燥装置　可选用空气循环去湿热风干燥装置、强制对流恒温烘箱等设备，对 PC 进行去湿干燥。

(2) 挤出吹塑机　可采用带有储料缸直角机头的挤出吹塑成型机。

挤出机的料筒、螺杆可采用硬质钢制造，为防止挤出型坯的表面出现黑斑，不宜采用氮化钢。螺杆直径选用 70~100mm，其主要技术参数如下：

螺杆形式为等距不等深渐变圆头螺杆；螺杆长径比（L/D）为（20~24）∶1；螺杆压缩比为（2.5~3.0）∶1。

型坯机头的模口直径为 90~100mm；机头内的熔体流道要光滑，模芯及模套采用流散式结构，其定型段长度不超过 3~4mm，模芯出口处宜采用 R4~5 的圆角；机头流道应避免直角转弯，以防止积料或使物料降解；流道与熔体接触面要高度光洁、镀铬或镀镍，表面硬度应在 HRC65 以上，但不宜采用氮化钢制造； PC 的型坯离模膨胀率较小，约在 15%以下；成型时，型坯的吹胀比一般为（2~2.5）∶1。

PC 在吹胀成型时，冷却速率较快，为使制品冷却均匀，模具需采用模温控制装置，使模具温度保持在 65~80℃，模温高有利于制得高光泽度瓶，但太高时，不利于脱模；模具可用铝、工具钢、铜铍合金制造，夹坯口嵌块宜用工具钢； PC 熔体的可压缩性小，在刀口部的余料槽要足够宽裕，刀口的厚度为 0.5~0.1mm，刀口角度为 15°~25°；模具型腔应设良好的排气槽及排气孔，分型面排气槽，宽为 6mm，深为 0.05~0.13mm；在制品不要求高透明、高光泽部位，型腔可以喷砂或刻制细花纹。它不仅有利于型腔排气， PC 在吹胀成型时，型腔表面出现的轻微痕印，都会在制品表面得到清晰的反映。 PC 瓶的成型收缩率为 0.5%~0.8%。

5.7.2.3 PC 瓶挤出吹塑成型工艺

(1) PC 瓶成型的工艺流程　PC 瓶成型的工艺流程如图 5-44 所示。

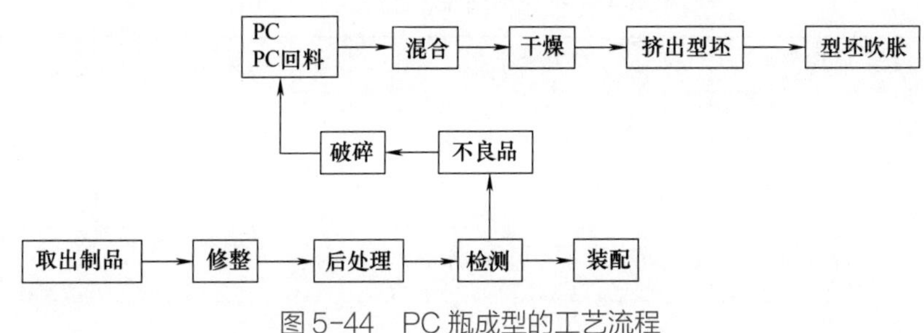

图 5-44 PC 瓶成型的工艺流程

(2) PC 树脂的型号选择 选用中黏度或高黏度的注塑级 PC 树脂，树脂的 MFR 一般为 3g/10min 左右；PC 瓶用于饮用水包装时，树脂需符合食品卫生要求；成型时，可均匀掺混清洁的边角回料，掺用比例不超过 30%，掺用的粉碎料不能有过多粉末。

(3) 成型工艺条件

① PC 干燥条件 PC 是吸湿性树脂，成型时，树脂的含湿量应在 0.02%以下。为达到这个要求，PC 树脂应在如下条件下进行干燥：干燥空气的露点-18℃；热风温度 120℃；干燥时间 3~4h。

若树脂的储存条件、环境温度和湿度发生变化，可适当延长干燥时间，但连续干燥时间不要超过 8h；经干燥的树脂，在成型前的暴露时间不超过 20min；小批量生产时，也可采用恒温烘箱干燥树脂，干燥温度为 120℃，料层厚度不超过 40mm，干燥时间 4h。

② 挤出吹塑条件 PC 型坯的挤出温度较高，成型时为减少型坯的自重下垂，吹塑级 PC 树脂，应在低剪切速率下挤出型坯。

采用 Makrolon Kul 1239 PC 树脂，成型工艺条件如下：

挤出机加热温度：250~260℃；

机头温度：250℃；

机头口模温度：250℃；

模具温度；瓶底 65~80℃，瓶体 65~80℃，瓶颈 55~65℃；

型坯吹胀压力：0.6~1.0MPa；

吹气时间：25~30s；

成型周期时间：45~60s；

后处理条件：120℃，30min。

PC 的冷却速度较快，一经冷却，PC 瓶就非常坚硬，为减少瓶出现应力开裂，脱模后的 PC 瓶应进行后处理，而且应马上进行瓶的修整，切除余料，锯割瓶颈。修整制品边角余料，也可采用热切割刀。

5.7.2.4 PC 瓶成型中不正常现象、原因及解决方法

挤出吹塑 PC 瓶成型过程中发生的问题及解决方法见表 5-10。

表 5-10　　PC 瓶成型中不正常现象、原因及解决方法

序号	不正常现象	产生原因	解决方法
1	型坯表面出现黑斑	①原料受污染，使用回料过多 ②成型加工温度过高，树脂降解 ③停机时间长后开机	①检查原料及回料，使用清洁回料 ②降低熔体温度 ③清洗挤出机及机头
2	型坯挤出时内卷或外翻	①模芯温度大于模套温度时，型坯外翻 ②模套温度大于模芯温度时，型坯内卷	①调整模芯、模套的加热温度，降低两者温度差 ②维持模套温度略高 5～10℃
3	型坯表面有气泡	①原料夹有空气 ②原料干燥不足 ③型坯挤出速度过快，由高剪切作用引起降解	①检查进料口原料是否存在堵塞 ②强化干燥条件 ③降低型坯挤出速度
4	型坯出现条痕	①口模损伤 ②模口间隙处有焦料或杂质 ③原料或回料混有杂质	①修理口模 ②清理口模 ③检查使用的原料或回料
5	型坯壁厚不均匀	①口模间隙不均匀 ②机头加热温度不均匀	①调整模套，使口模间隙均匀 ②检查机头各段加热圈
6	型坯挤出波动	①进料不均匀 ②挤出机传动不稳定	①进料段冷却不足，造成物料堵塞在进料口，应加大进料口处的冷却水流量；检查料斗是否堵塞 ②检查挤出机传动装置，更换延伸或磨损的传动带及电机轴套
7	制品光洁度差	①模具温度太低 ②型腔排气不足 ③型腔表面光洁度差	①提高模具温度 ②检查原排气槽是否堵塞，强化型腔排气效果 ③型腔表面打光
8	制品表面的文字图案不清晰	①型坯温度低 ②模具温度低 ③型坯吹胀压力低 ④模具型腔排气不足 ⑤文字图案处有杂物	①适当提高熔体温度 ②适当提高模具温度 ③加大吹气压力 ④强化型腔排气效果 ⑤清洁型腔表面
9	制品变色	①混入变色回料 ②熔体温度太高 ③剪切速率太快	①更换清洁回料 ②降低成型加工温度 ③降低螺杆转速

讨论：

1. 根据实训室的吹瓶机生产设备结构、中空容器相关标准，确定所要生产的塑料容器品种与规格。

2. 制订吹瓶机生产操作规程、工艺参数、安全及防护规定。

3. 探索实训室吹瓶机型坯壁厚调节的原理。

实操：

1. 熟悉设备的结构与操作规程。

2. 准备原材料、装好机头和吹塑模具。

3. 遵守安全及防护规定，按操作规程、工艺方案进行操作，改变工艺条件（料温、螺杆转速、吹气压力、吹气时间、模具温度等），观察和记录瓶子外观质量变化情况。

4. 调节机头口模间隙，生产不同壁厚的中空瓶。

5. 分析、解决实操过程中出现的故障与质量问题。

5.8 多层共挤吹塑

5.8.1 共挤吹塑特点

氧、二氧化碳与湿气对各种塑料的渗透率是不同的。用高阻氧气渗透性的塑料来吹塑包装容器，成本很高；阻氧或二氧化碳渗透性较高的塑料其他性能较低。玻璃和金属容器也有缺点。因此，人们仍设法用塑料容器来代替。在这种情况下，采用共挤吹塑，把多种聚合物复合在一起，成型多层容器，综合多种聚合物的优点，可达以下目的：①提高容器的阻渗性能(如阻氧、二氧化碳、湿气、香味与溶剂的渗透性)；②提高容器的强度、刚度、尺寸稳定性、透明度、柔软性或耐热性；③改善容器的表面性能（如光泽性、耐刮伤性与印刷性)；④在满足强度或使用性能的前提下，降低容器成本；⑤吸收紫外线；⑥可在不透明容器上形成一条纵向透明的视带，以观察容器内液体的高度。

多层吹塑中空制品的生产，主要是为了满足化妆品、药品和食品等对塑料包装容器阻透性、阻燃性、耐候性、隔热性、内外二色性和立体效应等的更高需求。例如外层为 PVC 而内层为 PE 的双层吹塑瓶，PVC 外层能提供良好的阻透性、刚性、阻燃性和耐候性，而内层 PE 则使瓶对包装物无毒，具备优异的耐化学药品性。多层吹塑高阻隔性中空制品在中空制品领域内占的比例越来越大。其工艺是通过复合机头把几种不同的原料挤出吹制成型中空制品，达到容器对 CO_2、O_2 或汽油等的阻隔性能。

多层吹塑容器所用塑料的品种和必要的层数应根据其使用的具体要求确定。当然制品层数愈多，型坯的制造就越加困难，其生产成本也会越高。

5.8.2 共挤吹塑制品的结构

共挤吹塑制品壁内的各层多数为不同的聚合物，也可是同种（着色与未着色、新料与回收料）聚合物。如图 5-45 所示，一般说来，可分为三层。

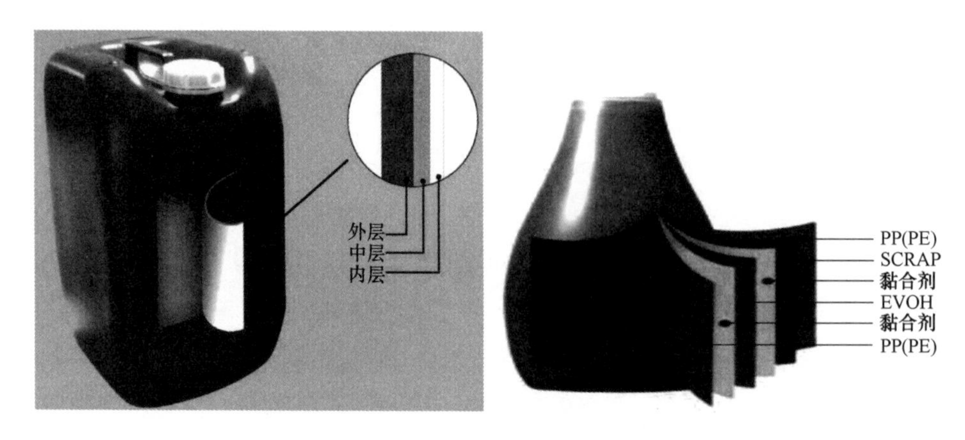

图 5-45 多层吹塑制品

① 基层（basic layer） 基层是多层复合结构的主体，其厚度较大，主要确定制品的强度，刚度与尺寸稳定性等。当然，基层也有一定的功能。基层聚合物常用 PE 和 PP，有时也用 PVC、PET、PC、PA、乙烯-乙酸乙烯共聚物等。

② 功能层（functional layer） 功能层多数为阻渗层，用以提高制品使用温度与改善外观性能。阻渗层的要求由被包装物品确定。阻渗层可阻止（实际上是大幅度减小）气体（氧气、二氧化碳与氮气等）、湿气、香味或溶剂的渗透。这样，既可以阻止被包装物品内的成分渗透到容器外，也可阻止外界气体或湿气等往容器内渗透。功能层常用聚合物为乙烯-乙烯醇共聚物、聚偏二氯乙烯和聚丙烯腈。有时，PA、PET、乙烯-乙酸乙烯共聚物也有使用。

③ 黏合层（adhesive layer） 基层与功能层之间的黏合性能不良时，要用黏合剂来使它们粘接，多层容器壁内各层之间的黏合是难点也是重点。黏合层常用的树脂有：侧基用马来酸酐、丙烯酸或丙烯酸酯进行接枝改性的 PE 或 PP；直接合成的聚合物。

5.8.3 共挤吹塑设备

多层共挤出中空塑料成型机的研究主要有以下两点：①研究一定范围的共挤出机头（机头），以满足不同材料、不同层数、机头直径等要求；②研究组合包装系统，它能根据不同的原料特制出可能允许的组合数的机头。

5.8.3.1 机头

机头是多层共挤出中空塑料成型机的心脏和大脑，它的性能应达到：控制每一层达到最佳状态和完满的圆周及侧向材料分布，能不受材料分布的影响而加工变化广泛的塑料原料和不同的挤出量。螺旋芯棒组合系统具有高度适应性，多段结构可达七层，满足了特殊制品的需要，加工条件最优，是多层共挤出机头优先采用的系统。多层共挤出机头的流变设计是设计中的关键，要能达到机头不依赖于生产率和原料分布有关的原料黏度（viscosity），在低挤出量下具有良好的自清洁功能和高挤出量下的最小剪切热，每一层中具有良好的圆周分布，层组合原料分布均匀，能加工范围较宽的塑料原料、不同挤出量以及不同挤出量比。大型多层共挤出中空塑料成型机采用储料式机头，该结构是主机头在各层机头的上方，配置着同心的环形活塞，把机头与储料腔作成一体，使在低压下能实现型坯的高速挤出。多层共挤出的机头结构设计是关键。如图 5-46 为多层共挤出的机头结构示意图。

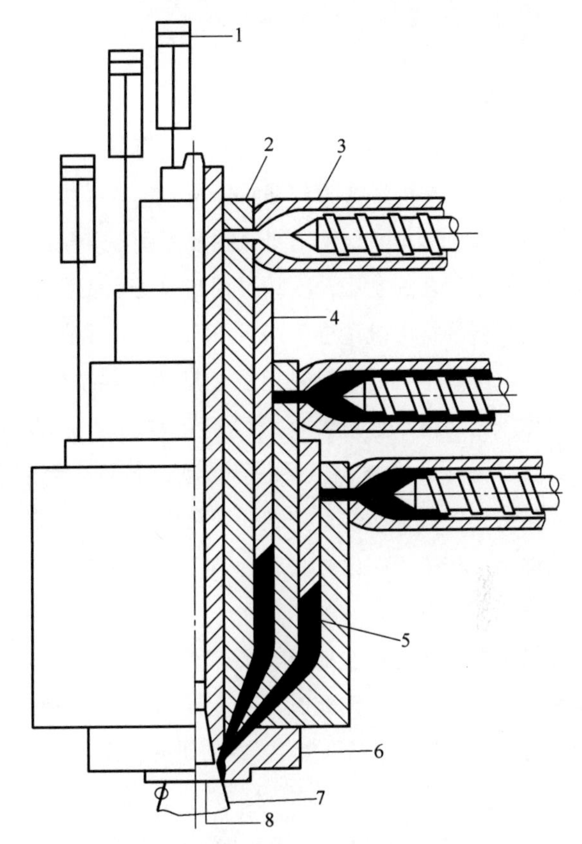

1—注射缸；2—隔层；3—挤出机；4—环状柱塞；5—环状室；6—机头；7—三层型坯；8—模芯。

图 5-46　多层共挤出的机头结构示意图

多层共挤出机头结构常设计成拼合式。机头外壳由几块法兰式外模组成，内模由几件模芯拼装而成。外模及内模芯块经精确加工，机头流道经镀铬抛光处理，以减少塑料熔体流动阻力。整个机头采用四段式可调功率陶瓷加热器加热，配合机头快速启动，并具有良好的隔热措施，确保机头有最佳的温度环境。

5.8.3.2　挤出机的适应性及组合

挤出机的适应性及组合是保证多层共挤出中空塑料制品质量的前提。研制者首先必须对所研制多层共挤出中空塑料成型机加工的对象（包括制品，制品各层材料的特性及各层材料之间的黏结性能，增黏剂的特性）作彻底的了解，然后设计适应所需塑化材料对象的挤出机，确定所需要配备挤出机的数量及型式。挤出机应能适应不同流量、不同材料塑化，生产率应比标准的挤出机的生产率要高。螺杆和料筒的结构随着加工物料性质的不同而不同。每个挤出装置都应配置自动控制的定量加料斗，精确控制加料量。德国 Fischer 公司六层共挤出中空塑料成型机，在挤出软、硬 PVC 和 ABS 料时，采用了行星轮挤出螺杆（planetary screw extruder），还设有一段密封的冷却区，使物料低温塑化均匀，输送能力高。

5.8.4 多层共挤吹塑成型工艺

共挤吹塑的多层型坯的成型也有连续式和间歇式两种，但多数采用连续式，其主要优点如下：①机头熔体所受的剪切应力较低，这可以降低界面的不稳定性；②易于控制熔体流经机头时的温度、流速与剪切应力（shear stress）；③减少熔体（melt）在机头内的停留时间。

共挤吹塑机械与单层吹塑机械主要差别在于挤出系统和挤出型坯的机头，其中机头（die）是关键。关于型坯的吹胀，冷却过程与单层型坯类似。

各层塑料的挤出机可选用通用挤出机，采用直流调速电机驱动。挤出机料斗喉部设计成曲线形。阻隔层挤出机的进料采用温控预热。共挤出的各挤出机为并联运行，分级监控熔体温度、熔体压力、挤出速度及保证运行正常的警戒值。各挤出机都装有扭矩监控装置（torque monitoring device）。各挤出机系联合启动，当某一台挤出机扭矩下降或进料中断，可使整机停车，并可按程序联合动作；控制型坯长度，依赖流量分配，能自动同步调节来实现；各台挤出机的熔体温度与扭矩超出并联运行条件时、黏结层和阻隔层在机内压力超出允许范围时均由故障显示进行监控调节。

整机选择程序逻辑控制或微机控制。模具开模和合模阶段的速度分布，吹塑泡管的移动速度均可采用液压比例阀和数值位置变换器控制。研制、开发共挤出吹塑机械（挤出系统与共挤机头等），借鉴共挤吹塑薄膜技术的研究成果与生产经验。

5.8.5 多层共挤吹塑成型典型产品

早先的汽车燃油箱大都是金属燃油箱。金属燃油箱的优点是体积较大，加一次油可以连续使用多日。尽管如此，但金属燃油箱在环保、安全性能等方面存在着很多缺陷，因此导致了塑料燃油箱的诞生。世界上第一只汽车塑料燃油箱是由德国 Volkswagen 汽车公司、BASF 公司和 Kautex 公司于 20 世纪 60 年代联合研究开发而成的，并在 Porsche 跑车上得到了成功的应用。

塑料燃油箱具有多方面的优点：

① 重量轻　通常，铁油箱的壁厚至少为 1.2mm，塑料油箱的平均壁厚为 4mm。由于铁的密度为 7.8g/cm^3，再加上铁油箱外表面要做防锈处理，从而使其密度可达到 8g/cm^3，而 HDPE 塑料材料的密度为 0.95g/cm^3 左右，因此一只同等容积的铁油箱比塑料油箱重 2.5 倍。

② 防腐能力强　由于塑料具有很强的耐化学腐蚀能力，塑料油箱不会因腐蚀而产生一些杂质，从而不会导致杂质通过供油系统进入发动机而导致发动机的损伤，降低其使用寿命。

③ 造型随意　随着汽车配置越来越多，为了充分利用空间，现代汽车的外形设计变得越来越紧凑。与金属燃油箱不同的是，塑料燃油箱通常是采用一次吹塑成型的方式，可以成型出形状复杂的异形产品，因此有利于在汽车总体布置已经确定的情况下，根据现有的底盘剩余空间来成型出适合的燃油箱形状，并尽可能地增大燃油箱的容积，这是金属燃油箱无法比拟的。

④ 使用寿命较长　由于塑料燃油箱的材料是高分子聚合物，其化学性能比较稳定，具有

较长的使用寿命。

⑤ 安全性高，不会因热膨胀而爆炸　目前，大多数的塑料燃油箱都是采用高相对分子质量的聚乙烯材料制造而成。这种材料的热导率很低，仅为金属的1%。同时，高相对分子质量聚乙烯具有良好的弹性和刚性，在-40℃和+90℃的情况下仍可保持良好的机械性能，经撞击后能自行回弹而不会产生永久变形，同时在磨擦或撞击过程中不会产生电火花而引起爆炸事故，即使汽车不慎着火，也不会因塑料燃油箱受热膨胀而发生爆炸，因此塑料燃油箱具有很高的安全性。

⑥ 生产成本低，加工工艺简单　不论多复杂的产品造型都可一次成型，并且报废的产品经粉碎后材料可以循环使用。

正是由于塑料燃油箱具有不同于金属燃油箱的诸多优点，使得塑料燃油箱替代金属燃油箱、多层燃油箱替代单层燃油箱成为目前汽车工业发展的主流方向。目前，美国已有95%的车型采用了塑料燃油箱，欧盟也有91%的汽车使用了塑料燃油箱，即使是铁油箱的使用大国日本，也已经认识到铁油箱所具有的隐患，并已开始批量开发塑料燃油箱。目前在中国生产的汽车中，多款已部分使用了塑料燃油箱。

目前常用的多层燃油箱一般为六层，其结构是：从外到内分为新料层、回料层、黏结层、阻隔层、黏结层、新料层，燃油箱多层结构如图5-47所示。由于多层燃油箱有阻隔层，所以其抗燃油渗透能力更强，是当前世界上最环保的燃油箱。

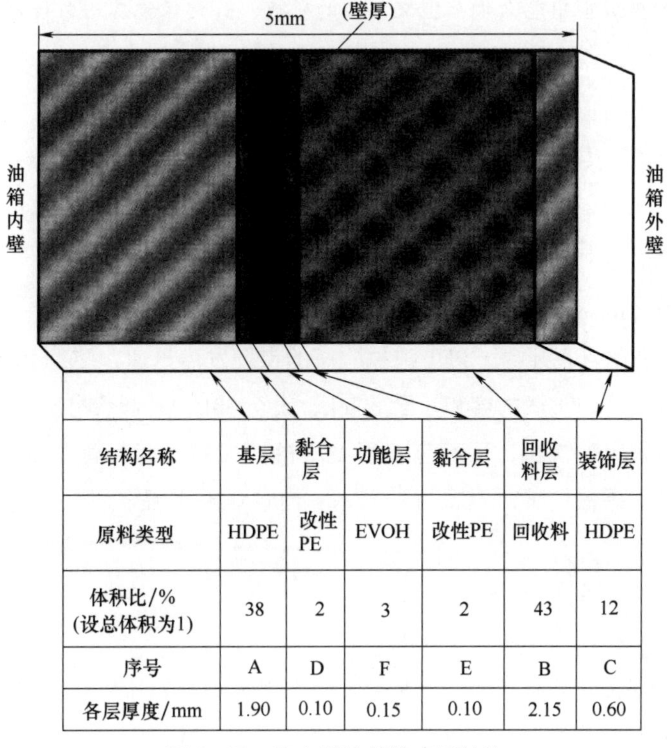

结构名称	基层	黏合层	功能层	黏合层	回收料层	装饰层
原料类型	HDPE	改性PE	EVOH	改性PE	回收料	HDPE
体积比/%(设总体积为1)	38	2	3	2	43	12
序号	A	D	F	E	B	C
各层厚度/mm	1.90	0.10	0.15	0.10	2.15	0.60

图5-47　汽车燃油箱的多层结构

采用陕西秦川机械发展股份有限公司自主研发的SCJC500×6塑料多层共挤吹塑中空成型

机生产六层吹塑汽车燃油箱，挤出机系统由六台塑料挤出机组成，挤出机采用了国内技术领先的IKV结构及混炼性能优异的螺杆，塑化能力强，塑化质量高。多层共挤机头是该机最关键的部件，由它形成六层塑料坯料。该共挤机头采用了完全符合“先进先出”原则的心形包络曲线流道，主要流道表面镀铬处理。100点型坯壁厚控制装置必须确保型坯的精度稳定，并得到良好的壁厚分布。

其工艺条件为基层（HDPE/碳纤维）、回收料层、装饰层挤出机挤出温度：加料段100~120℃，塑化段150~170℃，均化段160~180℃，机头温度175℃；粘接层采用马来酸酐改性PE，挤出机加料段温度定为125℃，塑化段温度定为140℃，计量段温度为150℃，口模温度为160℃；功能层（EVOH）挤出机挤出温度：加料段160~180℃，塑化段210~240℃，均化段230~250℃，机头温度235℃；模具温度50℃；吹气压力0.8MPa。吹气时间、冷却时间、取件时间及成型周期根据燃油箱的大小而定。

学习活动

讨论：

1. 在进行多层挤出机头设计时，除了要考虑与单层中空制品机头的相同之处，还应考虑哪些方面以满足物料流动状态的要求？

2. 简述多层共挤吹塑制品加工的主要应用，并举例说明。

3. 多层共挤吹塑成型中怎么调节型坯各层的壁厚？如何保证其均匀性？

5.9 延伸阅读

PET注拉吹吹塑机技术和设备

注射拉伸吹塑（injection-stretch blow molding）的PET瓶在1976年开始工业化，这是塑料瓶用于碳酸饮料行业的真正开端。PET注拉吹瓶的市场发展迅速，使得PET成为当今应用于吹塑的第二大聚合物。PET瓶的容积小至50mL、大至30L，其形状有圆形、椭圆形和方形。PET瓶主要用于包装碳酸饮料，还可包装酒类饮料（啤酒、葡萄酒）、果汁、矿泉水、食用油、调味品（酱油、果酱、醋）、药品（眼药水、糖浆）、化妆品、农药及洗涤剂等。

5.9.1 PET的特性与干燥

用于吹塑的PET为饱和线型热塑性聚酯，它的最大用途之所以是碳酸饮料包装瓶，是因为它的阻CO_2、O_2和水蒸气渗透的性能高，强度、耐冲击性、耐化学药品性和耐压性高，透明度和光泽度很好，外观性能良好以及纯度高。

吹塑级PET的特性黏度（Ⅳ）较高（70~85ml/g），这是为了使吹塑瓶能够有较高的机械性能和透明度。一般来说，Ⅳ为70~75mL/g的PET适于拉伸吹塑容积较大（2L以上）的瓶子，而小容积瓶则优先选用高Ⅳ的PET。

结晶和取向是影响拉伸吹塑PET瓶的成型过程和性能的关键要素。PET是一种可结晶的聚合物，其结晶度（crystallinity）一般为0%~30%，但结晶速率很小。取向可使PET分子有序排列，从而促进了晶体的形成，这种晶体被称为应变诱导晶体。由于晶粒很小，不会折射光线，因此经取向的PET瓶为透明的。

由于PET是吸湿性聚合物，在加工时，其内部所含的水分会在水降解过程中与PET熔体发生化学反应而快速消耗，这会大大降低PET熔体的IV，从而使制品的机械性能下降。因而PET在加工前必须经过严格干燥，以使其剩余湿气含量小于0.005%。推荐的干燥条件为：干燥温度150~163℃，干燥时间为4h。根据经验，干燥的温度较低、时间较短，有助于减少乙醛的生成。另外，应避免已干燥过的PET与外界空气接触，因为PET会快速地吸收空气中的湿气，例如，完全干燥的PET与相对湿度为35%~40%的空气接触12min后，含湿量即可达到0.005%。

5.9.2　PET的注射拉伸吹塑

5.9.2.1　瓶坯的注塑

成型透明度高、乙醛含量低的瓶坯是注拉吹透明PET瓶最重要的步骤。

（1）熔体温度　熔体温度是PET瓶坯成型要考虑的一个重要参数，其选取要适当，以保证瓶坯的透明度，同时又能控制乙醛的产生。在实际生产中，对某一给定的PET树脂和成型设备，可采用这样的步骤来确定合适的熔体温度：先逐渐降低温度，至瓶坯开始出现雾状，然后再提高温度，刚好能成型出透明瓶坯时的温度即为合适的熔体温度。一般来说，PET熔体的温度应选取280℃。

提高注射速率、降低料筒温度有利于成型出透明度高、乙醛含量低的瓶坯。在充模的初始短时间内应采用高注射压力，以稳定充模过程，然后以低压力注射，可取得较好的效果。注塑机的螺杆设计对PET的熔融、混炼均匀性与熔体温度有较大影响。PET瓶坯的注塑要采用低剪切、低压缩比（约2∶1）的螺杆，进料段应取得长些，过渡段与计量段则要取得短些。

（2）热流道系统　设计热流道时要考虑温度控制与流动均衡等问题。流动均衡是指熔体必须以相同的流率、压力降和时间均匀地充满各个型腔。为此，模具型腔应对称布置，流动和充模喷嘴的直径由中间往两边依次地适当增加。

嘴在熔体充模时，因与低温的瓶坯模具紧贴会导致熔体的温度降低，从而影响型坯底部的透明性。为了避免该情况的发生，应在喷嘴周围设置加热圈，或设法在喷嘴（nozzle）与模具之间采取适当的隔热措施。另外，适当地加大流道和浇口的直径，也可提高型坯底部的透明度。

（3）型坯模具的冷却　由于PET的结晶速率很小，因此使熔体快速冷却，迅速通过结晶温度区，可得到透明的瓶坯。例如，把285℃的PET熔体快速冷却至77~80℃，可使结晶度小于

5%。而缓慢冷却熔体所得到的瓶坯是不透明的。

为了使温度高的 PET 熔体在短时间内冷却固化，要求瓶坯模具有较高的冷却能力，这可以通过冷却水来调节。当瓶坯的壁厚小于 4mm 时，模具的冷却水温应选取 10~15℃，此时可得到透明瓶坯；而对于壁厚大于 4mm 的瓶坯，水温则要低至 2~5℃。但模温过低，有时会因冷凝作用而在模腔或芯棒上形成水珠，从而影响成型性能和瓶坯性能。

5.9.2.2 瓶坯的再加热和温度调节

在 PET 瓶坯的再加热过程中，瓶坯被送入拉伸吹塑机械中，使其在烘箱内做连续的旋转运动，以将其均匀地加热。瓶坯在被再加热后，沿其壁厚方向的温度分布通常是不均匀的，即外壁温度较高，内壁温度较低，这对瓶坯的拉伸和吹塑是不利的，会使瓶壁内出现球晶、空隙或脱层面等缺陷，从而影响瓶子的性能，特别是明显降低了瓶子的阻渗性能。为此，在拉伸、吹塑瓶坯前应调节瓶坯在壁厚方向的温度分布，即通过瓶坯壁内的导热作用，使积聚在靠近外壁的热量传至内壁，同时外壁因与外界空气接触而得到适当冷却，这种调节可保证瓶坯在壁厚方向具有较为均匀的温度分布。此外，瓶坯内壁的周向拉伸比要比外壁的大，如用于拉伸吹塑 1.5L PET 瓶（瓶体外径为 85mm）的瓶坯体的内、外径分别为 18mm 和 26mm，造成其内、外壁的周向拉伸比分别为 4.7∶1 与 3.3∶1。为了有利于拉伸吹塑，瓶坯的内壁温度应比外壁高些。

一步注拉吹也要对瓶坯作调温处理，但是与两步注拉吹相比，其瓶坯的调温较容易一些，因为一步法的瓶坯经模具冷却后，其厚度方向具有较为对称的温度分布。

5.9.2.3 瓶坯的拉伸吹塑

PET 瓶坯要在适当的温度、拉伸比下拉伸、吹胀。对要承受内压的 PET 瓶（如碳酸饮料瓶），总拉伸比应选取 10∶1 或更大些，其中，周向拉伸比取（4~7）∶1，轴向拉伸比取（1.4~2.6）∶1。拉伸比过大会使瓶子出现应力发白的现象。

若把瓶坯的取向温度定低了，要明显提高拉伸应力，会使 PET 瓶出现应力发白现象；而把取向温度定高了，则会使瓶子出现结晶雾状。PET 可在 88~115℃下取向，但为了获得透明性高的瓶子，取向温度范围应定得窄一些。有研究表明，PET 的最佳取向温度约为 105℃，而有的研究则认为是 95℃。

对瓶坯的吹胀可采用单级压缩空气，气压约为 2MPa，也可采用双级压缩空气，即先注入低压（1.0~1.5MPa）空气，在瓶坯被吹胀得与模腔接触后，再注入高压（2.5~3.0MPa，有的达 4MPa）空气，使瓶子与模腔紧密接触而快速冷却定型。拉伸吹塑模具的温度一般应取得低一些（3~10℃），这样有助于缩短成型周期。而有时为了提高瓶子的耐热性能，可把模具温度取高些（80~105℃），以对瓶子做热定型处理。

5.9.3 PET 注拉吹技术的发展现状及趋势

近年来，PET 注拉吹技术的发展体现在提高产量、拓宽适应范围、改善容器性能和减小瓶子壁厚等方面。例如，目前 PET 瓶（容积 0.5L）拉伸吹塑的最高产量已高达 60000~65000 个/h。

为了适应再加热拉伸吹塑设备产量的提高，瓶坯注塑机制造厂家一直在设法增加瓶坯模具的模腔数量。单层PET瓶坯的注塑模具的模腔数在4年前就已达到了144腔，目前已有厂家推出了拥有144模腔的共注塑系统。另外，拉伸吹塑机制造厂家近年还在不断地改进拉伸吹塑的过程控制和制品品质检测技术。采用智能检测（intelligent detection）和闭环反馈技术（closed-loop feedback），可使拉伸吹塑机实现自动调整；在拉伸吹塑机械上安装摄像机，并与照明及其他系统配合，可在生产过程中实时检测瓶坯和瓶子的颈部、底部、密封、表面及肉眼可见的缺陷，不合格的容器可被自动排除，还可在线检测PET瓶坯的光学性能；采用非接触的红外线技术，可在线快速（6s）检测瓶子的壁厚分布。

拉伸吹塑PET瓶的主要发展方向是提高其阻渗性能和耐热性能。人们对阻渗性PET啤酒瓶抱有很高的期望，认为啤酒不久就可采用PET瓶灌装，但在实施过程中，人们却发现这比他们期望的要困难得多。实际上，在2002年全世界所使用的2500亿个啤酒瓶中，仅有不到0.1%是PET瓶。因此，吹塑厂家就把主要力量转向开发果汁、碳酸饮料和热灌装等产品用的阻渗性PET瓶，瓶子的容积则集中在200~1000mL。这些产品对包装的要求显然要比啤酒低得多。通过提高PET瓶的阻O_2和CO_2的渗透性能，可延长货架期，保持饮料的香味和营养价值。

总结与提高

1. 资料整理：汇总本项目中所做的各项资料查询、讨论记录，制订的工艺规程、安全及防护规定，机头模具装拆、挤出吹塑操作与现象记录，所得塑料容器的质量情况。

2. 写出总结报告。

3. 小组讨论，对工作任务完成情况做出评价。

4. 中空吹塑成型在产品、设备与技术方面有哪些新进展？

参考文献

[1] 吴清鹤. 塑料挤出成型［M］. 2版. 北京：化学工业出版社，2009.

[2] 王艳芳，何震海，郝连东. 中空吹塑［M］. 北京：化学工业出版社，2006.

[3] 于丽霞，张海河. 塑料中空吹塑成型［M］. 北京：化学工业出版社，2005.

[4] 单云峰，王万良. 中空吹塑型坯壁厚多点控制研究［J］. 机电工程，2009，26（2）：25-30.

[5] 邱建成，徐文良，何建领. 塑料挤出吹塑中空成型机的研发重点与技术进步［J］. 塑料包装，2009，19（4）：34-41.

[6] 杨震，胡芳. 热灌装食品包装PET瓶生产技术与应用［J］，塑料包装，2008，18（3）：30-33.

[7] 黄汉雄. PET瓶注拉吹技术发展趋势［J］. 塑胶工业，2006，9（3）：11-14.

[8] 史永红，曾祥永，张牧. 塑料中空成型技术的应用及发展［J］. 塑料包装，2005，15（1）.

[9] 沈金华. 200升‘L’环中空塑料桶成型工艺质量分析［J］. 塑料包装，2008，18（6）：19-22.

[10] 徐跃. 10种塑料啤酒瓶技术的比较［J］. 啤酒科技，2006，12：18-19.

[11] 行春丽，成战胜. PET/PEN共聚物的中空吹塑研究［J］. 塑料工业，2005，33（7）：26.

[12] 夏榕. 影响聚乙烯中空吹塑制品质量的因素分析 [J]. 中国塑料，2000，14（7）：67-71.

[13] 黄汉雄. 塑料吹塑技术 [M]. 北京：化学工业出版社，1996.

[14] 禾子. 包装业发展迅速中空吹塑行业快速发展 [J]. 福建轻纺，2012，8：6-9.

[15] 李道喜，李能文，明浩，等. 改善挤出吹塑制件壁厚均匀性的几种方法 [J]. 精密成型工程，2012，4（1）：54~57.